江苏省高等学校重点教材（编号：2021-2-224）
应用型人才培养教材

建筑工程识图与绘制

李继明　胡媛媛　王云菲　主编

JIANZHU GONGCHENG SHITU
YU HUIZHI

化学工业出版社
·北京·

内容简介

本书为新形态一体化教材，是根据《国家职业教育改革实施方案》的要求，在满足国家制图标准的基础上，结合高等职业院校教育特色进行编写的。在编写过程中，突出案例教学，注重学生职业能力的培养；依托教学平台，借助课程资源，注重线上线下混合教学；融入课程思政元素，以提高学生的职业能力及职业素养，满足新时代土建专业人才培养的需求。

本书内容包括三大模块，模块一　建筑制图基础，模块二　建筑施工图识读，模块三　建筑施工图绘制，共计七个教学单元 32 个教学任务。因拓展能力需要，增加了综合应用及能力提升与训练方面的教学内容。配合教材内容开发线上教学资源（含视频、电子课件、单元测试、单元作业等），体现了党的二十大报告“推进教育数字化”精神，以教学任务为导向来组织教学。任课教师可根据实际需要，利用线上资源选择性地进行线上线下教学安排。本书提供有重要知识点讲解的微课视频等数字资源，可通过扫描书中二维码获取。

为强化教学，另编有《建筑工程识图与绘制实训》，可配套使用。

本书可作为高等职业和应用型本科土建类各专业学生的教材，也可作为土建类相关工程技术人员的参考用书。

图书在版编目（CIP）数据

建筑工程识图与绘制 / 李继明，胡媛媛，王云菲主编. —北京：化学工业出版社，2023.5
ISBN 978-7-122-41899-9

Ⅰ.①建… Ⅱ.①李… ②胡… ③王… Ⅲ.①建筑制图-识图-高等职业教育-教材 Ⅳ.①TU204.21

中国版本图书馆 CIP 数据核字（2022）第 131061 号

责任编辑：李仙华　　文字编辑：林　丹　沙　静
责任校对：田睿涵　　装帧设计：史利平

出版发行：化学工业出版社（北京市东城区青年湖南街 13 号　邮政编码 100011）
印　　刷：三河市航远印刷有限公司
装　　订：三河市宇新装订厂
787mm × 1092mm　1/16　印张 12　字数 292 千字
2023 年 10 月北京第 1 版第 1 次印刷

购书咨询：010-64518888　　售后服务：010-64518899
网　　址：http://www.cip.com.cn
凡购买本书，如有缺损质量问题，本社销售中心负责调换。

定　　价：38.00 元

主　编　李继明　胡媛媛　王云菲

副主编　孟　亮　陈一虹　陈　飞

　　　　曹飞颖

参　编　解文慧　潘亚红　王怀英

　　　　杨春雅　郑慧慧

主　审　蔡小玲

前言

本书是在贯彻落实《国家职业教育改革实施方案》文件精神，积极探索工学结合、任务驱动的高素质技术技能人才培养模式，结合国家不断推进课程资源建设的要求下编写而成的新形态一体化教材。在教材编写过程中，理论联系实际，以学生职业能力渐进提升为主线，以任务驱动为导向，嵌入课程思政元素，不断强化学生的识图与绘图能力及爱国主义情怀的培养。

党的二十大报告指出："必须坚持问题导向""必须坚持系统观念"。本书在编写过程中，特别注重工程实际案例的构建，以工程中的问题为突破口，培养学生敏锐的观察能力和一丝不苟的工作作风；特别注重教学单元与任务之间内容的系统性安排，培养学生循序渐进的思维方法和科学的学习态度。

本书编写紧密结合现行国家制图标准、行业标准、建筑设计规范，以及近年来建筑领域取得的最新技术、教学方面的经验积累及毕业生的跟踪调研等情况，结合高职高专土建类专业人才培养总体目标，考虑职业院校学生的学习特点。教材在编写中坚持"实用为主、够用为度"的基本原则，突出案例教学，注重线上线下相结合，依托教学平台，开发课程资源，融入课程思政元素，提高学生的职业能力及职业素养，以满足新时代发展的需求。

本书主要包括建筑制图基础、建筑施工图识读及建筑施工图绘制三大模块共计 7 个教学单元。各单元知识结构相互衔接，内容由浅至深，环环相扣，技能螺旋提升；引入设计图纸和工程案例，增加综合应用以及能力提升与训练内容，使学生所学知识能够同工程实际有机结合，不断提高学生的识图与绘图能力及综合应用能力。

本书特色鲜明、资源丰富，主要体现在以下几个方面：

1. 理论与实践紧密联系

建筑施工图识读及建筑施工图绘制两个模块全部采用设计单位真实工程图纸，有利于学生理论联系实际，不断提升学生的职业素养和职业技能。

2. 嵌入课程资源与教学视频

本书将课程资源和教学视频有机地进行融合，解决学生因离开课堂而自学困难的问题。支撑的"建筑工程识图与绘制"课程在中国大学 MOOC 平台（www.icourse163.org）上开课。

3. 形式多样、内容丰富

本书在编写过程中，每个教学任务都设置了随堂讨论、内容提示等环节，每个教学单元都配置一定的教学视频、复习思考题、实习作业、综合应用等教学内容。

4. 嵌入课程思政案例

本书在每个单元都嵌入课程思政案例，鼓励学生养成吃苦耐劳、团结合作、注重细节、精益求精等优秀品质，激发学生的敬业精神和爱国主义情怀。

5. 校企共同开发，对接“1+X”工程识图项目

教材在编写过程中与中望龙腾软件股份有限公司合作，共同进行课程资源开发，配套的实训教材《建筑工程识图与绘制实训》采用真实工程案例及“1+X”工程识图项目模拟训练，强化学生对知识的理解，提高认证通过率。

本书提供了丰富的微课视频教学资源，可通过扫描书中二维码获取。还配有教学课件，可登录 www.cipedu.com.cn 免费下载。

本书由无锡城市职业技术学院李继明、胡媛媛、王云菲担任主编；无锡城市职业技术学院孟亮、陈一虹，杭州市城建设计研究院有限公司陈飞，杭州萧山技师学院曹飞颖担任副主编；无锡城市职业技术学院解文慧，台州职业技术学院潘亚红，吉林工程职业学院王怀英，杭州市城建设计研究院有限公司杨春雅，中望龙腾软件股份有限公司郑慧慧参与编写。全书由无锡城市职业技术学院蔡小玲审核。

本书在编写过程中参考了近几年出版的相关书籍中的优秀内容，得到了中望龙腾软件股份有限公司的大力支持，在此向他们表示衷心的感谢！

由于编者水平和经验有限，书中难免存在不当之处，恳请广大读者批评指正，以便修改和完善。

编　者

2023 年 04 月

目录

二维码资源目录

0 绪论

0.1 本课程的性质与任务

图样是人们用来表达、构思、分析和交流的基本工具。建筑工程图是建筑设计的结果和施工的主要依据，是工程建设不可缺少的重要技术文件和资料。在建筑工程中，任何建筑物的大小、形状和做法都不是用文字能够表达清楚的，必须借助于一定的工程图样。因此，图样被称为工程技术界的语言。每个工程技术人员都必须具备绘制和阅读工程图样的基本能力。

“建筑工程识图与绘制”是建筑类各专业的一门专业基础课程，它主要研究在平面上如何解决空间几何问题的理论和方法，研究根据投影理论进行工程图样的识读及计算机绘制建筑工程图的基本方法。通过学习主要培养学生的空间想象能力、空间构思能力以及工程图样的识读和计算机绘图能力，为后续专业课程的学习奠定基础。

本课程的主要任务：

二维码 0

（1）学习正投影的基本理论及应用；

（2）能够正确地使用绘图仪器和工具进行建筑工程图的绘制；

（3）培养阅读工程图样的识读及阅读能力；

（4）培养学生能够利用计算机绘制建筑图形以及打印出图的基本能力；

（5）培养严谨求实、认真负责的工作态度和严谨细致的工程素养。

0.2 本课程的教学内容

本课程主要包括建筑制图基础、建筑施工图识读、建筑施工图绘制三部分内容。

建筑制图基础是初等几何的延伸，主要研究建筑形体投影图的形成及表示，通过学习可以正确地在二维平面上表达空间几何元素，其特点是：逻辑严密、系统性强。建筑制图基础主要包括：正投影的基本理论，点—线—面—体的投影，剖面图与断面图等相关知识。通过建筑制图基础内容的学习，主要解决下列问题：

（1）利用投影规律，在二维平面上表达空间几何元素及其基本形体；

（2）利用几何作图的方法，在平面上解决空间几何问题；

（3）学会建筑形体二维平面的正确表达以及剖面图和断面图的正确绘制；

（4）了解国家制图标准，熟悉制图工具的使用和应用；

（5）熟悉手工绘图的基本方法和技巧。

建筑施工图识读主要讲解建筑施工图中建筑总平面图、建筑平面图、建筑立面图、建筑剖面图和建筑详图等相关内容。本部分主要介绍建筑工程图的图示内容、表达方法以及如何正确识读工程图样。通过学习，可以解决下列问题：

（1）了解建筑工程图样的基本类型；

（2）学会不同工程图形的图示内容及表达方法；

（3）根据制图的基本知识，能够正确识读及绘制工程图纸。

建筑施工图绘制主要讲解建筑 CAD 绘图工具的运用和建筑施工图的计算机绘制。通过学习，可以熟练运用建筑 CAD 绘图工具进行建筑工程图形的正确绘制及标注。

0.3 本课程的学习要求及学习方法

0.3.1 学习要求

教材在编写中，遵循由制图基础到建筑工程图识读及绘制的编写规律，由入门到应用，由理论到实践，知识内容逐步加深、环环相扣、系统性强，理论基础通俗易懂。通过学习，应达到如下要求：

（1）掌握正投影法的基本理论和作图方法。

（2）学会正确运用投影作图的方法解决空间度量和定位问题，具有图解空间几何问题的基本能力。

（3）学会绘图工具和仪器的正确使用，熟悉仪器作图和徒手作图的基本方法和技能。

（4）学会施工图的阅读和绘制，做到投影关系正确；线型粗细分明，尺寸标注准确齐全；字体工整（采用长仿宋字体），数字大小整齐一致；图面整洁，布图紧凑合理；所绘图样符合国家制图标准。

（5）学会利用 CAD 绘图工具进行工程图的正确绘制。

0.3.2 学习方法

（1）专心听讲、及时复习

认真听课，多思考，注意弄清基本概念。本课程主要特点是系统性强，要求学生在听课时养成课堂记录的习惯。学习完一个知识点后，应结合课程线上平台上的单元作业、课程微课、单元测试等资源，检查对所学知识的掌握程度，进一步巩固所学内容。复习中要特别注意和理解三维空间和二维平面图形之间的一一对应关系，弄清从空间到平面以及从平面到空间的基本过程。

（2）课前预习，带着问题听课

由于课程内容相较多且不易理解，因此要求学生课前通过学习平台做好预习，带着问题听课，才能获得良好的学习效果。

（3）循序渐进，做到多看、多练、多问、多思，准确作图

本课程系统性、实践性强，环环相扣，要求学生学习相关的知识点之后，观看教学视频，及时完成相应的练习和作业，从易到难，循序渐进。在学习过程中要自觉加强绘图基本功的训练，抄绘一定数量的工程图纸，提高绘图读图能力。做题过程中要善于总结，发现问题、提出问题，不断培养分析问题和解决问题的能力。

（4）严格要求，耐心细致，严谨求实

建筑施工图是建筑施工的主要依据，图纸上“一字一线”的错误都会给工程建设造成一定损失，因此，要求学生在绘图时养成耐心细致、认真负责的工作态度和工作作风，这样才能提高绘图和读图能力，加快绘图速度，提高绘图质量。

(5) 多看参考书，拓宽视野，培养自学能力

除学习教材知识外，要求学生线上进行自主学习，同时还可以有选择地阅读部分参考书，扩大知识面，培养自学能力。

(6) 遵循国家标准的相关规定

以国家最新标准为基础，按照正确的方法和标准进行图样的绘制，通过绘图不断加强对知识的理解，提高对工程图样的识读能力。

课程思政案例

建筑图样是建筑工程技术人员表达思想的重要工具和进行交流的重要资料，建筑设计中，一点、一线、一面的绘制都直接影响着建筑施工的质量及构造做法。在建筑中因小失大的实际案例不计其数，有的因思想不重视，不符合安全要求，从而发生人身事故；有的因看图不仔细，造成施工失误，从而导致建筑物无法正常使用，造成一定的经济损失，如图 0-1 所示。

(a)人身事故

(b) 施工失误

图 0-1 因小失大质量事故

我们提倡工匠精神，工匠精神是一种文化，一种精神层面的追求，对建筑行业尤为重要。建筑行业是一个艰苦的行业，作为建筑类专业的从业者，需要从细节做起，精益求精，遵守国家规范，养成良好的职业道德和敬业精神。“建筑工程识图与绘制”是建筑类各专业的一门专业基础课程，我们学习这门课程，就是要严谨求真，与时俱进，勇于创新，树立新的发展理念，不断追赶并逐步超越国际上先进的施工方式和施工技术，使中国建造走向世界，使中国成为名副其实的建筑强国。

模块一 建筑制图基础

教学单元一　投影的基本知识

知识目标

- 理解投影的基本概念，熟悉投影法的分类。
- 理解平行正投影的基本特征。
- 熟悉正投影图的形成过程及投影特征。
- 掌握空间形体相对位置的判定方法。

能力目标

- 能够利用所学知识进行简单形体三面投影图的绘制。
- 能够根据形体的三面投影图判断空间形体的大小。
- 能够利用形体的投影特征判断空间形体之间的相对位置关系。

建筑工程中用于指导工程施工的图样是平面图形，而建筑物本身为立体形状，如何用平面图样准确地表达空间建筑物的实际形状及大小，这就需要借助于投影的基本知识。工程中所使用的图样是根据一定的投影原理和投影方法将建筑物投影到图纸上并绘制而成的，投影原理和投影方法是绘制投影图的基础，也是识读建筑工程图的基础，本单元主要介绍投影的基本原理和三面投影图的形成过程。

任务 1.1　投影的概念及分类

【知识点】　投影　中心投影　平行投影

1.1.1 投影的概念

在生活中，经常会看到这一现象：空间物体在光线的照射下，在地面或墙面上会产生一个影子，这就是投影现象，如图 1-1（a）所示，这个影子只能反映出物体的轮廓，而不能表达物体的真实形状。假设光线能够透过物体上的点和线，从而在平面上投落出它们的影子，这些点和线的影子组成了能够反映出物体特征的图形，该图形为物体的投影，如图 1-1（b）所示。因此投影是在自然现象影子的基础上，经过科学抽象而得到的。建筑制图中，把能够产生光线的光源称之为投影中心，光线称之为投射线，产生影子的地面或者墙面称之为投影面。

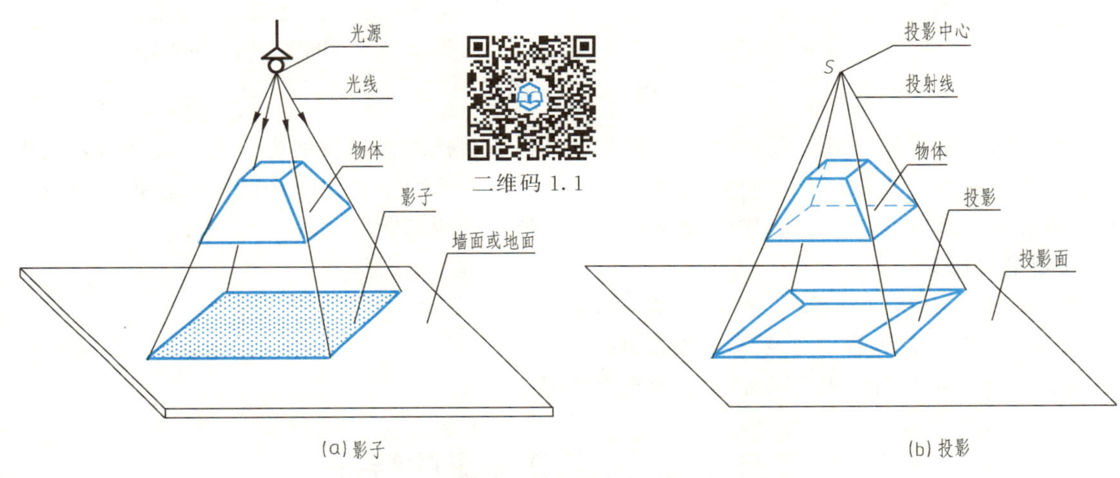

图 1-1　影子与投影

通过分析知道，要产生投影必须具备三个条件：投射线、物体本身、投影面。产生投影的三个条件也称之为投影的三要素。

这种使空间物体在投影面上产生投影的方法称为投影法。工程中常用各种投影法来绘制图样。

1.1.2 投影的分类

根据投射线不同，投影分为中心投影和平行投影两大类。

(1) 中心投影

当所有投射线都相交于一点（即投射中心）时，这种投影方法称为中心投影法；用中心投影法所形成的投影，称为中心投影，如图 1-1（b）所示。

(2) 平行投影

当所有的投射线相互平行时，这种投影方法称为平行投影法；用平行投影法所形成的投影，称为平行投影，如图 1-2 所示。

平行投影中，根据投射线与投影面垂直与否，又分为平行斜投影和平行正投影两种。

① 斜投影。如图 1-2（a）所示，当投射线相互平行，且倾斜于投影面时，所形成的投影，称为平行斜投影，简称斜投影。作出斜投影的方法称为斜投影法。

② 正投影。如图 1-2（b）所示，当投射线相互平行，且垂直于投影面时，所形成的投影，称为平行正投影，简称正投影。作出正投影的方法称为正投影法。

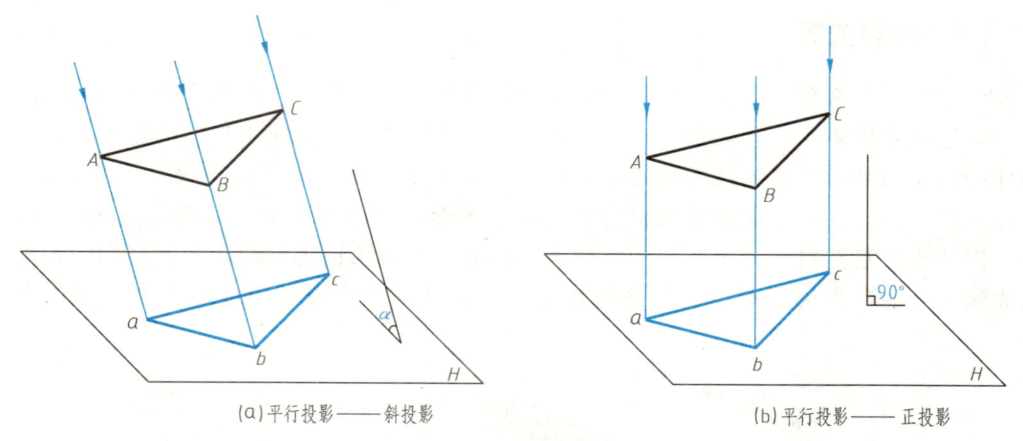

图 1-2　平行投影

中心投影不能够反映空间形体的真实大小，物体在投影面和投射中心之间移动时，其中心投影大小不同，越靠近投射中心投影越大，反之越小。而平行投影中的平行正投影可以反映空间形体的真实大小，且物体的投影大小与投影面的距离无关。

【随堂讨论】

1. 日常生活中，产生影子的原因是什么？
2. 中心投影在工程中很少采用的原因是什么？
3. 平行正投影与平行斜投影之间的区别是什么？

任务 1.2　平行正投影的特征

【知识点】 平行性　显实性　定比性　类似性　积聚性

平行正投影法是建筑制图中绘制图样的主要方法，因此了解平行正投影的特征，对于分析和正确绘制工程图样至关重要。

在建筑制图中，平行正投影的特征归纳为平行性、显实性（度量性）、定比性、类似性、积聚性，具体表现如下。

◆ 1.2.1　平行性

空间两条直线相互平行，其同面投影一定相互平行，且两条直线长度的比值等于同面投影的比值。

如图 1-3（a）所示，空间两条直线 $AB//CD$，则 $ab//cd$，且 $AB:CD=ab:cd$。

◆ 1.2.2　显实性（度量性）

若直线或者平面图形与投影面平行，则它们在该投影面上的投影反映实长或实形，即直线的长短和平面图形的大小都可直接从投影图中确定和度量。这种特性为显实性，也称之为度量性。

如图 1-3（b）所示，若直线 $AB//H$，则 $ab=AB$；若平面 $\triangle CDE//H$，则 $\triangle cde \cong \triangle CDE$。

◆ 1.2.3　定比性

点在直线上，点分直线两段的比值等于点的投影分直线投影两段的比值。

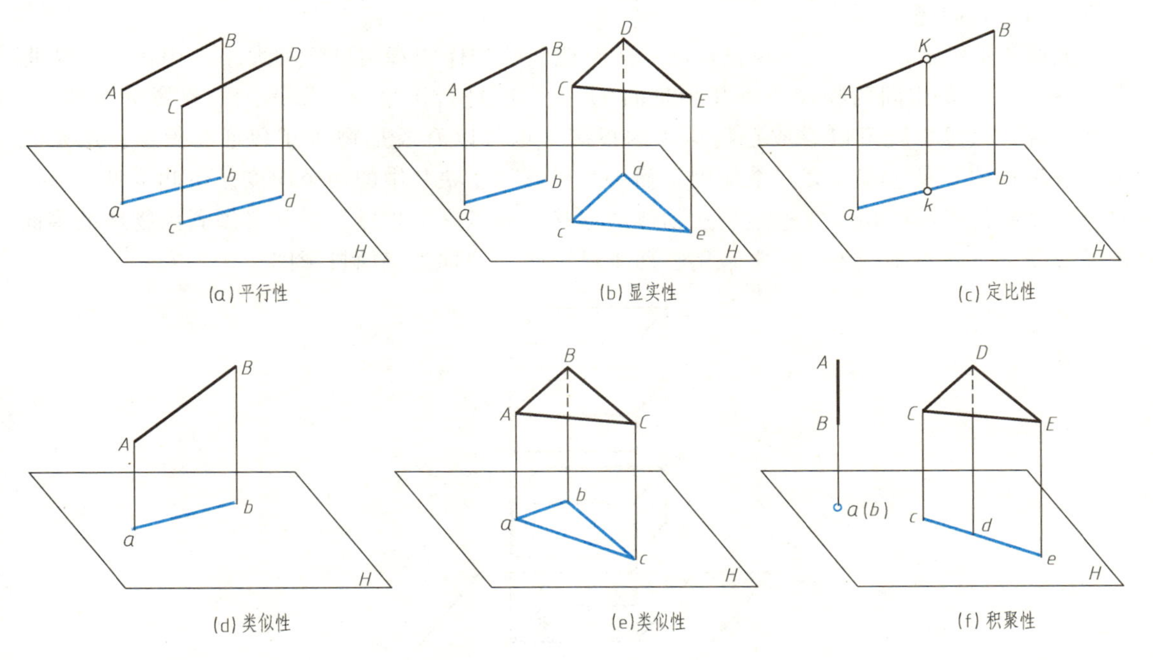

图 1-3　平行正投影特性

如图 1-3（c）所示，$K \in AB$，则 $AK : KB = ak : kb$。

◆ 1.2.4　类似性

当直线段与投影面倾斜时，其投影小于直线的实长，当平面与投影面倾斜时，其投影小于平面的实形。但直线的投影仍为直线，平面图形的投影仍为平面图形。如图 1-3（d）和（e）所示。

◆ 1.2.5　积聚性

当直线与投影面相互垂直时，则直线在该投影面上的投影表现为一个点。当空间平面与投影面相互垂直时，则该平面在该投影面上的投影表现为一条直线。

如图 1-3（f）所示，若直线 $AB \perp H$，则 a（b）积聚为一个点；若平面$\triangle CDE \perp H$，则其投影 cde 积聚为一条直线。

以上 5 条基本特征，利用初等几何的相关知识均可以进行证明，这里不再进行证明。

【随堂讨论】

1. 直线的投影一定是直线吗，为什么？
2. 什么情况下，直线投影的长度与直线本身的长度相等？

任务 1.3　三面投影图的形成及特征

【知识点】　三面投影体系　三面投影图　三面投影特征

工程中绘制图样的主要方法是正投影法。如何将空间中具有长、宽、高三个向度的立体，在平面图中表达出来，又如何从一幅投影图判断出空间物体的立体形状，这是建筑制图要解决的主要问题。

如图 1-4 所示，只有一个正投影图一般不能反映物体的真实形状和大小。用正投影法将空间三个不完全相同的物体Ⅰ、Ⅱ和Ⅲ向 H 投影面进行正投影，所得到的投影完全相同。也就是说，该投影既可以看成是物体Ⅰ的投影，也可以看成是物体Ⅱ和Ⅲ的投影。这是因为，空间物体有长、宽、高三个向度，而一个投影只反映其中的两个向度。由此可见，形体的单面投影是不能确切、完整地表达物体的形状。为了确定物体的形状必须画出物体的多面正投影图——建筑制图中，通常采用三面正投影图，简称为三面投影图。

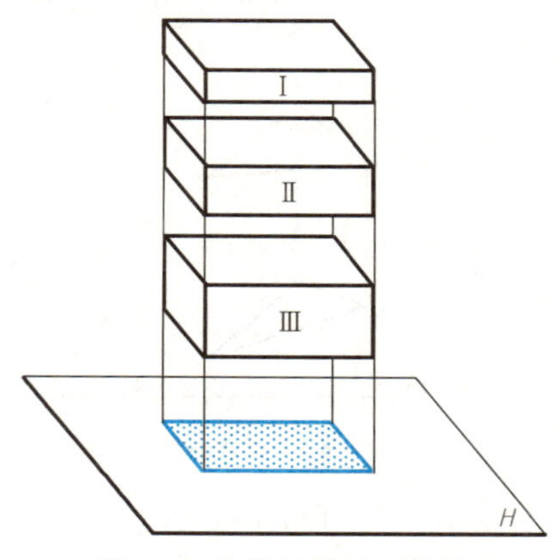

图 1-4　物体的单面正投影

1.3.1　三面投影图的形成

(1) 三面投影体系的建立

如图 1-5 (a) 所示，形体的三面投影是将空间形体向三个相互垂直的投影面进行投影，其中一个投影面平行于地面，用字母 H 表示，为水平投影面；另一个投影面与 H 面相互垂直，处于正立位置，用字母 V 来表示，为正立投影面；第三个投影面与 H 面以及 V 面都相互垂直，处于侧立位置，用字母 W 来表示，为侧立投影面。两个投影面之间的交线，为投影轴。其中，V 面与 H 面的交线，OX 为投影轴；H 面与 W 面的交线，OY 为投影轴；而 V 面与 W 面的交线，OZ 为投影轴；三条投影轴的交点 O 称为原点。

(2) 三面正投影的形成

如图 1-5 (b) 所示，将空间形体置于三面投影体系中，分别向 H 面、V 面以及 W 面三个投影面进行正投影。从上向下看，在 H 面上得到了空间形体的水平投影；从前向后看，在 V 面上得到了空间形体的正面投影；从左向右看，在 W 面上得到空间形体的侧面投影。

(3) 三个投影面的展开

如图 1-5 (b) 所示，形体的三面投影为一个空间体系，而工程图纸为二维的平面图形，如何将三维投影图转换为二维投影图呢？可按以下方法进行展开，保持 V 面不变，使水平投影面 H 与侧立投影面 W 沿 OY 轴分开 [图 1-5 (c) 所示]，使 H 面绕着 OX 轴，向下向后旋转 90°，而 W 投影面绕着 OZ 轴，向右向后旋转 90°。这样，三维立体图形就展开为一个平面图形 [图 1-5 (d) 所示]，这时，OY 投影轴分为两条，随 H 面的部分记为 OY_H，随 W 面的部分记为 OY_W。

投影面的边框对投影图不产生任何影响，可以省略不画，仅仅只绘出投影轴，这种图

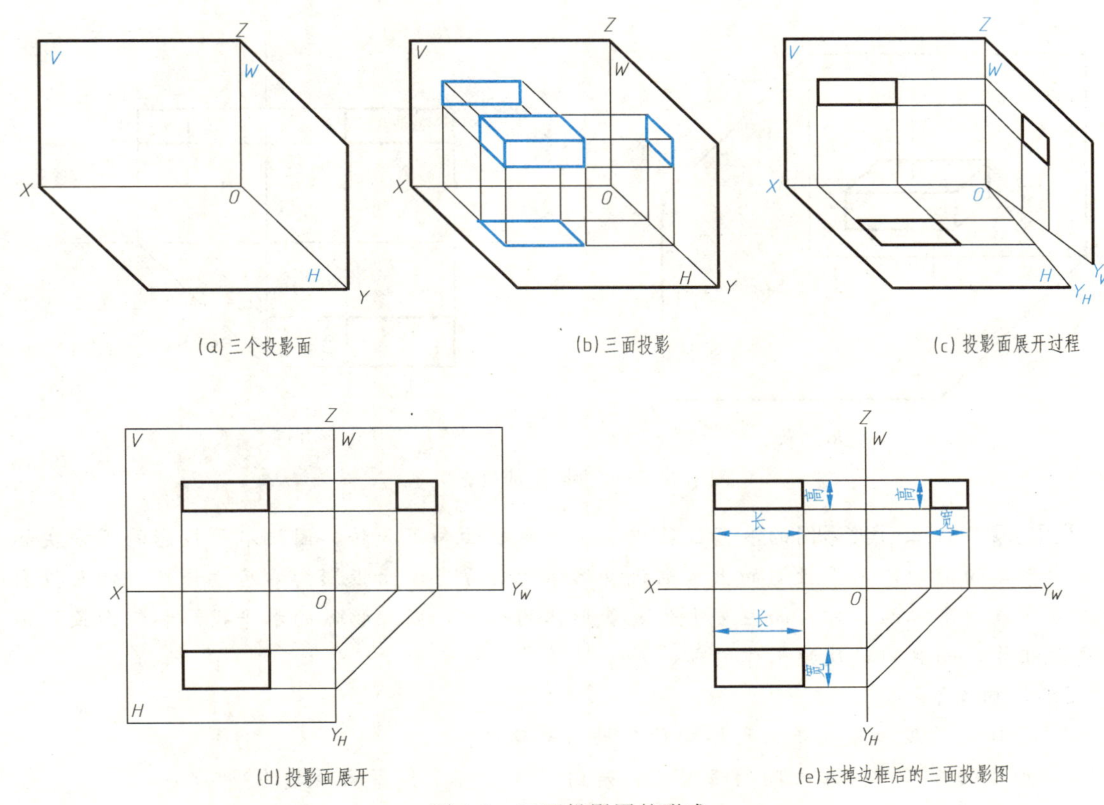

图 1-5　三面投影图的形成

形，称之为形体的三面投影图［图 1-5（e）所示］。

1.3.2　三面投影图的投影特征和投影关系

(1) 三面投影图的“三等”关系

如图 1-5（e）所示，展开后的三面投影图的位置关系和尺寸关系如下：

形体的水平投影反映形体的长度和宽度，形体的正面投影反映形体的长度和高度，形体的侧面投影反映形体的宽度和高度。

由于形体的正面投影和水平投影的长度相等且对正，这种关系，称之为“长对正”；

形体的正面投影和侧面投影的高度相等且平齐，这种关系，称之为“高平齐”；

形体的水平投影和侧面投影的宽度相等，这种关系，称之为“宽相等”。

因此，根据形体的三面投影图，得到了形体的三面投影特征：长对正、高平齐、宽相等。这条特征是正投影图重要的投影对应关系。

(2) 三面投影图与空间形体的位置关系

空间形体投影图之间的相互关系，如图 1-6 所示。当物体与投影面的相对位置确定之后，就可以判断出形体的上下、左右、前后之间的位置关系，如图 1-6（a）所示。

根据直观图，可以绘制出形体的三面投影图，如图 1-6（b），从图中可以看出：

形体的正面投影（V 投影），反映形体的上下、左右之间的位置关系。

形体的水平投影（H 投影），反映形体前后、左右之间的位置关系。

形体的侧面投影（W 投影），反映形体上下、前后之间的位置关系。

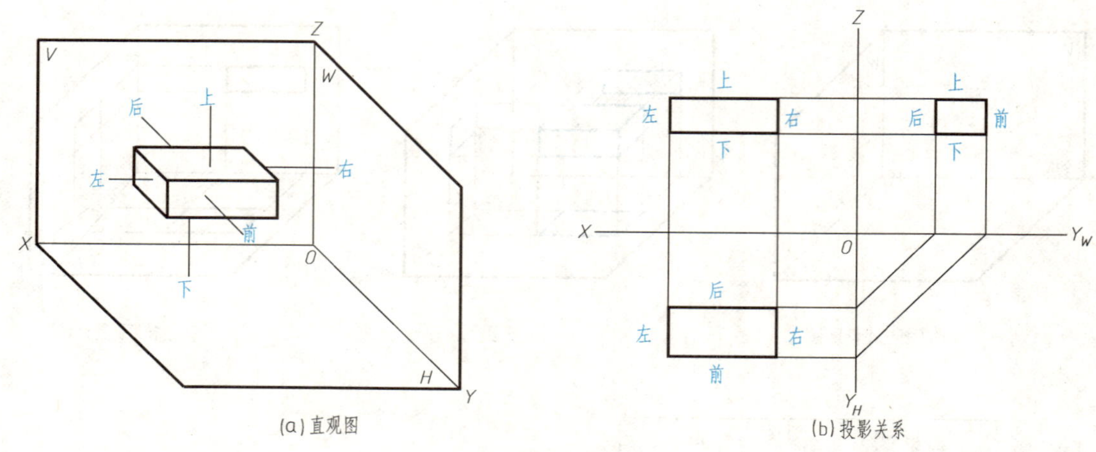

图 1-6　三面投影图的投影关系

【提示】　在三面投影图的展开过程中，由于水平面向下旋转，因此水平投影的下方实际上表示形体的前方，水平投影的上方则代表形体的后方。侧面投影向右后方旋转，侧面投影的右方代表着形体的前方，而左方则代表着形体的后方，因此物体的水平投影和侧面投影不仅宽度相等，而且同时反映形体的前、后位置关系。

【随堂讨论】

1. 形体的长度和宽度是由形体的什么投影来确定？
2. 形体的上下、左右之间的位置关系是由形体的哪个投影面确定的？

【综合应用】

画出图 1-7（a）所示物体的三面投影图。

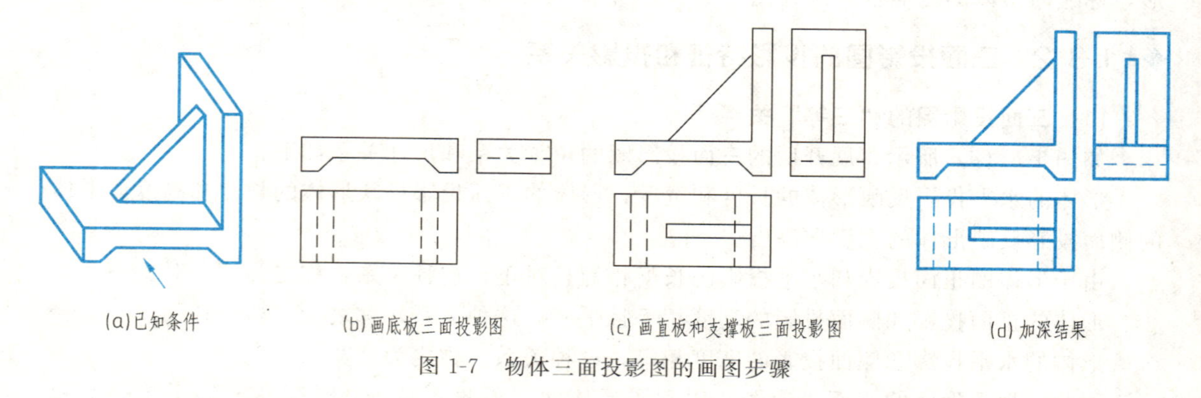

图 1-7　物体三面投影图的画图步骤

分析　该物体由一块多边形的底板、三角形支撑板和一块矩形直板叠加而成。画图时，按图 1-7（b）、（c）逐个画出各组成部分的投影，最后将绘图结果进行加深，见图 1-7（d）。

课程思政案例

工程中，用于施工的建筑图样是在具备投影基本知识的基础上，利用投影理论绘制而成，在绘图过程中必须认真仔细理解不同图形形成的基本原理和表达方法。图样中的一点一

线的差异，都可能导致建筑构造或者建筑形体发生变化，从而可能造成安全事故。因此作为建筑设计师，必须从细节做起，敬畏并热爱设计工作，认真仔细，善于观察，确保施工图纸准确无误，便于施工。中国建筑的鼻祖鲁班，从小就善于观察并在生产实践中得到启发，经过反复研究并进行试验，逐渐发明了锯子、曲尺、墨斗等多种建筑工具，为我国建筑业的发展做出了巨大的贡献，鲁班的各种发明与投影图的形成密不可分。我们应该认真思考，学会观察并不断探索发现建筑中存在的奥秘，理解三维图形与二维图形之间的转换关系，继承并弘扬我国工匠们的优秀传统，在建筑施工中将其发扬光大。

单元小结

本单元主要介绍了投影的基本概念及分类、平行正投影的特征以及三面投影图的形成及特征。通过学习，要求同学们理解投影的基本概念及平行正投影的特征；熟悉形体三面投影图的形成过程；能够运用形体投影的“三等”关系进一步研究几何元素的投影关系。

能力提升与训练

一、复习思考题

1. 中心投影和平行投影的区别是什么？
2. 简述平行正投影的特征。
3. “长对正、高平齐、宽相等”的具体含义是什么？

二、实习作业

以宿舍为单位，测量宿舍门和窗洞口的大小，并绘制其三面投影图。

教学单元二　形体的投影图

知识目标

- 理解点的投影规律，掌握利用点的两面投影求取第三面投影的方法。
- 掌握空间两点相对位置及重影点可见性的判断。
- 理解不同位置直线的投影特征，掌握直线投影图的作图方法。
- 了解平面的表达方法，理解平面的投影特征，掌握平面投影图的作图方法。
- 熟悉平面内点和直线的判定方法。
- 了解基本体的分类，掌握在立体表面定点的方法。
- 熟悉平面与立体相交的截交线的求法。
- 熟悉组合体三视图的基本画法及组合体三视图的尺寸标注。

能力目标

- 学会利用点的投影特征进行点的三面投影图的正确绘制，判断空间两点的相对位置关系及重影点可见性的判断。
- 能够根据直线、平面的投影特征判断直线、平面的相对位置关系。
- 能够根据所学知识学会在立体表面进行定点。
- 学会平面与立体相交的截交线的求法。

任务 2.1　点的投影

【知识点】　点的三面投影　点的三面投影规律

点、线、面是组成物体表面形状最基本的几何元素。要正确地表达形体，正确地理解设计师的设计思想，必须掌握组成物体表面最基本的几何元素之一——点的投影的特性和作图方法。

◆ 2.1.1　点的三面投影

二维码 2.1

2.1.1.1　点的投影表达

点作为物体最基本的几何元素，通常需要画出其三面投影。如图 2-1(a) 所示，假设在三面投影空间内有一点 A，由点 A 分别向三个投影面作垂线，垂线在 H 面、V 面以及 W 面上的交点就是点 A 在三个投影面上的投影。A 点在 H 面上的投影称为水平投影，用小写字母 a 表示；在 V 面上的投影称为正面投影，用 a'表示；在 W 面上的投影称为侧面投影，用 a''表示。如图 2-1（a）所示。

【提示】 在三面投影中，空间点用大写的字母表示（如 A），H 面投影用相应的小写字母表示（如 a），V 面投影用相应的小写字母加一撇表示（如 a'），W 面投影用相应的小写字母加两撇表示（如 a''）。

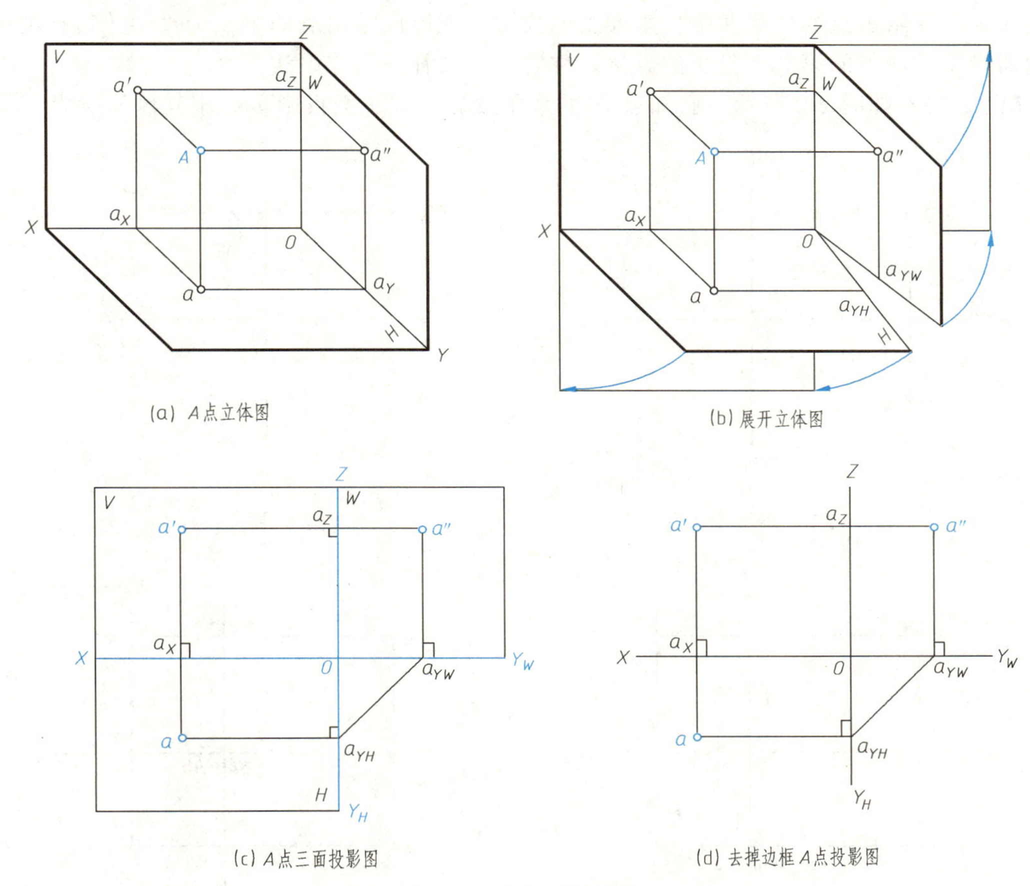

(a) A点立体图

(b) 展开立体图

(c) A点三面投影图

(d) 去掉边框A点投影图

图 2-1 点的三面投影

如图 2-1（b）所示，由于点 A 的水平投影 a、正面投影 a'及侧面投影 a''分别位于三个相互垂直的投影面上，将投影面展开，得到点 A 的三面投影图，如图 2-1（c）所示。为了看得更清晰，可以将投影面的边框去掉，仅画出投影及投影轴，如图 2-1（d）所示。

如图 2-1（a）所示，经过空间点 A 的三条投射线 Aa、Aa'和 Aa''确定了三个平面，根据几何相关知识，三个四边形平面 Aaa_Xa'、$Aa'a_Za''$和 Aaa_Ya''均为矩形，且三个平面分别与三个投影轴相互垂直。因此，点的三面投影具有以下投影规律：

（1）点（A）的水平投影（a）和正面投影（a'）的连线垂直于 OX 轴，即 $aa' \perp OX$。

（2）点（A）的正面投影（a'）和侧面投影（a''）的连线垂直于 OZ 投影轴，即 $a'a'' \perp OZ$。

（3）点（A）到 H 面的距离恒等于点（A）的正面投影（a'）到 OX 轴的距离以及点（A）的侧面投影（a''）到 OY 轴的距离，即 $Aa=a'a_X=a''a_Y$。

（4）点（A）到 V 面的距离恒等于点（A）的水平投影（a）到 OX 轴的距离以及点（A）的侧面投影（a''）到 OZ 轴的距离，即 $Aa'=aa_X=a''a_Z$。

（5）点（A）到 W 面的距离恒等于点（A）的正面投影（a'）到 OZ 轴的距离以及点（A）的水平投影（a）到 OY 的距离，即 $Aa''=a'a_Z=aa_Y$。

2.1.1.2 根据点的两面投影求第三面投影

点的三面投影规律说明在点的三面投影图中，每两个投影面上的投影都具有一定投影作图规律。只要给出点的任意两个投影面上的投影，就可以求出点的第三个投影。这种利用点的两面投影求取点的第三面投影的方法，称之为“二补三”作图法。

【例 2-1】 如图 2-2 所示，已知点 A 的水平投影 a 和正面投影 a'，求其侧面投影 a''。

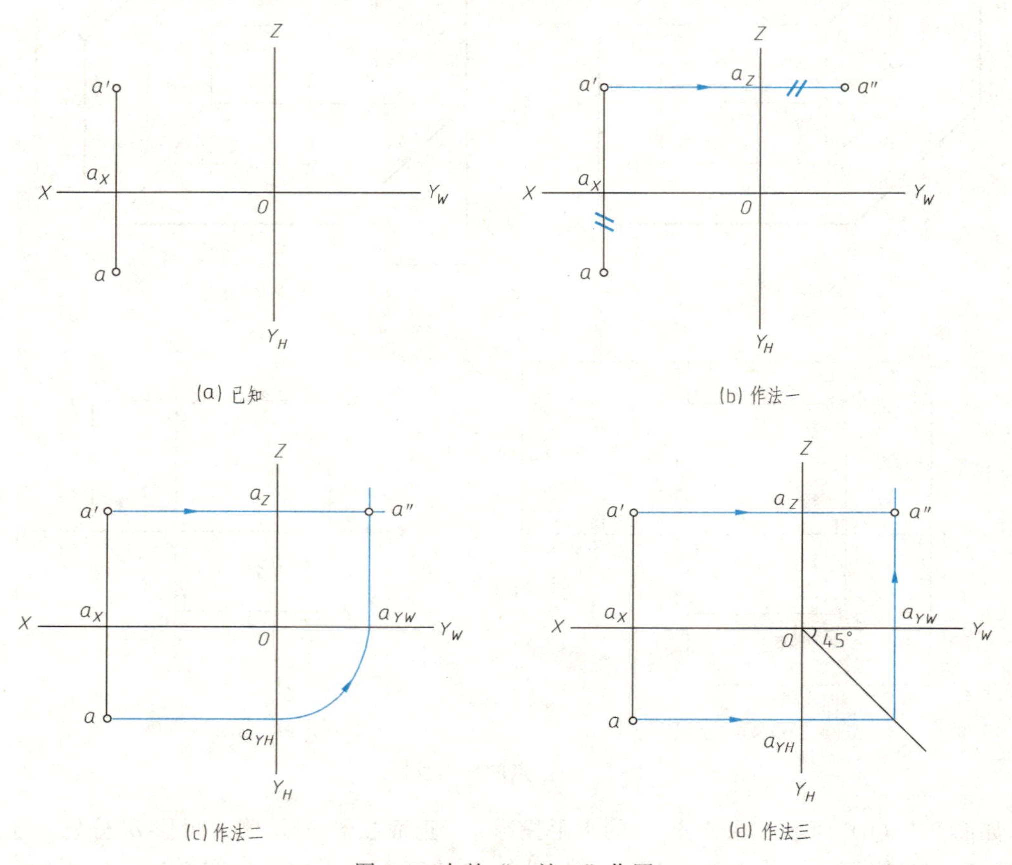

图 2-2 点的“二补三”作图

分析 根据点的三面投影规律可知，点的正面投影和侧面投影的连线垂直于 OZ 投影轴，因此，a''必在过 a'作 OZ 投影轴垂线的延长线上。根据点的水平投影 a 到 OX 轴的距离等于点的侧面投影 a''到 OZ 轴的距离，求得点 A 在 W 面上的投影 a''。

作图

（1）如图 2-2（b）所示，过 a'作 OZ 轴的垂线并延长。

（2）在所作的垂线延长线上截取 $a''a_Z=aa_X$，即得 a''。

作图中为使 $a''a_Z=aa_X$，也可以采用 1/4 圆弧将 aa_{YH} 转向 $a_{YW}a''$［图 3-2（c）］，还可以采用 45°辅助斜线将 aa_{YH} 转向 $a_{YW}a''$［图 3-2（d）］。

◆ 2.1.2 点的投影与直角坐标的关系

如图 2-3 所示，若将三个投影面看作为三个坐标面，那么 OX、OY、OZ 三个投影轴即为三个坐标轴，这样点到投影面的距离可以用点的三个坐标 x、y、z 来表示。

点（A）的 x 坐标等于点（A）到 W 面的距离，即 $x=a''A=a_ya=a_z a'=Oa_x$；

点（A）的 y 坐标等于点（A）到 V 面的距离，即 $y=a'A=a_xa=a_z a''=Oa_y$；

点（A）的 z 坐标等于点（A）到 H 面的距离，即 $z=aA=a_xa'=a_y a''=Oa_z$；

若采用 $A(x, y, z)$ 坐标形式表示点 A 的空间位置，则点 A 的三个投影坐标分别为 $a(x, y)$、$a'(x, z)$、$a''(y, z)$。

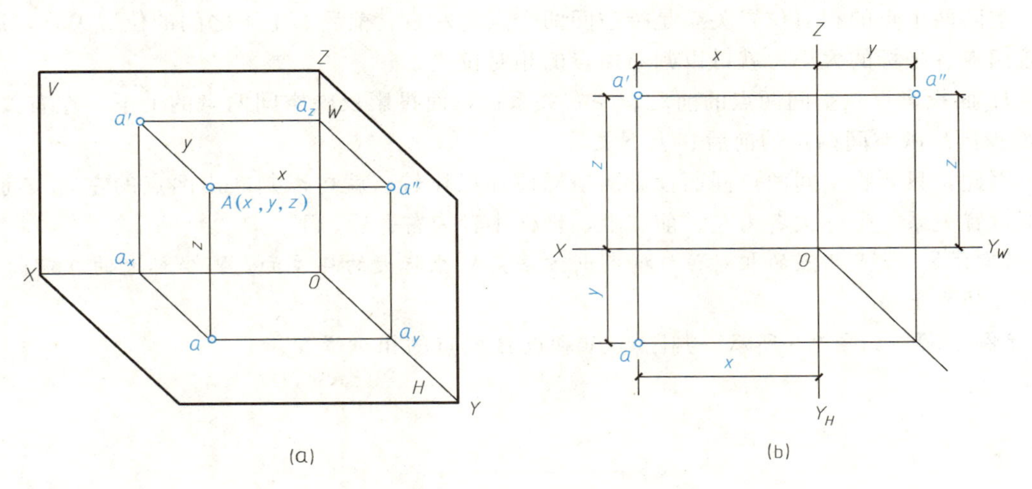

图 2-3　点的投影与直角坐标的关系

【例 2-2】 已知点 $A(20, 10, 15)$，求点 A 的三面投影 a、a'和 a''。

分析　从点 A 的三个坐标可知，点 A 到 W 面的距离为 20，到 V 面的距离为 10，到 H 面的距离为 15。根据点的投影规律和点的三面投影与其三个坐标的关系，即可求得点 A 的三个投影。

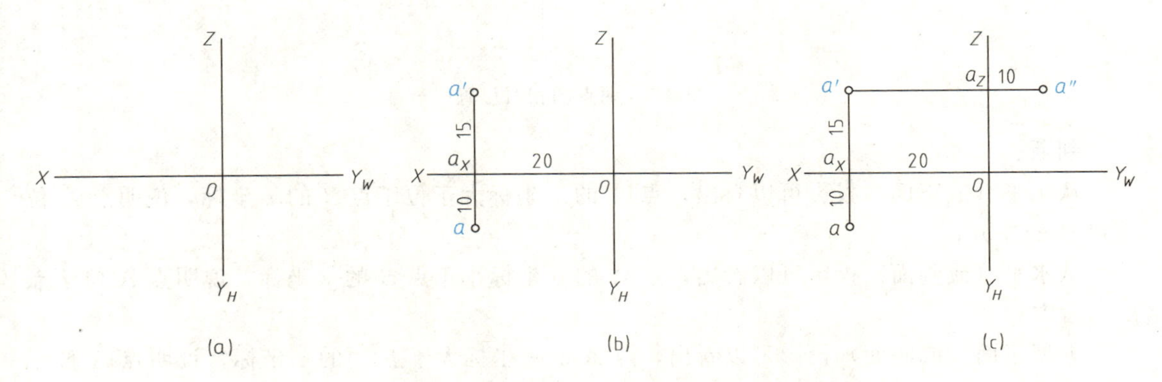

图 2-4　已知点的坐标求其三面投影

作图

（1）如图 2-4（a）所示，画投影轴，并标注相应的符号。

（2）如图 2-4（b）所示，自原点 O 沿 OX 轴向左量取 $x=20$，得 a_x；然后过 a_x 作 OX 轴的垂线，沿该垂线向下量取 $y=10$，向上量取 $z=15$，即得点 A 的水平投影 a、点 A 的正面投影 a'。

(3) 如图 2-4 (c) 所示，过 a' 作 OZ 轴垂线交 OZ 轴于 a_z，由 a_z 沿该垂线向右量取 $y=10$，即得点 A 的侧面投影 a''

注：a''也可以采用“二补三”作图的方法求得。

2.1.3 两点的相对位置及重影点

2.1.3.1 两点的相对位置

空间两个点的相对位置关系是指空间两个点的左右、前后、上下之间的位置关系，通过比较两点各坐标的大小，就可以判断两点的相对位置。

H 面投影反映空间两点的前后、左右关系；V 面投影反映空间两点的上下、左右关系；W 面投影反映空间两点的前后、上下关系。

因此，只要将空间两点同面投影的坐标值加以比较，就可以判断出两点的左右、前后、上下位置关系。坐标大者为左、前、上，坐标小者为右、后、下。

【提示】 空点两点的相对位置的判断方法：X 坐标大的在左面，Y 坐标大的在前面，Z 坐标大的在上面。

【例 2-3】 如图 2-5 所示，判断点 A 和点 B 两点的相对位置。

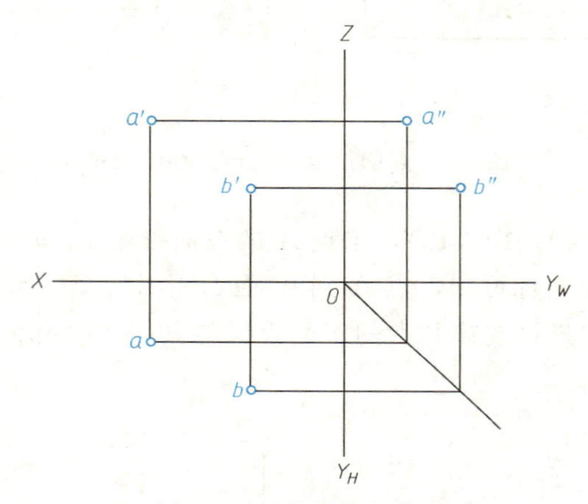

图 2-5 两点的相对位置

判断：

从水平（或正面）投影可以看出，点 A 的 x 坐标大于位于点 B 的 x 坐标，说明点 A 位于点 B 的左方；

从水平（或侧面）投影可以看出，点 A 的 y 坐标小于点 B 的 y 坐标，说明点 A 位于点 B 的后方；

根据正面（或侧面）投影可以看出，点 A 的 z 坐标大于点 B 的 z 坐标，说明点 A 位于点 B 的上方；

综合 A、B 两点三个坐标大小的比较，判定点 A 位于空间点 B 的左、后、上方。

2.1.3.2 重影点

当空间两个点位于某一投影面的同一条投射线上，且这两个点在该投影面上的投影相互重合，则这两个点为该投影面上的一对重影点。

图 2-6 (a) 所示，当 A、B 两点在 H 面上的投影相互重合，则该两个点为一对水平重影点，标注为 $a(b)$，上方的点可见，下方的点不可见（规定不可见的点的符号加括号

表示）。

图 2-6（b）所示，当 C、D 两点在 V 面上的投影相互重合，该两个点为一对正面重影点，标注为 $c'(d')$，前方的点可见，后方的点不可见。

图 2-6（c）所示，当 E、F 两点在 W 面上的投影相互重合，该两个点为一对侧面重影点，标注为 e''（f''），左方的点可见，右方的点不可见。

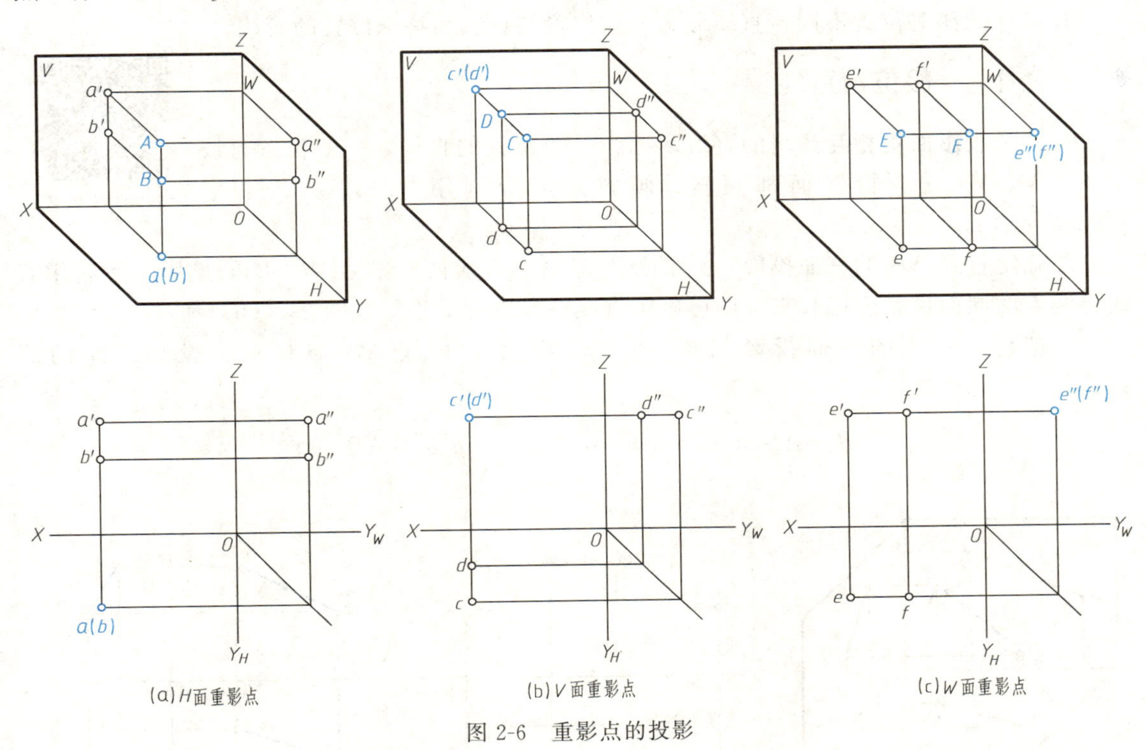

图 2-6 重影点的投影

出现两个点投影重合的原因是两个点位于同一条投射线上（即两个点的三个坐标中有两个坐标相等）。所谓可见性是对某一投影面而言，只有两点的某一投影面上的投影相互重合，才有可见与不可见的问题。

【提示】 对于可见的点，一般正常处理，而对于不可见的点要把表示点的字母加括号表示。

【例 2-4】 试说明点 $A(20, 16, 25)$、点 $B(20, 16, 15)$ 两个点是否为重影点，并判断其投影的可见性。

分析 由于 A、B 两点的 x、y 坐标相同，说明这两个点在 H 面上的投影相互重合，故 A、B 两点为 H 面的重影点。比较两个点的 z 坐标可知：点 $z_A=25>z_B=15$，由此可以判定点 A 的水平投影 a 可见，点 B 的水平投影 b 不可见。

【随堂讨论】

1. 点的 y 坐标越大，说明点越靠近哪一方，为什么？
2. 什么情况下，空点两个点在 W 面上的投影相互重合？

【实习作业】

仔细观察教室某一个窗洞口四个角处的 8 个角点，哪些点为重影点？并判断其可见性。

任务 2.2 直线的投影

【知识点】 一般位置直线 投影面平行线 投影面垂直线

直线常用线段的形式表示，在不强调线段本身的长度时，常常将线段称为直线。根据直线与投影面的相对位置不同，直线分为一般位置的直线和特殊位置的直线。

◆ 2.2.1 一般位置直线

二维码 2.2

与三个投影面均相互倾斜的直线，称为一般位置的直线。一般位置直线与 H、V、W 三个投影面都倾斜，倾斜角度分别用 α、β、γ 来表示［图 2-7（a)］。

要确定直线 AB 的三面投影，只要分别定出该直线两个端点 A、B 的投影，然后用直线将两点的同面投影连接起来，即可确定直线在投影面上投影［图 2-7（b）和（c)］。

一般位置直线的三面投影如图 2-7（a）所示，直线 AB 与其三个投影之间的关系为：

$$ab=AB\cos\alpha,\quad a'b'=AB\cos\beta\quad a''b''=AB\cos\gamma$$

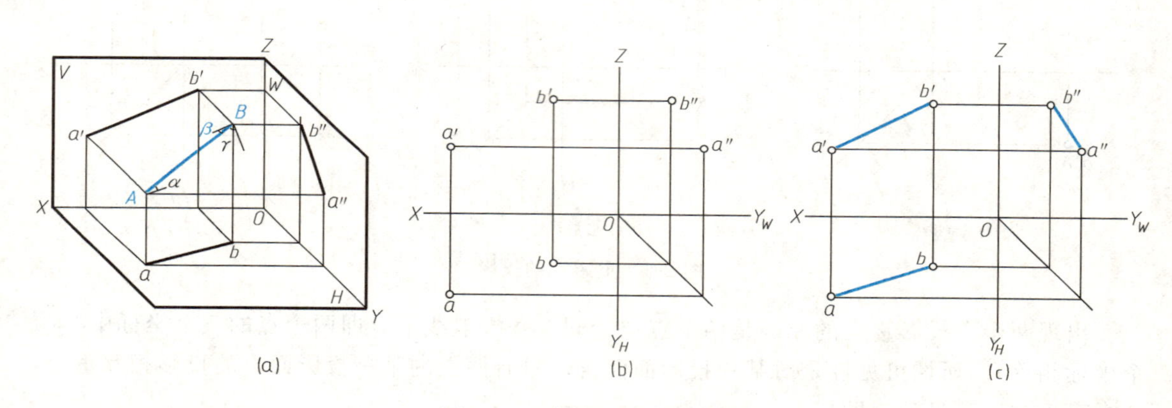

图 2-7 一般位置直线的投影

直线投影的求取方法同点的“二补三”作图法一致，给出直线的任意两面投影，可以补出直线的第三面投影。

根据一般位置直线的直观图和三面投影图，一般位置直线具有如下投影特征：

(1) 直线在三个投影面上的投影均不具有显实性，投影小于空间直线的实际长度；

(2) 一般位置直线在三个投影面上的投影均与投影轴相互倾斜。

◆ 2.2.2 特殊位置直线

与一个投影面平行或垂直的直线称为特殊位置直线，特殊位置直线包括投影面平行线和投影面垂直线两种。

2.2.2.1 投影面平行线

平行于一个投影面而倾斜于另外两个投影面的直线，称为投影面的平行线，包括以下三种情况：

水平线——平行于 H 面，倾斜于 V、W 面的直线；

正平线——平行于 V 面，倾斜于 H、W 面的直线；

侧平线——平行于 W 面，倾斜于 H、V 面的直线。

表 2-1 列出了三种类型投影面平行线的直观图和三面投影图，并总结出不同类型直线的投影特性。

从平行投影的投影特性可知，投影面平行线具有下列投影特征：

（1）直线在平行投影面上的投影反映实长（显实性），该投影与投影轴的夹角反映直线与其他两个投影面倾角的实际大小；

（2）直线在其他两个投影面上的投影分别平行于相应的投影轴，且小于直线的实际长度。

表 2-1　投影面的平行线

直线	直观图	投影图	投影特性
水平线	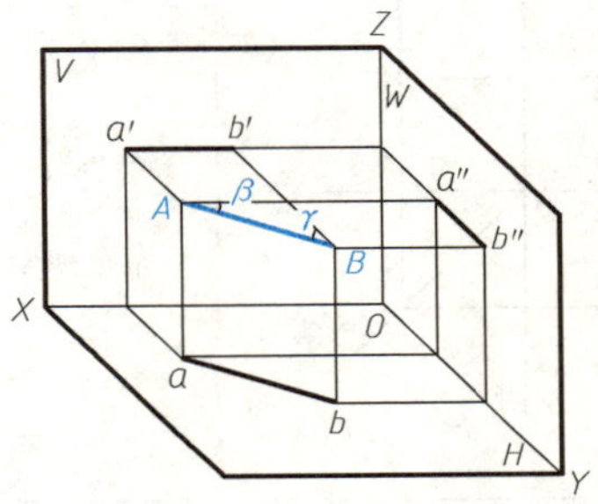	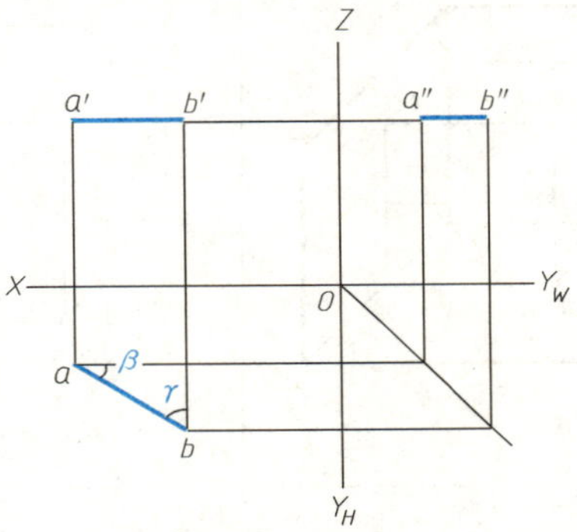	1. 水平投影反映实长和倾角 β、γ 2. $a'b'//OX$ $a''b''//OY_W$
正平线	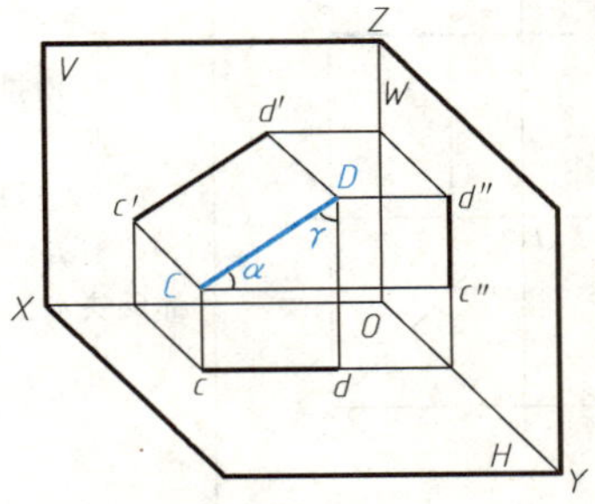	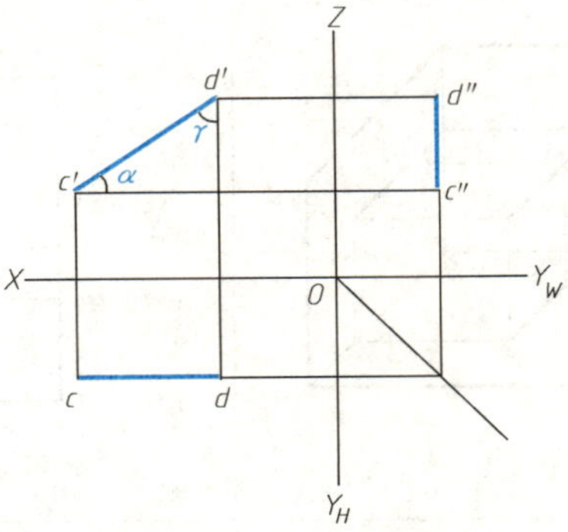	1. 正面投影反映实长和倾角 α、γ 2. $cd//OX$ $c''d''//OZ$
侧平线	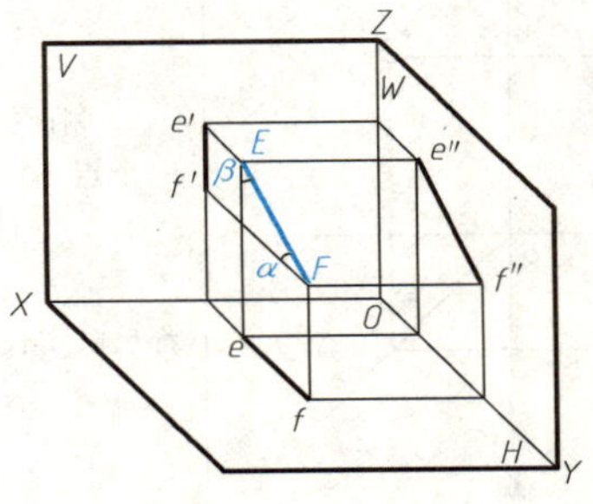	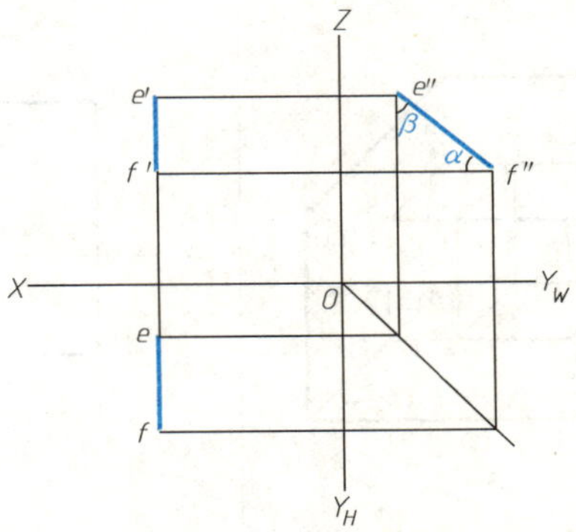	1. 侧面投影反映实长和倾角 β、α 2. $ef//OY_H$ $e'f'//OZ$

2.2.2.2 投影面垂直线

垂直于一个投影面而与其他两个投影面平行的直线，称为投影面的垂直线，包括以下三种情况：

铅垂线——垂直于 H 面，平行于 V、W 面的直线；

正垂线——垂直于 V 面，平行于 H、W 面的直线；

侧垂线——垂直于 W 面，平行于 H、V 面的直线。

表 2-2 列出了三种类型投影面垂直线的直观图和三面投影图，并总结出不同类型直线的投影特性。

表 2-2 投影面的垂直线

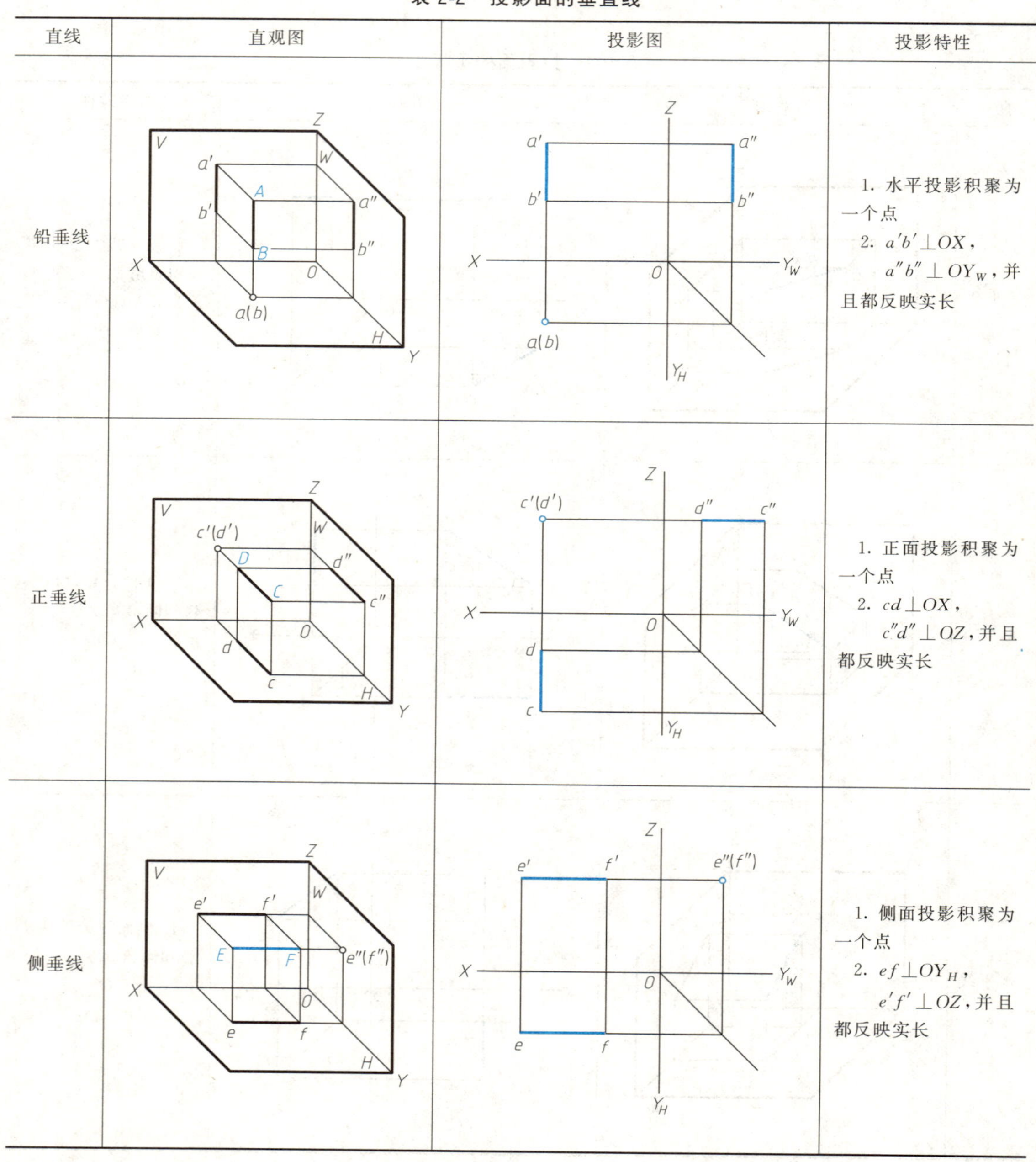

直线	直观图	投影图	投影特性
铅垂线			1. 水平投影积聚为一个点 2. $a'b' \perp OX$，$a''b'' \perp OY_W$，并且都反映实长
正垂线			1. 正面投影积聚为一个点 2. $cd \perp OX$，$c''d'' \perp OZ$，并且都反映实长
侧垂线			1. 侧面投影积聚为一个点 2. $ef \perp OY_H$，$e'f' \perp OZ$，并且都反映实长

从平行投影的投影特性可知，投影面垂直线具有下列投影特征：

(1) 直线在垂直投影面上的投影积聚为一个点（积聚性）；

(2) 直线在其他两个投影面上的投影分别垂直于相应的投影轴，且反映直线的实际长度（显实性）。

【提示】 若空间直线在一个投影面的投影积聚为一个点，则该直线必为该投影面的垂直线。

【例 2-5】 如图 2-8（a）所示，过点 A 作侧平线 $AB=20$，点 B 位于点 A 的前上方，且直线 AB 与 H 面的倾角 $\alpha=45°$，完成侧平线 AB 的投影图。

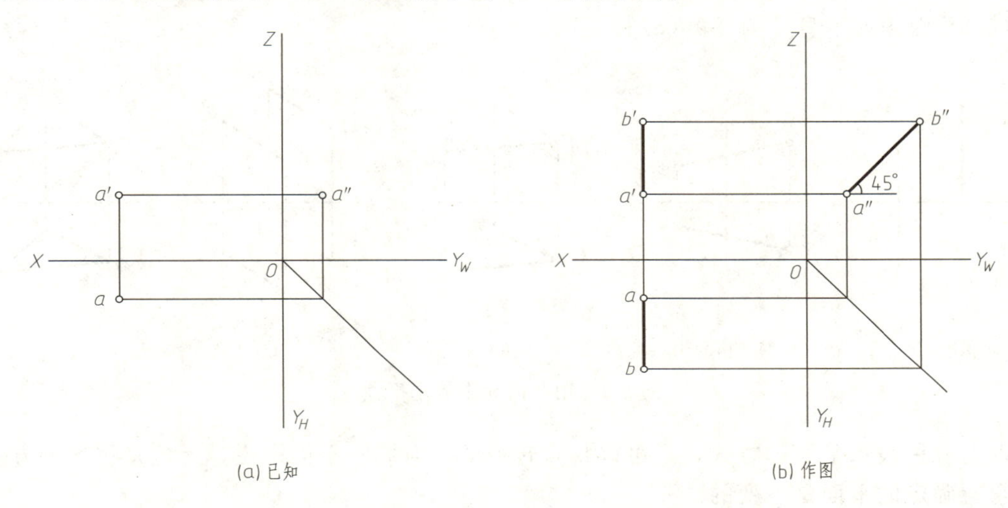

图 2-8 求作侧平线

分析 由侧平线的投影特性可知，其侧面投影反映实长，该投影与 OY 轴的夹角反映直线与 H 面的倾角 α；侧平线水平投影及正面投影分别平行于 OY 和 OZ 轴。

作图

(1) 如图 2-8（b）所示，过 a'' 作与 OY 轴呈 45°的直线，向前上方向截取 $a''b''=20$；

(2) 过 a' 作 OZ 轴的平行线，与过 b'' 作 OZ 轴垂线的延长线相交，即得 b'，连接 $a'b'$；

(3) 根据二补三，求得 B 点的水平投影 b，连接 ab 即可。

由此可见，直线的投影在一般情况下仍为直线，只有在特殊情况下，直线在某一个投影面上的投影积聚为一个点。

【随堂讨论】

1. 一般位置直线，其三面投影均不反映实长，为什么？
2. 水平线的水平投影与 OX 轴夹角反映直线与哪一个投影的倾角？
3. 铅垂线的水平投影积聚为一个点，为什么？

【实习作业】

仔细观察教室黑板，哪些线为投影面平行线，哪些线为投影面垂直线？

任务 2.3 平面的投影

【知识点】 一般位置平面 投影面垂直面 投影面平行面

◆ 2.3.1 平面表示法

二维码 2.3

由初等几何可知，平面在空间的表达方法一般情况下有五种，如图 2-9 所示。

（1）不在同一条直线上的三个点［图 2-9（a）］；

（2）一条直线及直线外一点［图 2-9（b）］；

（3）两条相交直线［图 2-9（c）］；

（4）两条平行直线［图 2-9（d）］；

（5）平面图形本身［图 2-9（e）］。

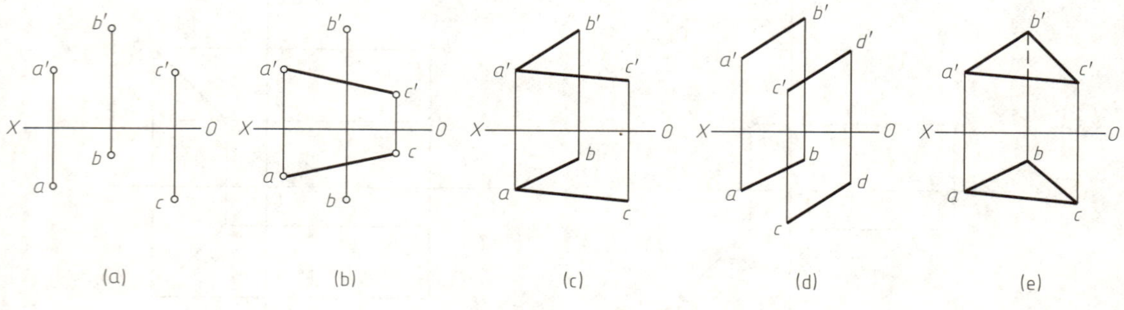

图 2-9　用几何元素表示平面

以上五种表示平面的方式，是可以相互转换的。对同一平面来说，无论采用哪种方式表示，它所确定的平面是不变的。

◆ 2.3.2 平面的投影特性

根据平面与投影面之间的关系不同，平面分为两种情况，一般位置平面和特殊位置平面。

2.3.2.1 一般位置平面

一般位置平面是指空间平面与三个投影面均相互倾斜的平面，与 H、V 和 W 面的倾角分别用 α、β 和 γ 来表示。

如图 2-10 所示，由于空间平面 ABC 与三个投影面都相互倾斜，因此，平面 ABC 在三个投影面上的投影均不反映实形，也不具有积聚性，仅为空间平面缩小的类似形状。

因此，一般位置平面的投影特性为：

（1）平面在投影面上的投影不具有显实性；

（2）平面在投影面上的投影仅反映平面缩小的类似形状。

2.3.2.2 特殊位置平面

与投影面垂直或平行的平面为特殊位置的平面。特殊位置平面包括投影面垂直面和投影面平行面两种。

（1）投影面垂直面

与一个投影面相互垂直，与其他两个投影面相互倾斜的平面为投影面的垂直面，包括以下三种情况：

铅垂面——垂直于 H 面，倾斜于 V、W 面的平面；

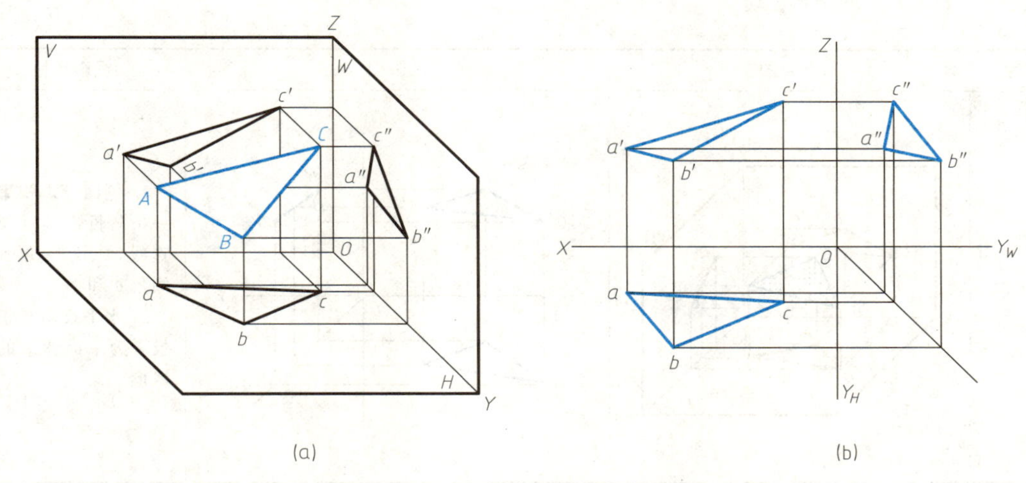

图 2-10　一般位置平面的投影

正垂面——垂直于 V 面，倾斜于 H、W 面的平面；

侧垂面——垂直于 W 面，倾斜于 H、V 面的平面。

表 2-3 列出了三种类型投影面垂直面的直观图和三面投影图，并总结出不同类型平面的投影特性。

表 2-3　投影面的垂直面

名称	直观图	投影图	投影特性
铅垂面			1. 水平投影积聚为一条与投影轴倾斜的直线，并反映平面的倾角 β 和 γ 2. 正面投影和侧面投影为平面图形的类似形
正垂面			1. 正面投影积聚为一条与投影轴倾斜的直线，并反映平面的倾角 α 和 γ 2. 水平投影和侧面投影为平面图形的类似形

续表

名称	直观图	投影图	投影特性
侧垂面	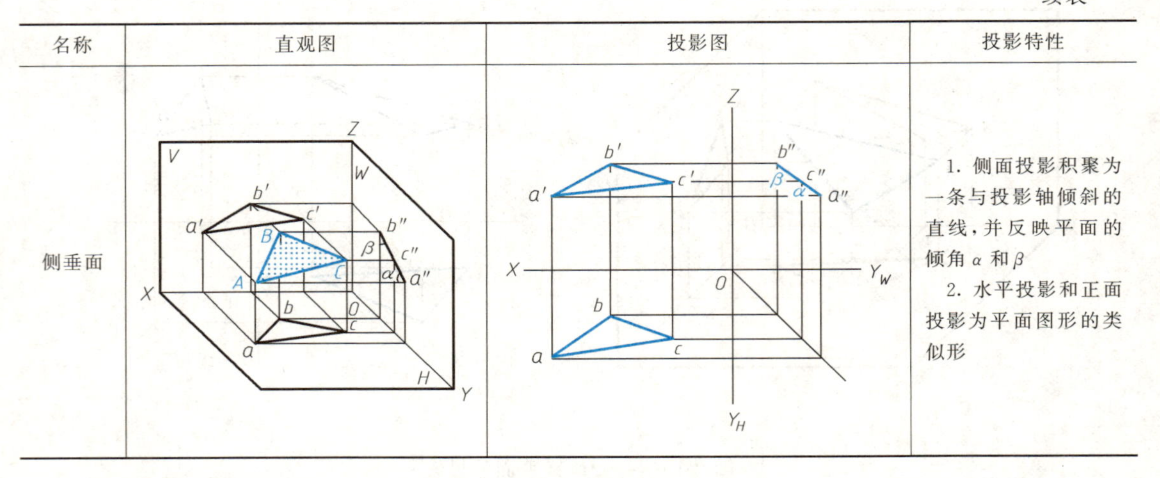		1. 侧面投影积聚为一条与投影轴倾斜的直线，并反映平面的倾角 α 和 β 2. 水平投影和正面投影为平面图形的类似形

从表 2-3 中总结出投影面的垂直面具有如下投影特征：

① 平面在其垂直的投影面上的投影积聚为一条直线，直线与两个投影轴的夹角反映平面与另外两个投影面的倾角。

② 平面在另外两个投影面上的投影反映平面缩小的类似形状。

【提示】 根据投影面垂直面的投影规律：若空间平面其三面投影图为“一斜线两平面”，则空间平面必定为投影面的垂直面，斜线所在的投影面与空间平面相互垂直。

(2) 投影面平行面

与一个投影面平行，而与其他两个投影面垂直的平面，称为投影面的平行面，包括以下三种情况：

水平面——平行于 H 面，垂直于 V、W 面的平面；

正平面——平行于 V 面，垂直于 H、W 面的平面；

侧平面——平行于 W 面，垂直于 H、V 面的平面。

表 2-4 列出了三种类型投影面平行面的直观图和三面投影图，并总结出不同类型平面的投影特性。

表 2-4 投影面的平行面

名称	直观图	投影图	投影特性
水平面			1. 水平投影反映实形 2. V 面投影积聚为直线段且平行于 OX 3. W 面投影积聚为直线段且平行于 OY_W

续表

名称	直观图	投影图	投影特性
正平面	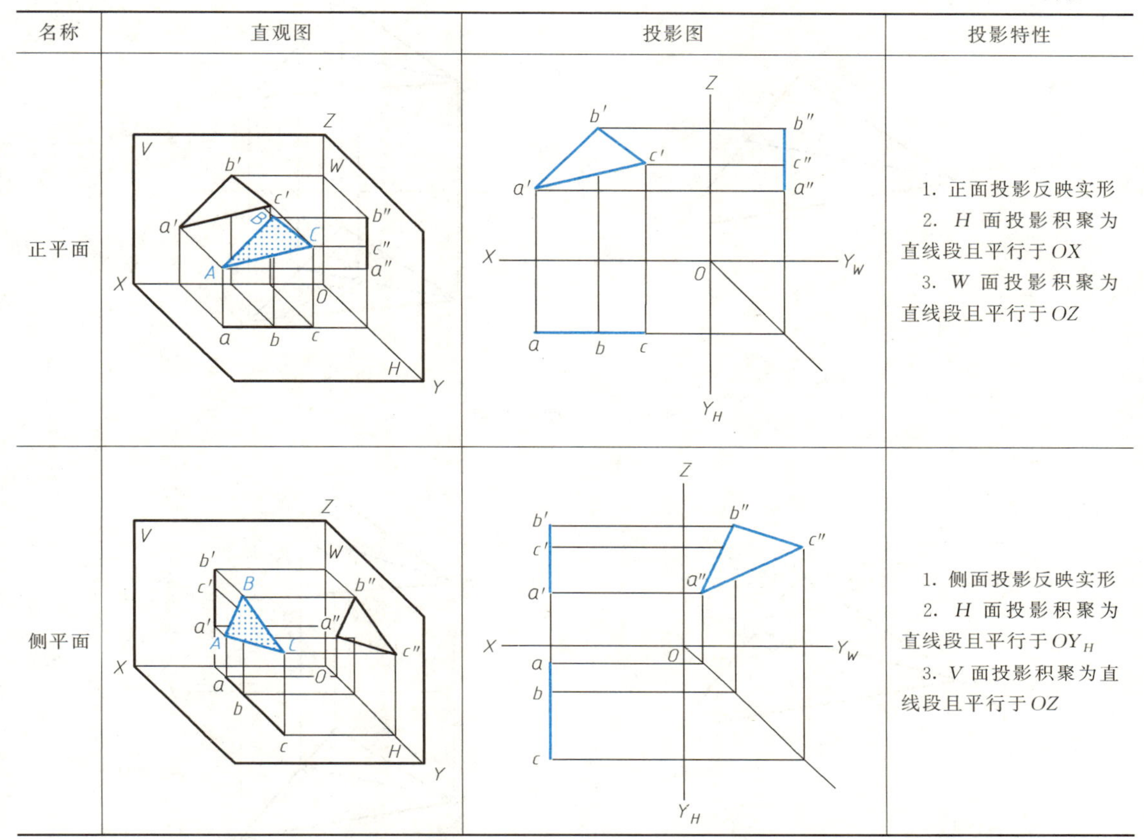		1. 正面投影反映实形 2. H 面投影积聚为直线段且平行于 OX 3. W 面投影积聚为直线段且平行于 OZ
侧平面			1. 侧面投影反映实形 2. H 面投影积聚为直线段且平行于 OY_H 3. V 面投影积聚为直线段且平行于 OZ

从表中总结出投影面的平行面具有如下投影特征：

（1）平面在平行投影面上的投影具有显实性；

（2）平面在其他两个投影面上的投影分别积聚为一条直线，且平行于相应的投影轴。

【提示】 根据投影面平行面的投影规律：若空间平面其三面投影图为“两线一平面”，则空间平面必定为投影面的平行面，平面所在的投影面与空间平面相互平行。

◆ 2.3.3 平面内的点和直线

2.3.3.1 平面内的点

如图 2-11（a）所示，如果点 K 在已知平面 ABC 内的某一直线 BM 上，则点 K 必在已知平面 ABC 内。

如图 2-11（b）所示，若点 K 的投影在已知平面 ABC 内某一直线 BM 同面投影上（即 k、k'分别位于 bm、$b'm'$上），且点 K 的投影符合点的投影规律（$kk' \perp OX$），则点 K 必在已知平面 ABC 内。

因此，要在平面内取点，必须先在平面内确定通过该点的直线。

2.3.3.2 平面内的直线

如图 2-12 所示，如果直线 BM 通过平面内的两个点 B、M，则直线 BM 必在已知平面 ABC 内；如果直线 MN 经过平面 ABC 内的一个点 M，且平行于平面内的一条直线 AB，则直线 MN 一定在平面 ABC 内。

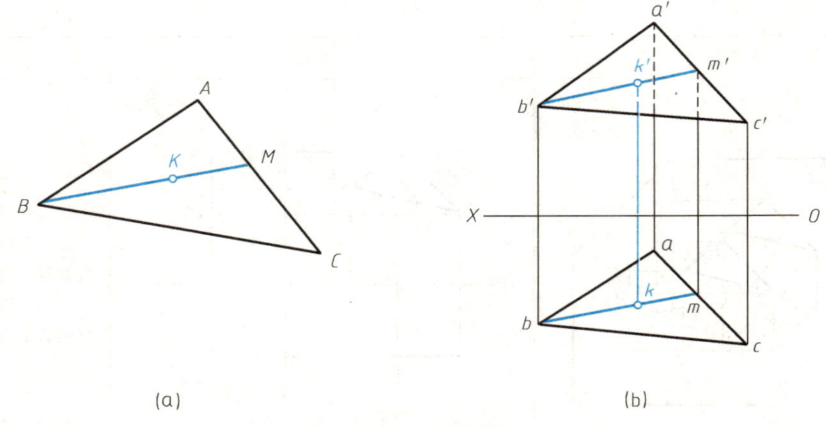

图 2-11　平面内的点

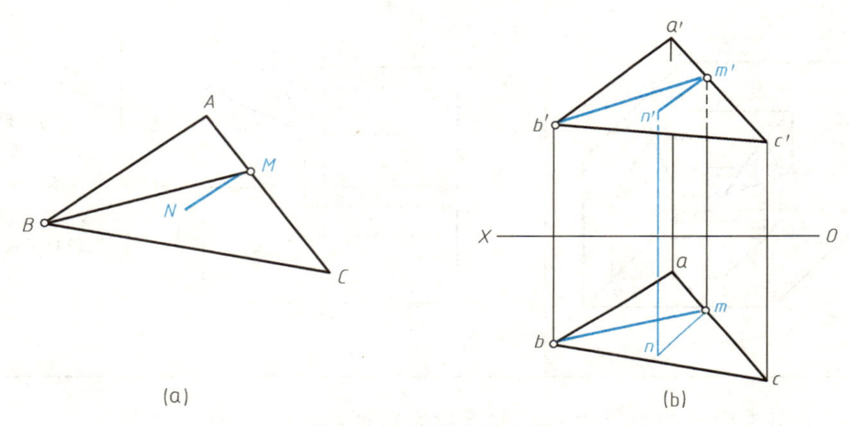

图 2-12　平面内的直线

【提示】 根据直线在平面内的几何条件可以看出，如果要在平面内取直线，需要在平面内先取过该直线的两个点。

【例 2-6】 如图 2-13（a）所示，已知平面 ABC 内点 K 的水平投影 k，求其正面投影 k'。

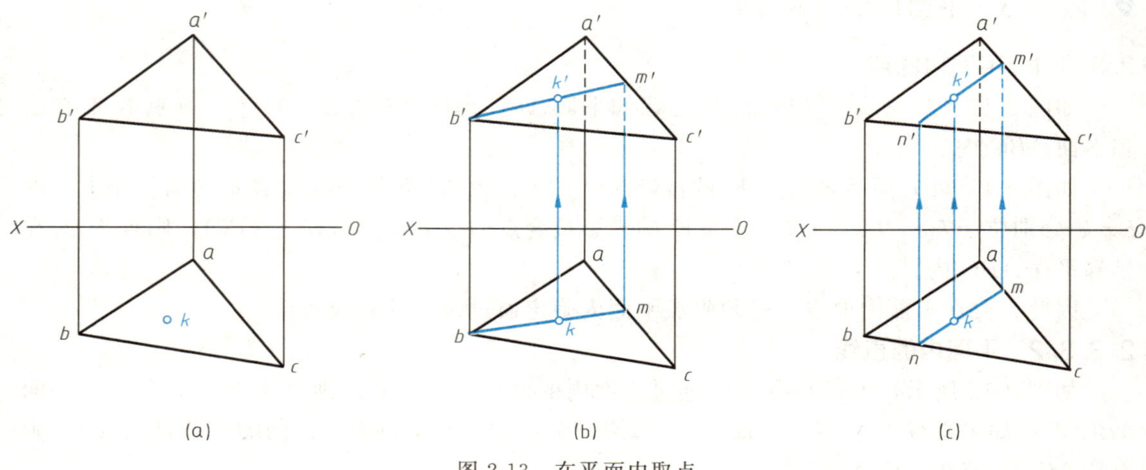

图 2-13　在平面内取点

分析　点 $K \in \triangle ABC$，它必在该平面内的某一直线上，k、k'应分别位于该直线的同面投影上。因此，要求出点 K 在投影面上的投影，需要过点 K 在$\triangle ABC$ 内作辅助线。

作图 1　［图 2-13（b）所示］

用平面内的已知两点确定辅助线。

（1）连接 bk 并延长它与 ac 相交于 m；

（2）作直线 BM 的正面投影 $b'm'$；

（3）根据点在直线上的投影特征，自 k 向上引垂直线，与 $b'm'$相交，即得点 K 的正面投影 k'。

作图 2　［图 2-13（c）所示］

利用平面内的一点，作平面内已知直线的平行线作为辅助线。

（1）在水平投影上过 k 作 ab 的平行线 mn；

（2）作直线 MN 的正面投影 $m'n'$；

（3）根据点在直线上的投影特征，自 k 向上引垂直线，与 $m'n'$相交，即得点 K 的正面投影 k'。

【例 2-7】　如图 2-14（a）所示，过点 B 在平面 ABC 内作一正平线 BM，完成直线 BM 的两面投影。

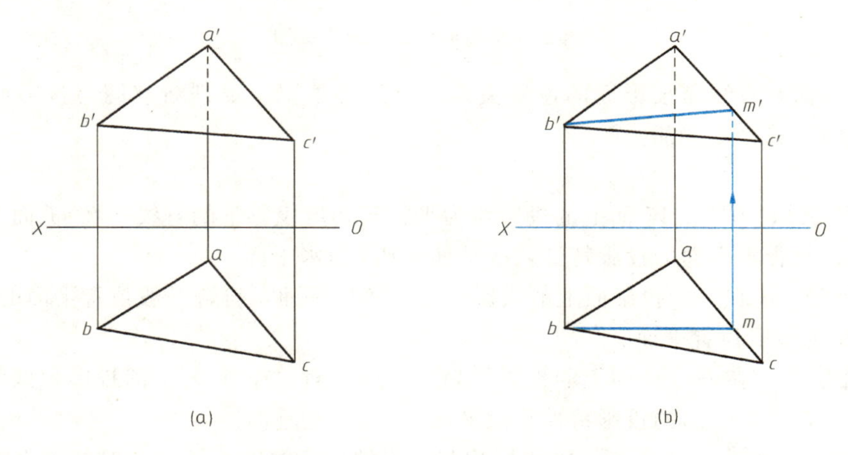

图 2-14　在平面内取直线

分析　由于过点 B 的正平线在平面 ABC 内，根据正平线的投影特征，该直线的水平投影平行于 OX 轴。

作图

（1）如图 2-14（b）所示，过 b 作一平行 OX 轴的直线与 ac 相交于 m；

（2）自 m 向上引垂直线交 $a'c'$于 m'；

（3）连接 $b'm'$，则 bm 和 $b'm'$即为所求。

【提示】　在平面内取点，先在平面内经过该点作辅助线；在平面内取直线，先在平面内取直线经过的两个点，然后根据点的投影特征求取空间直线在投影面上的投影。

【随堂讨论】

1. 一般位置的平面，在投影面上的投影仅仅为其缩小的类似形状，为什么？

2. 正垂面在 H、V 面上的投影特性有哪些？

【实习作业】

仔细观察你所在的教学楼，判断各个方位的外墙，属于哪种类型的平面？实测某一个外墙中某一个窗洞口的大小，并按 1∶50 的比例绘制出其三面正投影图。

【综合应用】

如图 2-15 所示，已知某形体的三面投影图，试判断形体中平面 ABC、SAB、SAC 和直线 SA、SB、AC 与投影面的位置关系。

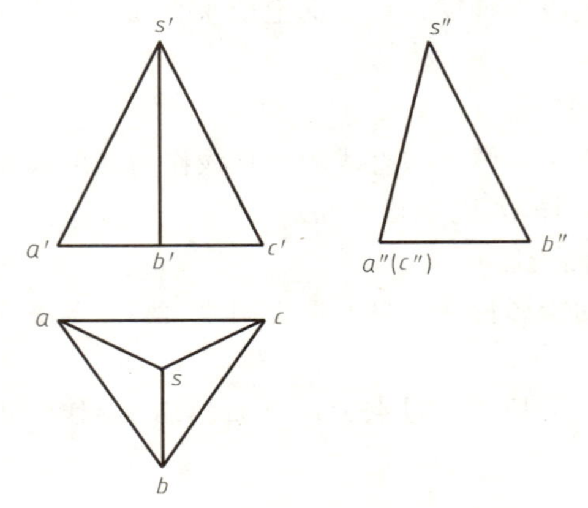

图 2-15　某形体的三面投影图

分析　平面和直线与投影面的位置关系均有三种情况，要判断它们与投影面的位置关系，必须借助于其投影特征。

判断

(1) 平面 ABC 在 V、W 面上的投影均为平行于相应投影轴的直线，在 H 面上的投影为三角形平面，符合水平面的投影特性，故平面 ABC 为水平面。

(2) 平面 SAB 在三个投影面上的投影均为三角形平面，符合一般位置平面的投影特性，故平面 SAB 为一般位置平面。

(3) 平面 SAC 在 H、V 面上的投影均为三角形平面，在 W 面上的投影积聚为与投影轴倾斜的直线，符合侧垂面的投影特性，故平面 SAC 为侧垂面。

(4) 直线 SA 在三个投影面上的投影均与投影轴相互倾斜，符合一般位置直线的投影特性，故直线 SA 为一般位置直线。

(5) 直线 SB 在 H、V 面上的投影均平行于相应的投影轴，在 W 面上的投影表现为与投影轴倾斜直线，符合侧平线的投影特性，故直线 SB 为侧平线。

(6) 直线 AC 在 W 面上的投影积聚为一个点，在其他两个投影面上的投影为垂直于相应投影轴的直线，故直线 AC 为侧垂线。

任务 2.4　基本体的投影

【知识点】　平面立体　曲面立体　立体表面上的点

二维码 2.4

工程中建筑物的形体复杂多样，不管其形状如何复杂，都可以看成是由基本的几何体经过一定的方式组合而成，基本的几何体一般分为平面立体和曲面立体两大类。

◆ 2.4.1 平面立体的投影

由若干个平面多边形围成的立体为平面立体。常见的平面立体有棱柱、棱锥等。由于平面立体是由平面围合而成，而平面是由直线围成，直线是由点连成，因此求取平面立体的投影实际上是求点、线、面的投影。在投影图中，不可见棱线的投影用虚线表示。

2.4.1.1 棱柱

(1) 投影

棱柱由棱面以及上、下两个底面组成，棱面上各条棱线相互平行。如图 2-16（a）所示为一个三棱柱，其上、下两个底面为水平面（三角形），左、右两个侧棱面是铅垂面，后侧棱面为正平面。将该三棱柱向三个投影面进行正投影，得到该三棱柱的三面投影图，如图 2-16（b）所示。

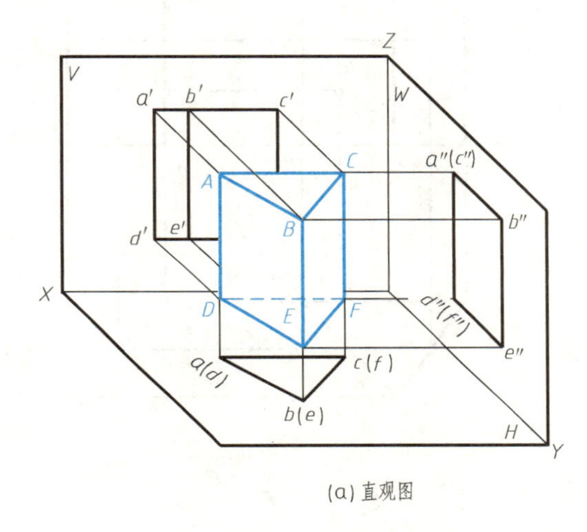

(a) 直观图

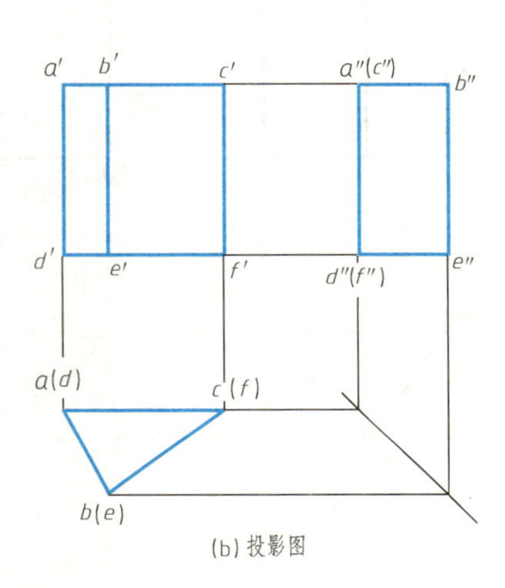

(b) 投影图

图 2-16 三棱柱的投影

投影分析：

① 根据三棱柱的直观图可知：三棱柱的水平投影为一个三角形 $a(d)b(e)c(f)$，它是上、下两个底面 ABC、DEF 投影的重合（上底可见、下底不可见），且反映实形。三角形 $a(d)b(e)c(f)$的三条边是垂直于 H 面的三个侧棱面的积聚投影，三个点 $a(d)$、$b(e)$、$c(f)$ 分别为三条垂直于 H 面的三条棱线的积聚投影。

② 正面投影为两个矩形框，分别为左、右两个侧棱面 $ADEB$、$BEFC$ 的投影（可见），这两个矩形 $a'd'e'b'$、$b'e'f'c'$不具有显实性。两个矩形 $a'd'e'b'$、$b'e'f'c'$的外围轮廓框构成的大矩形 $a'd'f'c'$是后侧棱面 $ADFC$ 的投影且反映实形。上、下两条横线 $a'c'$、$d'f'$是三棱柱上、下两个底面 ABC、DEF 的积聚投影。三条竖线 $a'd'$、$b'e'$、$c'f'$是三条棱线 AD、BE、CF 的正面投影且反映实长。

③ 侧面投影为一个矩形 $a''b''e''d''$，它是左、右两个侧棱面 $ABED$、$BCFE$ 的重合投影（不反映实形，左侧棱面可见，右侧棱面不可见），四条边框中，上、下两条边 $a''c''(b'')$、$d''(f'')e''$分别为三棱柱上、下两个底面 ABC、DEF 的积聚投影，后边 $a''(c'')d''(f'')$ 为后侧棱面 $ACFD$ 的积聚投影，前边 $b''e''$为左、右两个侧棱面交线 BE 的侧面投影。

【提示】 由于在三面投影图中，各投影与投影轴的距离仅表达物体与投影面的距离。而物体与投影面距离的大小并不影响其形状的正确表达，因此画立体的投影图时，为作图简便，可将投影轴省略不画。但三个投影之间必须满足：“长对正，高平齐，宽相等”三等关系。

(2) 棱柱表面上的点

平面立体表面上点的投影就是平面上点的投影。但是平面立体是由若干平面围合而成的。在同一个投影面上，总有形体两个表面相互重叠在一起，因此，在立体表面上的点存在着可见性的问题。作图时要进行点的可见性的判定。

【例 2-8】 如图 2-17（a）所示，已知三棱柱表面上点 M、N 的正面投影，求点 M、N 的水平投影和侧面投影。

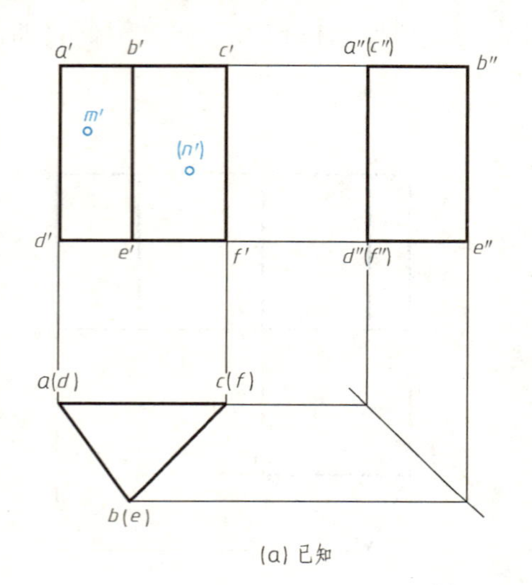

(a) 已知

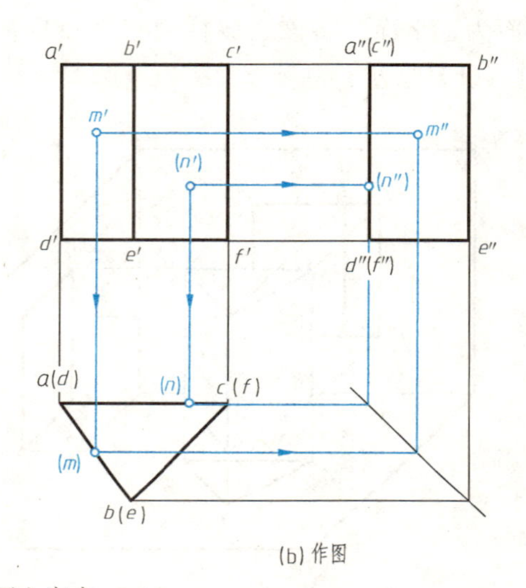

(b) 作图

图 2-17 三棱柱表面上定点

分析 根据已知条件可知，点 M 的正面投影可见，点 N 的正面投影不可见，因此点 M 位于左侧棱面 $ABED$ 上，点 N 位于后侧棱面 $ACFD$ 上。

作图

① 利用左侧棱面 $ABED$ 和后侧棱面 $ACFD$ 水平投影的积聚性，直接求出点 M、N 的水平投影 m 和 n，因都不可见，分别加括号标注，如图 2-17（b）所示。

② 根据“二补三”求出点 M、N 的侧面投影 m''和 n''，由于后侧棱面 $ACFD$ 侧面投影积聚为一条直线，而点 N 位于 $ACFD$ 的面上故点 N 的侧面投影 n''不可见，加括号标注。

2.4.1.2 棱锥

(1) 投影

棱锥由一个底面和若干个侧棱面组成，棱面上各条棱线相交于一点，称为锥顶。图 2-18（a）所示为一个三棱锥，其底面（$\triangle ABC$）为水平面，左、右两个侧棱面（$\triangle SAB$、$\triangle SBC$）为一般位置的平面，后侧棱面（$\triangle SAC$）为侧垂面。将该三棱锥向三个投影面进行正投影，得到该三棱锥的三面投影图，如图 2-18（b）所示。

投影分析：

① 根据三棱锥的直观图可知：三棱锥的水平投影为三个三角形组成的一个大三角形。$\triangle sab$、$\triangle sbc$ 以及$\triangle sac$ 分别为左侧棱面$\triangle SAB$、右侧棱面$\triangle SBC$ 以及后侧棱面$\triangle SAC$ 水平投影且不具有显实性，$\triangle abc$ 为底面$\triangle ABC$ 的水平投影，反映实形。

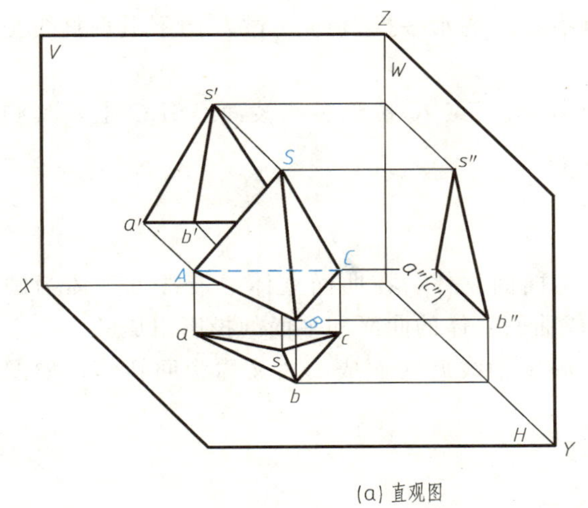

(a) 直观图

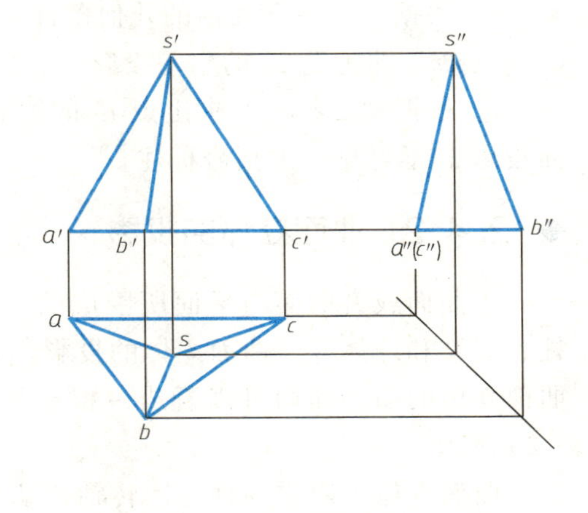

(b) 投影图

图 2-18　三棱锥的投影

② 正面投影为两个三角形组成一个大三角形。$\triangle s'a'b'$、$\triangle s'b'c'$分别为左、右两个侧棱面的投影；$\triangle s'a'c'$为后侧棱面的投影，且不具有显实性。横线 $a'b'c'$ 为底面$\triangle ABC$ 的正面积聚投影。

③ 侧面投影为一个三角形，它是左、右两个侧棱面的重合投影（左侧棱面$\triangle SAB$ 可见，右侧棱面$\triangle SBC$ 不可见），$s''a''(c'')$ 为后侧棱面$\triangle SAC$ 的积聚投影，下边线 $a''(c'')b''$为底面$\triangle ABC$ 的积聚投影。

（2）棱锥表面上的点

在棱锥表面定点，可采用辅助线法，然后在辅助线上作出点的投影。

【例 2-9】 如图 2-19（a）所示，已知三棱锥表面上点 K 的正面投影，求点 K 的水平投影和侧面投影。

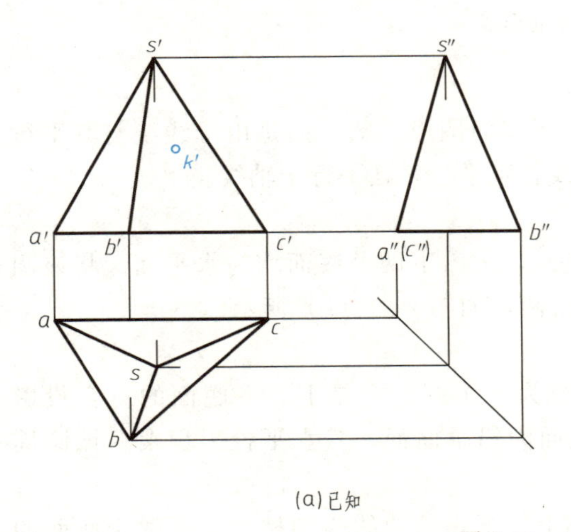

(a) 已知

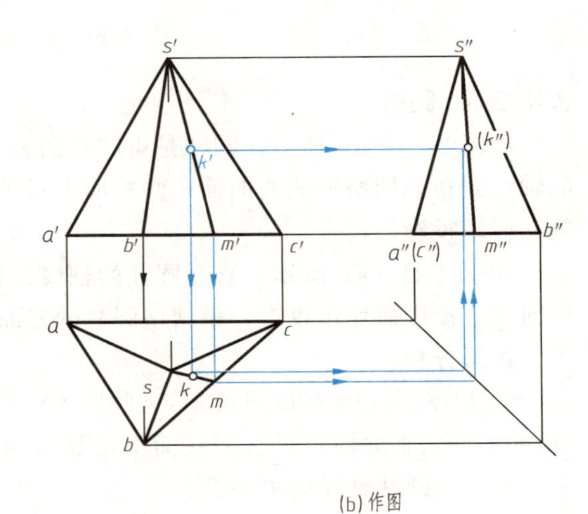

(b) 作图

图 2-19　三棱锥表面上定点

分析　根据已知条件可知，点 K 的正面投影可见，因此点 K 位于右侧棱面$\triangle SBC$ 上。

作图　[图 2-19（b）]

① 在正面投影上，连接 $s'k'$并延长交$b'c'$于m'，见图 2-19（b）。

② 根据直线在平面内的几何条件，求取直线 SM 的水平投影 sm，过 k' 向下引垂直线交 sm 于点 k，即为点 K 的水平投影（可见）。

③ 根据“二补三”求出点 K 的侧面投影 k''，由于点 K 位于右侧棱面△SBC 上，其侧面投影 k'' 不可见，加括号标注。

2.4.2 曲面立体的投影

由曲面或者曲面与平面所围成的立体，称为曲面立体。在曲面立体中最常见立体为圆柱、圆锥和球体等。曲面立体的投影，是由构成曲面立体的曲面和平面的投影组成的。由于曲面立体的曲表面均可以看成一根动线绕着一固定轴线旋转而成，故又称为回转体，如图 2-20 所示。

曲面立体中固定的轴为回转轴，动线为母线。

母线围绕回转轴旋转到任一位置时，称为素线。

母线上任一点的运动轨迹为圆，该圆垂直于轴线，称为纬圆。

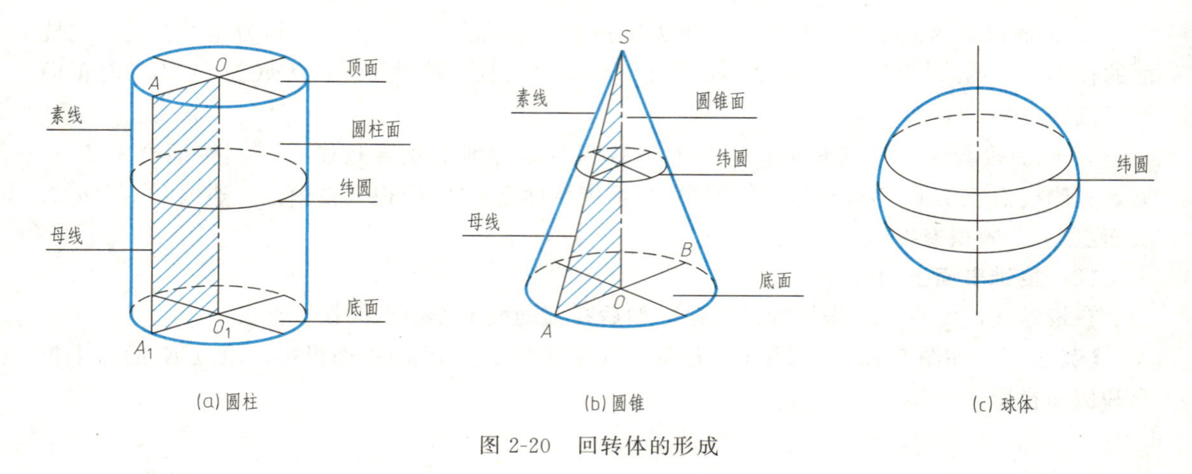

图 2-20 回转体的形成

2.4.2.1 圆柱

如图 2-20（a）所示，圆柱是由圆柱面和上、下底面围成。圆柱面是由母线绕与其平行的轴线回转一周所形成的曲面。圆柱面上每条素线相互平行，且平行于轴线。

(1) 投影

如图 2-21（a）所示，直立圆柱的轴线为铅垂线，上、下两个底面均为水平面。将该圆柱向三个投影面作正投影，得到该圆柱的三面投影图，如图 2-21（b）所示。

投影分析：

① 根据圆柱的直观图可知：圆柱的水平投影为一个圆，它是上、下底面的重合投影（反映实形，上底面可见，下底面不可见），圆柱面为铅垂曲面，其水平投影积聚在该圆周上，圆心为圆柱轴线的水平投影。

② 圆柱的正面投影为一个矩形线框。该矩形上、下两条边线为圆柱上、下两个底面的积聚投影，左、右两个边框为圆柱最左、最右两条素线的投影，矩形本身为圆柱前、后两个半圆柱面的重合投影，矩形中间的竖直点画线 $c'(d')c_1'(d_1')$ 为圆柱的轴线。

③ 圆柱的侧面投影为一个矩形线框。该矩形上、下两条边线为圆柱上、下两个底面的积聚投影，右、左两个边框为圆柱最前、最后两条素线的投影，矩形本身为圆柱左、右两个

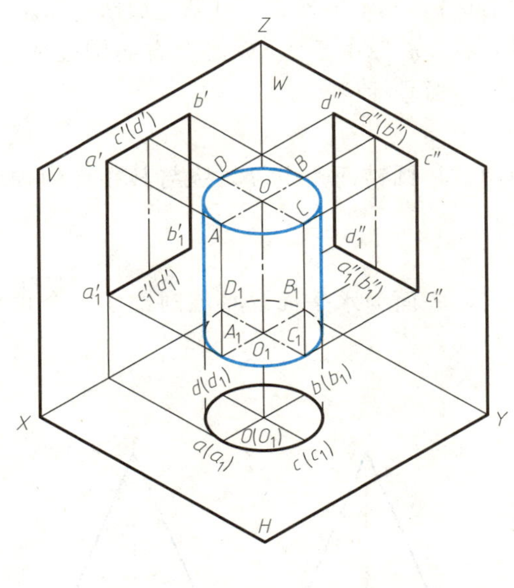

(a) 直观图

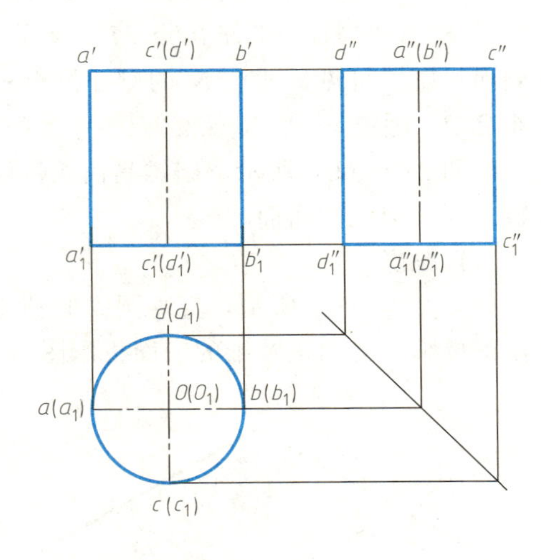

(b) 投影图

图 2-21　圆柱的投影

半圆柱面的重合投影，矩形中间的竖直点画线 $a''(b'')a_1''(b_1'')$ 为圆柱的轴线。

(2) 圆柱表面上的点

在圆柱表面定点，可以利用圆柱表面的积聚性来作图。

【例 2-10】 如图 2-22（a）所示，已知圆柱表面上的点 M 和点 N 的正面投影，求点 M 和点 N 的水平投影和侧面投影。

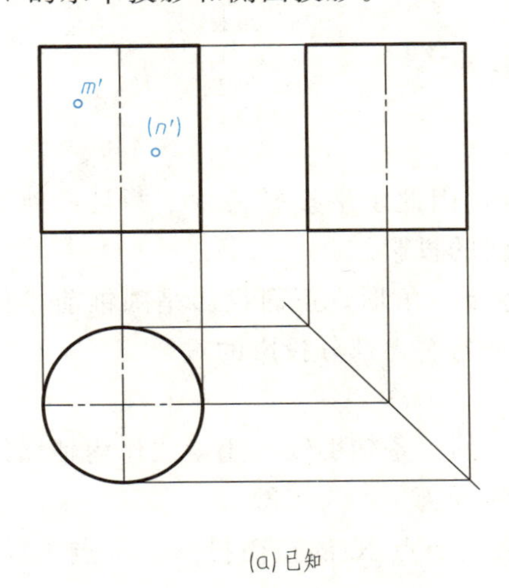

(a) 已知

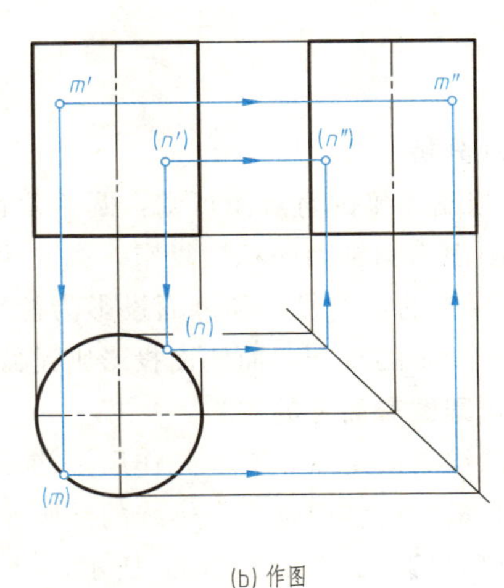

(b) 作图

图 2-22　圆柱表面上定点

分析　根据已知条件可知，点 M 的正面投影可见，点 N 的正面投影不可见，因此点 M 位于前半圆柱面上，点 N 位于后半圆柱面上。

作图　[图 2-22（b）]

① 在正面投影上，过 m'、n'向下作垂直线，分别交前、后半圆周于 m、n，即为点 M 和

点 N 的水平投影。由于点 M、N 位于圆柱表面中间部分，其水平投影不可见，加括号标注。

② 根据“二补三”求出点 M、N 的侧面投影 m''、n''。由于点 N 位于右侧圆柱面上，其侧面投影不可见，故点 N 的侧面投影 n''不可见，加括号标注。

2.4.2.2 圆锥

如图 2-20（b）所示，圆锥是由圆锥面和底面围成。圆锥面是由母线绕与其相交的轴线回转一周所形成的曲面。

(1) 投影

如图 2-23（a）所示，直立圆锥的轴线为铅垂线，底面为水平面。将该圆锥向三个投影面作正投影，得到该圆锥的三面投影图，如图 2-23（b）所示。

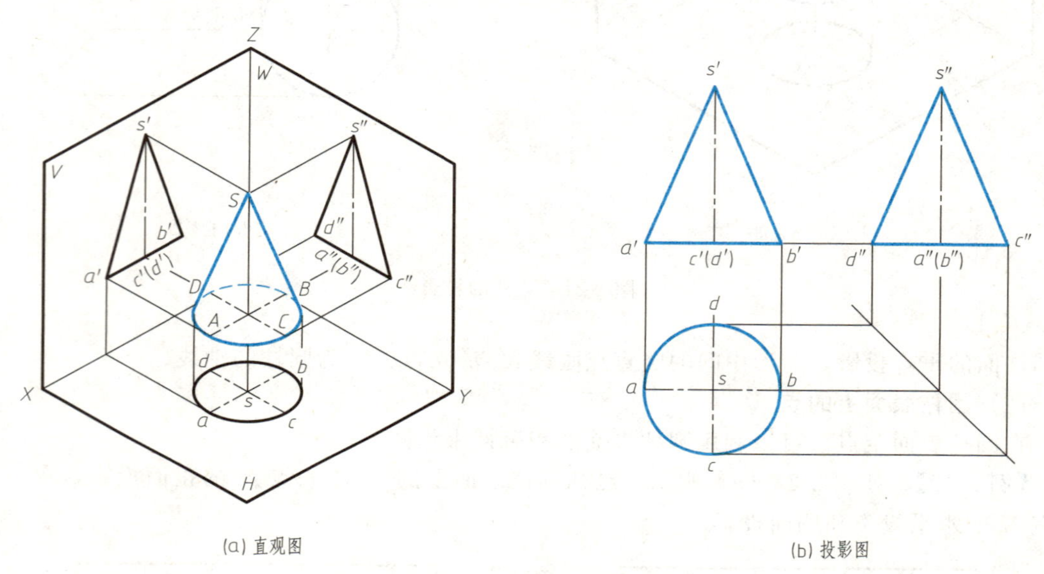

图 2-23 圆锥的投影

投影分析：

① 根据圆锥的直观图可知：圆锥底面为水平面，因此水平投影为一个圆且反映底面的实形，圆面为圆锥面的积聚投影，圆心为锥顶和轴线的投影。

② 圆锥的正面投影和侧面投影为两个全等的等腰三角形，正面投影是圆锥前半部分与后半部分投影的重合，而侧面投影则是圆锥左半部分与右半部分投影的重合。

(2) 圆锥表面上的点

在圆锥表面定点，需要先作出该曲面上通过该点的一条辅助线，用素线作为辅助线的方法，称为素线法。用垂直于轴线的纬圆作为辅助线的方法，称为纬圆法。

【例 2-11】 如图 2-24（a）所示，已知圆锥的表面上点 K 的正面投影，求点 K 的水平投影和侧面投影。

分析 根据已知条件可知，点 K 的正面投影可见，且位于圆锥左半部分，因此点 K 位于左半部分前半圆锥面上。

作图

(1) 素线法［图 2-24（b）］

① 以素线为辅助线。过 k' 作 $s'k'$ 延长线交底圆周于 m'。

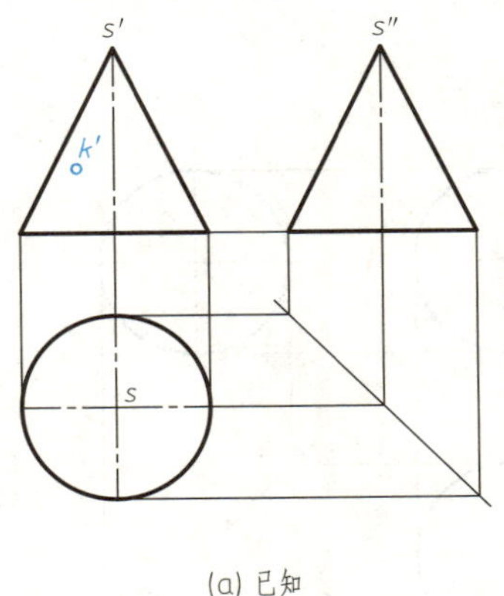

(a) 已知

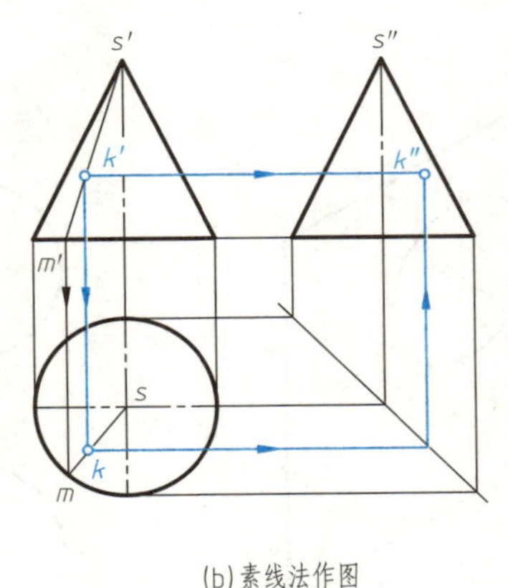

(b) 素线法作图

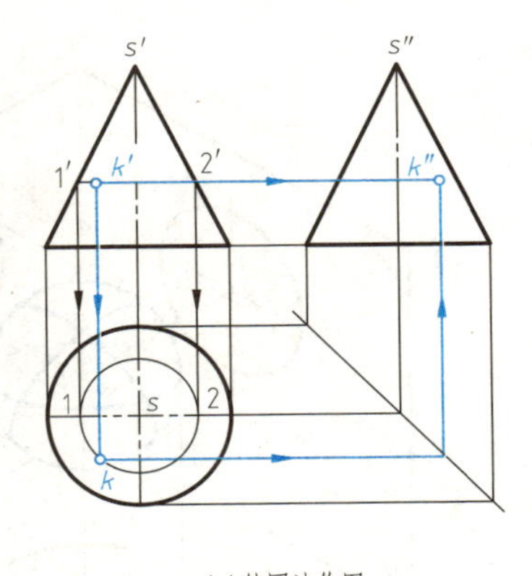

(c) 纬圆法作图

图 2-24　圆锥表面上定点

② 自 m'向下作垂直线交前半圆周于 m，连接 sm。过 k'向下作垂直线与 sm 相交，交点即为点 K 的水平投影 k（可见）。

③ 根据“二补三”求得点 K 的侧面投影 k''（可见）。

（2）纬圆法［图 2-24（c）］

① 以纬圆为辅助线。过 k'作水平线与圆锥两轮廓素线分别交于 $1'$和 $2'$，线 $1'2'$即为过点 K 的圆锥面上纬圆的正面积聚投影。

② 在水平投影上，以底圆中心 s 为圆心，以纬圆正面投影的线段 $1'2'$为直径画圆，则该圆为纬圆的水平投影，自 k'向下作垂线与纬圆的前半圆周相交，交点即为点 K 的水平投影 k（可见）。

③ 根据“二补三”求得点 K 的侧面投影 k''（可见）。

2.4.2.3　球体

如图 2-20（c）所示，球体是由球面围成。球面是圆绕其一条直径（轴线）回转一周形成的曲面。

（1）投影

如图 2-25（a）所示，在三面投影体系中有一个球体。图 2-25（b）为球体的三面投影图。圆球的三面投影图均为大小相等的圆，是球在三个不同方向的轮廓圆的投影。水平投影轮廓圆是球面上平行于 H 面的最大水平纬圆的水平投影，该纬圆 V、W 面投影均与横向中心线相互重合；正平轮廓圆是球面上平行于 V 面的最大正平纬圆的正面投影，该纬圆 H 面投影与横向中心线相互重合；W 面投影与竖向中心线相互重合；侧平轮廓圆是球面上平行于 W 面的最大侧平纬圆的侧面投影，该纬圆 H、V 面投影均与竖向中心线相互重合。

（2）球体表面上的点

在球体表面上定点，可以利用球面上平行于投影面的辅助圆进行作图，这种作图方法称为纬圆法。

【例 2-12】 如图 2-26（a）所示，已知球体的表面上点 M 的正面投影，求点 M 的水平投影和侧面投影。

分析　根据已知条件可知，点 M 的正面投影可见，且位于球体的右半部分，因此点 M 位于球体的右前上部分。

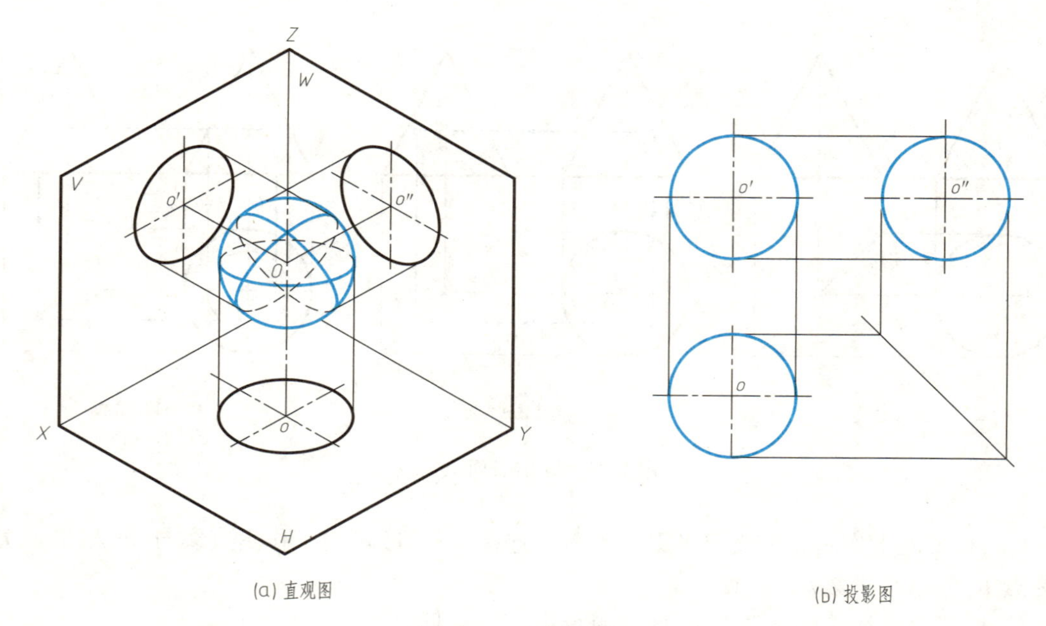

图 2-25　球体的投影

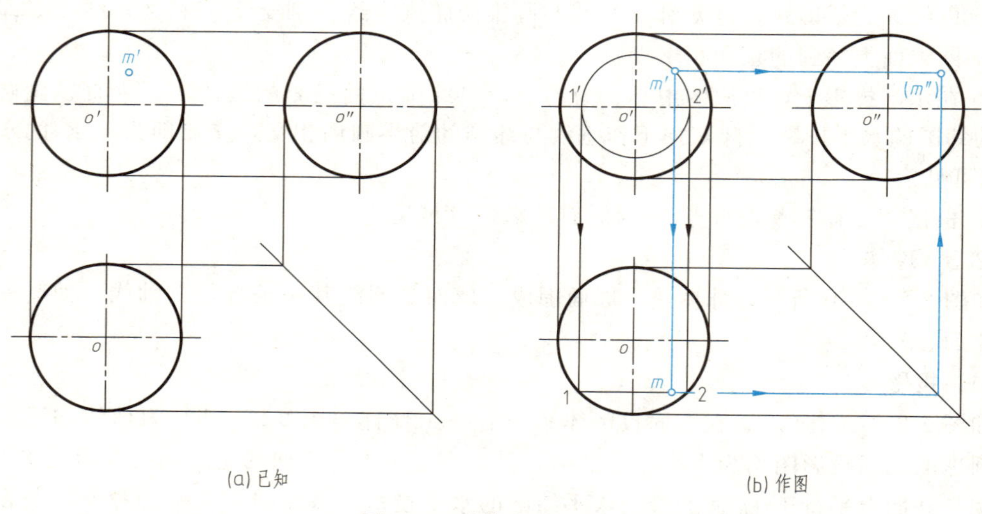

图 2-26　球体表面上定点

作图　[图 2-26（b）]

① 以 o' 为圆心，以 $o'm'$ 为半径画圆，该圆为过 M 点的正平纬圆的正面投影，与水平轴线相交于 $1'$ 和 $2'$。

② 自 $1'$、$2'$ 向下引垂直线，交于最大水平纬圆的前部分于 1 和 2，线段 12 为过 M 点正平纬圆的水平投影，求得 m。

③ 根据“二补三”求得点 M 的侧面投影 m''（点 M 位于球体右半部分，不可见），加括号标注。

【提示】 本题也可以运用水平纬圆和侧平纬圆，求出点 M 在其他两个投影面上的投影。

◆ 2.4.3 平面立体切割体三视图的绘制

在建筑工程中，经常需要对平面立体的原材料进行切割加工，立体被平面截切所产生的表面交线称为截交线，该平面称为截平面。

2.4.3.1 棱柱切割体三视图的绘制

图 2-27 是截平面截切四棱柱的情况，截平面截切到每根棱线都形成一个表面交点，截平面截切到每个棱柱体表面都会形成一条直线，因为截平面会截切到棱柱体的多个表面，所以截交线是个封闭的多边形。绘制平面立体上截交线的投影，首先求出截交线上每个交点的投影，然后依次连接各交点的投影即可。

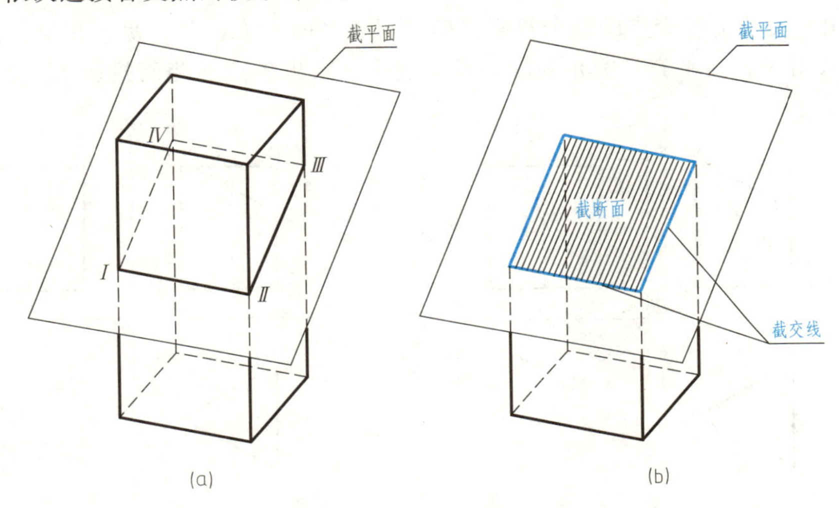

图 2-27 棱柱体的截交线

因此，求平面与平面立体截交线的问题，可以归结为求平面立体的侧棱、底边与截平面的交点问题，或求平面立体棱面、底面与截平面的交线问题。

【例 2-13】 绘制图 2-28 所示的三棱柱被斜切后的三面投影图。

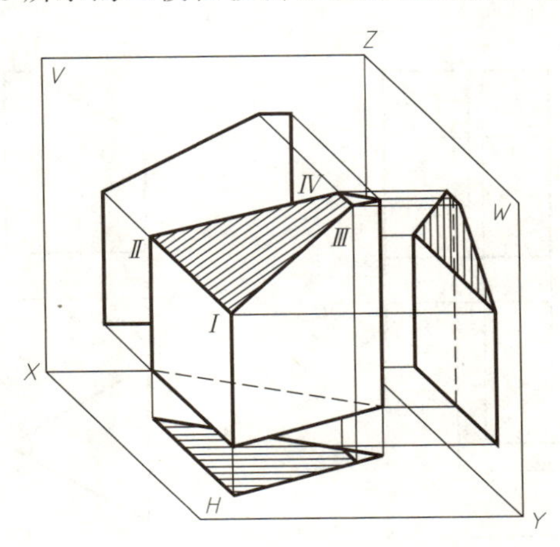

图 2-28 截切后的三棱柱

分析 当截平面处于与投影面垂直的位置时，截平面的投影具有积聚性，截交线都积聚在截平面的积聚投影上，可利用截交线的积聚投影求出其余的投影。所以，画截交线的投影时，让截平面处于与某个投影面垂直的位置，作图较简单。

作图

（1）作截平面的积聚性投影。让截平面的位置与正立投影面垂直，先绘出完整三棱柱的三面投影图，如图 2-29（a）所示，在正面投影上画出截平面的积聚性投影。

（2）确定截交线上各交点的正面投影。如图 2-29（b）所示，截平面的正面投影积聚成一条斜直线，该直线与棱柱的两条棱线相交形成截平面上的两个交点，在正面投影上为 1′、2′，1′、2′两点是重影点，该直线还与棱柱的顶面相交形成交点 3′、4′，在正面投影上为 3′、4′，3′、4′两点是重影点。由此可以确定，本题的截交线由四个交点构成，其图形是封闭的四边形。

（3）求出截交线上各交点的其余投影。确定了截平面上Ⅰ、Ⅱ、Ⅲ、Ⅳ交点的正面投影位置，根据长对正、高平齐、宽相等的正投影规律，求出各点的侧面投影 1″、2″、3″、4″和

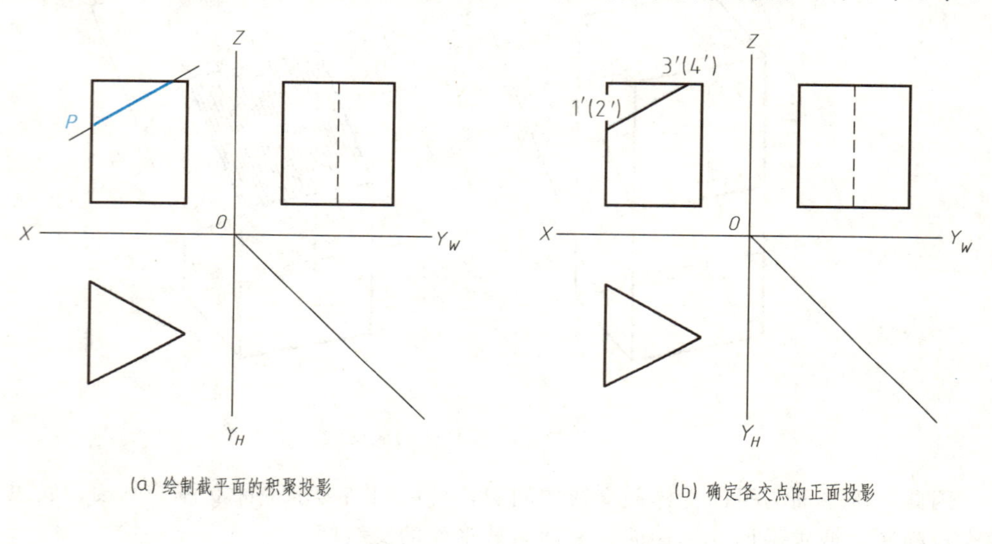

(a) 绘制截平面的积聚投影　　(b) 确定各交点的正面投影

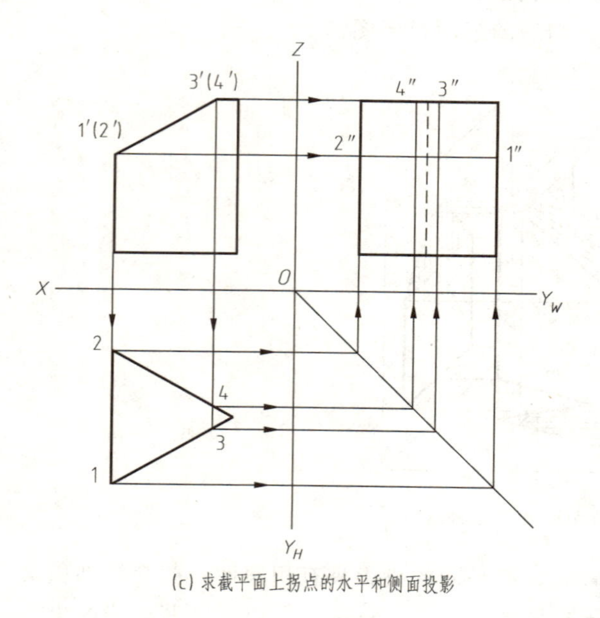

(c) 求截平面上拐点的水平和侧面投影

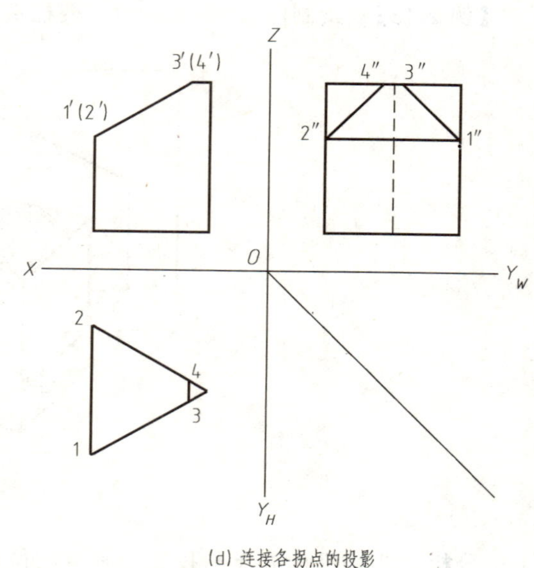

(d) 连接各拐点的投影

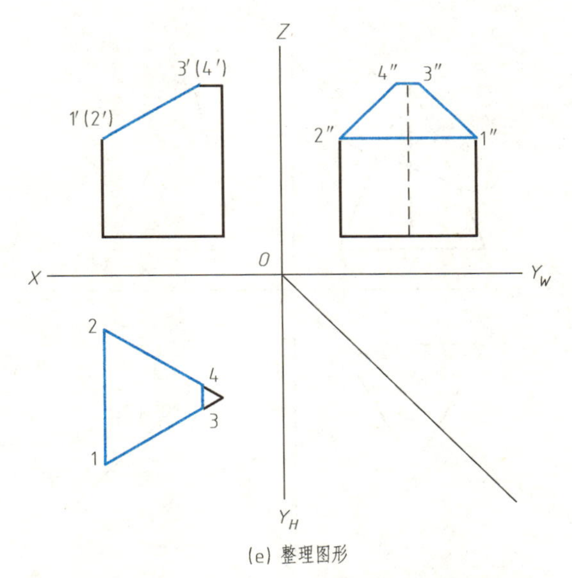

(e) 整理图形

图 2-29 三棱柱被斜切后的三面投影图作图

水平投影 1、2、3、4，如图 2-29（c）所示。

（4）连接各拐点的同面投影，得截交线的投影。如图 2-29（d）所示。

（5）修剪或擦除多余的图线。去掉多余的图线，完成作图。如图 2-29（e）所示。

2.4.3.2 棱锥切割体三视图的绘制

图 2-30 是截平面截切三棱锥的情况，棱锥体的截交线与棱柱体截交线基本一样，截平面截切到棱线形成截交线上的一个交点，截平面截切到棱面或底面形成截交线表面上的两个交点。因此，作棱锥体上截交线的投影，也是求截交线上交点的投影。

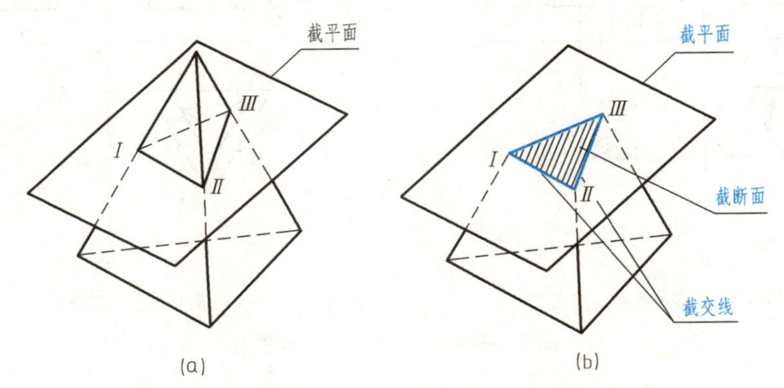

图 2-30 平面体的截交线

【例 2-14】 如图 2-31 所示，三棱锥切去锥顶，求作被正垂面 P 切割后的三棱锥的水平投影和侧面投影（图中双点画线为三棱锥的原始轮廓线）。

分析 由于截平面与三棱锥三个侧棱面均相交，共有三条截交线，只需求出截平面与三棱锥三条棱线的交点，即可求出截交线，便可得出三棱锥被切割后的水平投影和侧面投影。

作图

（1）如图 2-32（a）所示，找出截平面 P 切割三条棱线的交点 Ⅰ、Ⅱ、Ⅲ 的正面投影 1′、2′、3′，根据点的投影规律分别求出交点的侧面投影 1″、2″、3″和水平投影 1、2、3。

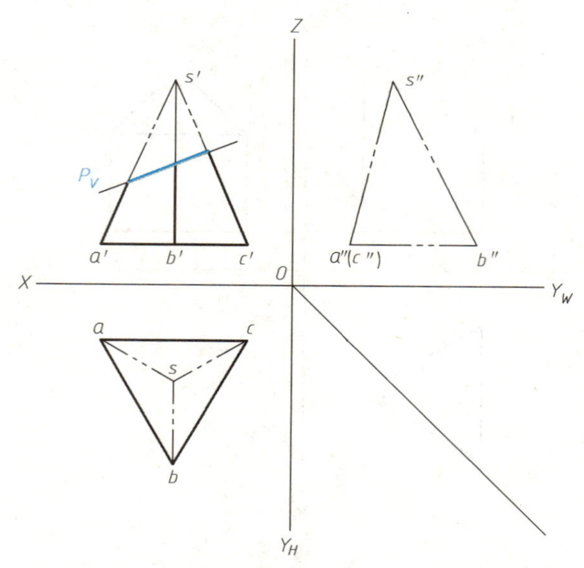

图 2-31　求三棱锥被切割后的水平和侧面投影

（2）如图 2-32（b）所示，根据同一棱面上的两点才能连接的原则，依次连接各点的同面投影，并将实体部分描深加粗。

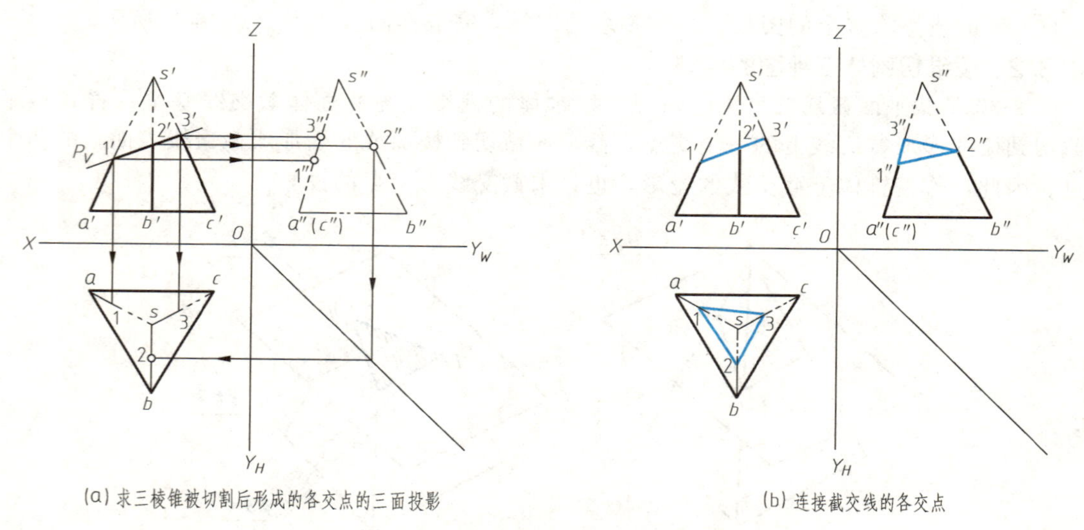

(a) 求三棱锥被切割后形成的各交点的三面投影

(b) 连接截交线的各交点

图 2-32　三棱锥的切割体三视图作图

◆ 2.4.4　曲面立体切割体三视图的绘制

平面与曲面立体相交即平面截切曲面立体。平面与曲面相交得到的截交线是截平面与曲面体表面的公共线，截交线上的点是截平面与回转体表面的公共点，截交线围成的平面图形就是截断面。

2.4.4.1　圆柱体切割体三视图的绘制

当截平面截切圆柱体时，由于截平面与圆柱轴线的相对位置不同，会形成不同形状的截交线，如图 2-33 所示，有以下三种情况。

(1) 如截平面垂直于圆柱轴线，截交线是圆形，如图 2-33 (a) 所示；
(2) 如截平面平行于圆柱轴线，截交线是矩形，如图 2-33 (b) 所示；
(3) 如截平面倾斜于圆柱轴线，截交线是椭圆，如图 2-33 (c) 所示。

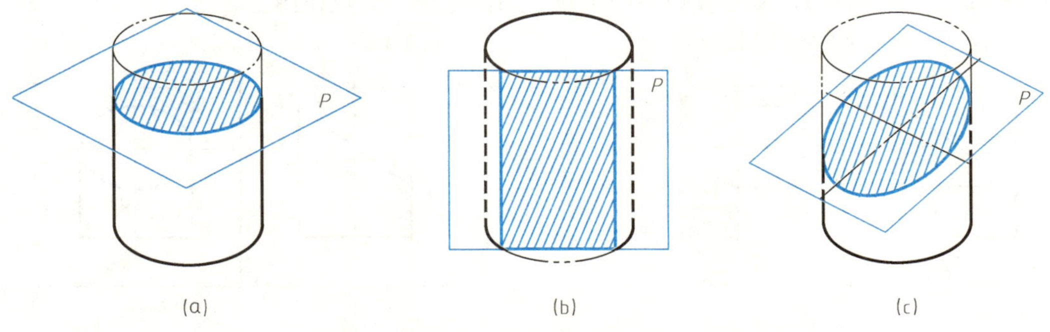

图 2-33 截平面截切圆柱体的三种情况

圆柱体的截交线是截平面与曲面体表面的交线，一般情况下，截交线的投影轮廓线位于圆柱面上，如果将截平面放置与某一投影面垂直，借助截平面积聚性投影和圆柱面的积聚性投影，可以方便地求出截交线的其他投影。

【例 2-15】 如图 2-34 所示，已知圆柱体被切割后的正面投影和水平投影，作出圆柱体被切割后的侧面投影。

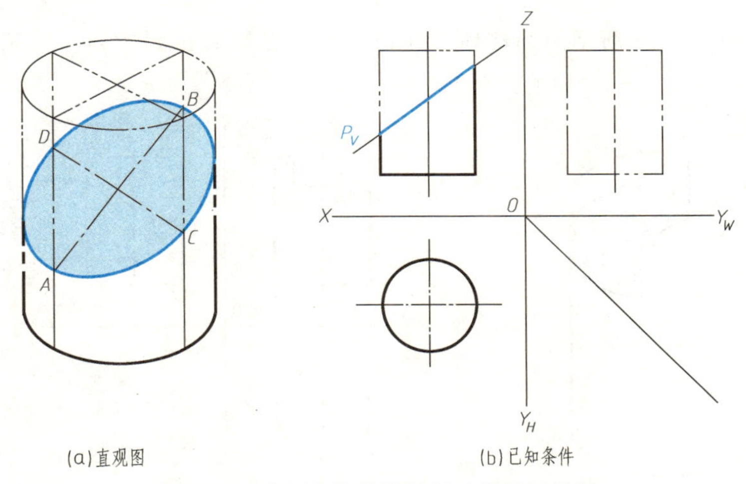

图 2-34 求圆柱体的被切割后的侧面投影

分析 圆柱被正垂面倾斜于轴线截切，截交线为椭圆。因截平面垂直于正面 V 面，其椭圆截交线的正面投影积聚成斜直线；圆柱的水平投影具有积聚性，因此截交线的水平投影已知，根据“二补三”即可求出截交线的侧面投影。

如图 2-34 (a) 所示，A、B、C、D 分别为椭圆截断面长短轴的端点，分别位于圆柱的最左、最右、最前、最后素线上。绘制截交线的三面投影图时，在正面投影图中确定 A、B、C、D 四个点的投影位置，再根据投影规律找出 A、B、C、D 四个点的另两面投影，然后将各点光滑地连成椭圆。

作图

(1) 如图 2-35 (a) 所示，绘制完整的圆柱三视图，在正面投影上画出截断面的积聚投影，确定截断面与圆柱最左、最右、最前、最后素线的交点 a'、b'、c'、d'，根据投影规律求出点 A、B、C、D 的侧面投影 a''、b''、c''、d''。

（2）如图 2-35（b）所示，依次光滑连接 $a''c''b''d''$ 各点，形成一个椭圆（此椭圆在 c''、d'' 处与圆柱前后轮廓相切），擦去被切掉的图线，加深轮廓，完成作图。

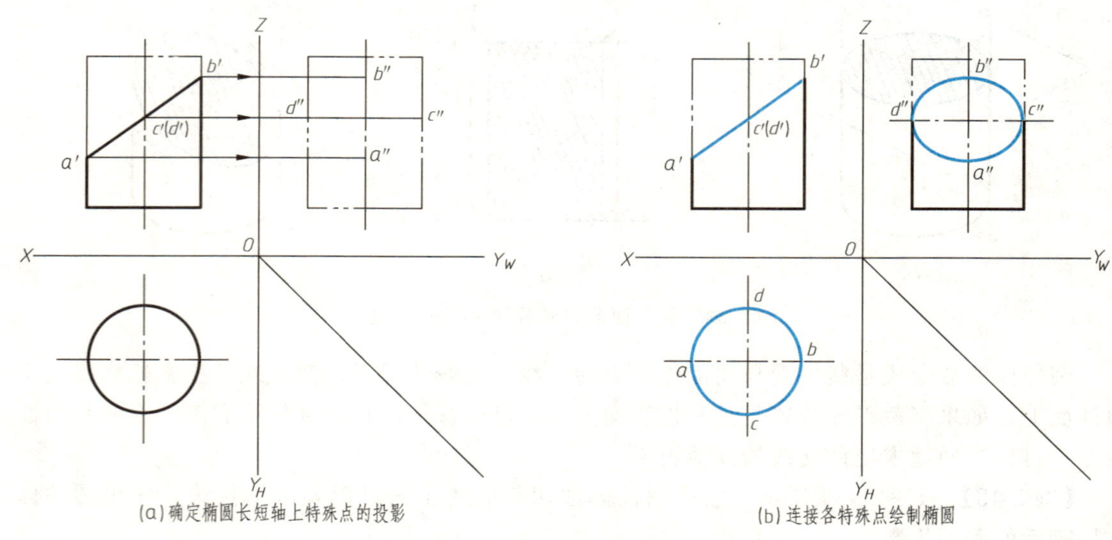

图 2-35 椭圆截交线长短轴分析

【例 2-16】 如图 2-36 所示，圆柱体中间被切槽，已知其正面投影，试完成其水平投影和侧面投影。

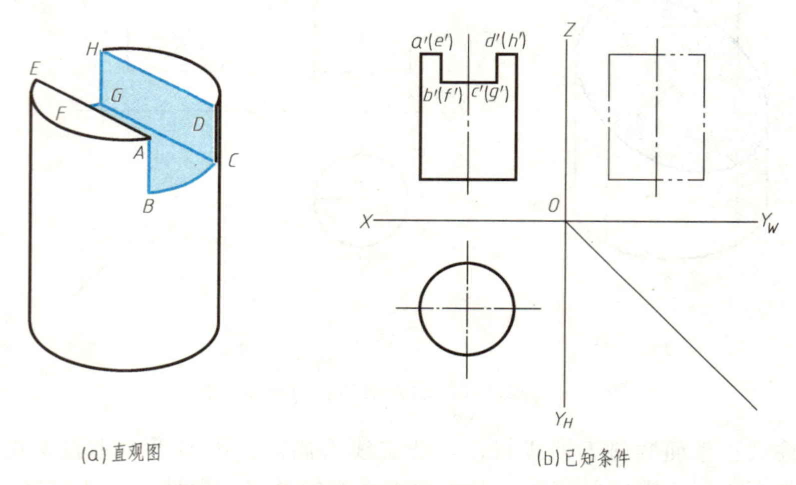

图 2-36 求被切槽圆柱体的水平和侧面投影

分析 如图 2-36（a）所示，圆柱切槽是由左右对称的侧平面和水平面切割圆柱而形成的，且三个截平面均为局部切割，因此，圆柱切槽截断面为两个侧平矩形和两段圆弧的组合。

作图

（1）切槽两侧面在水平投影上积聚成两条直线，如图 2-37（a）所示。

（2）切槽两侧面在侧面投影上反映实形，按投影规律画出；切槽底面在侧面投影上积聚成直线，被挡部分画虚线，两端画实线，如图 2-37（b）所示。

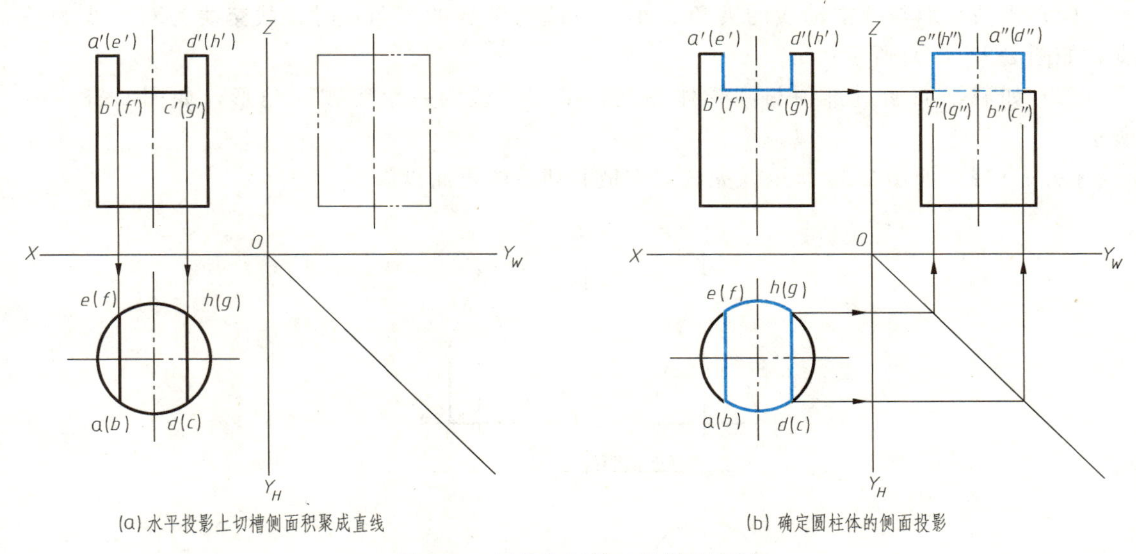

图 2-37 圆柱体切槽三视图的绘制

2.4.4.2 圆锥体切割体三视图的绘制

当截平面截切圆锥体时，由于截平面与圆锥的相对位置不同，会形成不同形状的截交线，如图 2-38 所示，有以下五种情况（图中双点画线为圆锥体的原始轮廓线）：

（1）当截平面垂直于圆锥轴线，则截交线是圆，如图 2-38（a）所示；

（2）当截平面与圆锥轴线的夹角 α 大于母线与轴线的夹角 θ 时，截交线为一个椭圆，如图 2-38（b）所示；

（3）当截平面与圆锥轴线的夹角 α 等于母线与轴线的夹角 θ 时，截交线为一条抛物线，

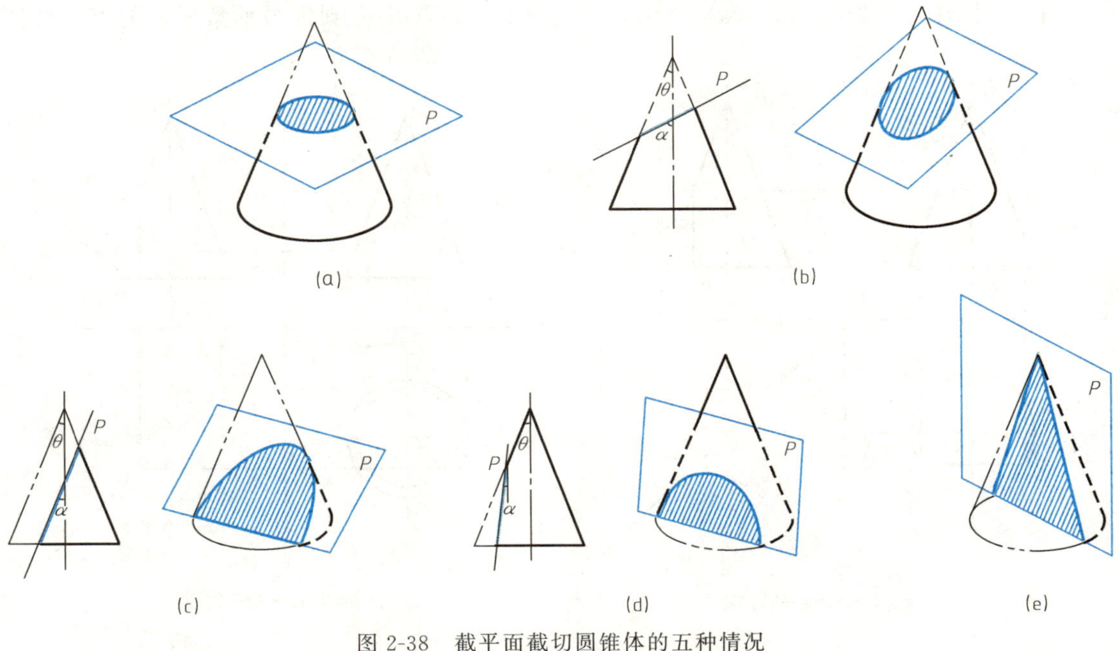

图 2-38 截平面截切圆锥体的五种情况

如图 2-38（c）所示；

（4）当截平面与圆锥轴线的夹角 α 小于母线与轴线的夹角 θ 时，截交线为双曲线的一支，如图 2-38（d）所示；

（5）如截平面通过锥顶与圆锥体相交，则截交线为一个等腰三角形，如图 2-38（e）所示。

【例 2-17】 如图 2-39 所示，完成圆锥被截切后的正面投影。

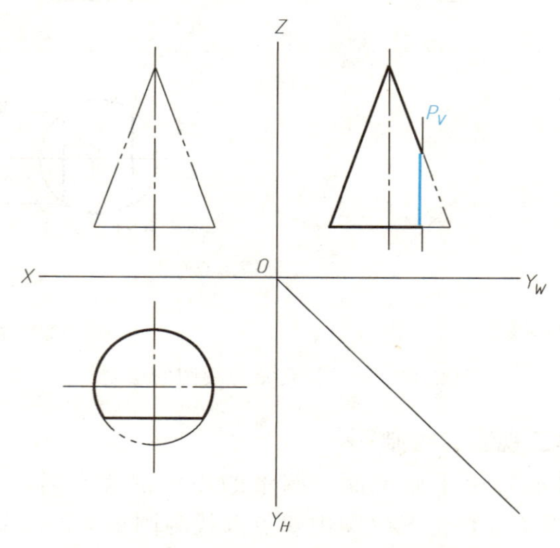

图 2-39 求圆锥体被截切后的正面投影

分析 截平面为正平面，与圆锥的轴线平行，确定截交线形状为双曲线。其水平投影和侧面投影分别积聚为一直线，正面投影反映实形。

作图

（1）求特殊点：如图 2-40（a）所示，截交线上最高点 A 是圆锥最前素线上的点，最低

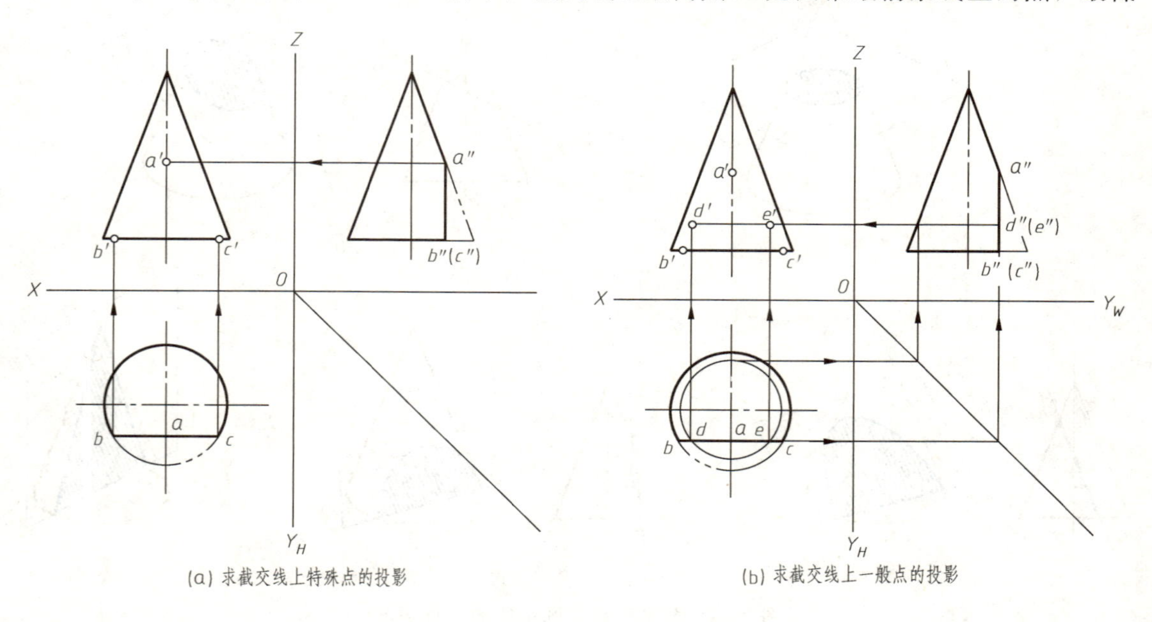

(a) 求截交线上特殊点的投影

(b) 求截交线上一般点的投影

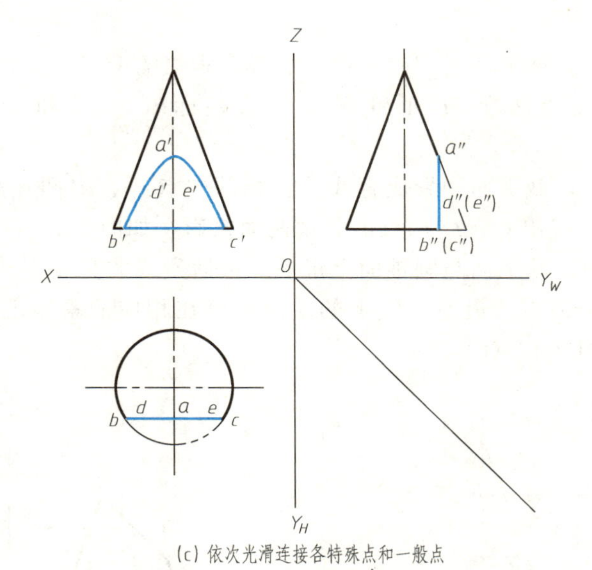

(c) 依次光滑连接各特殊点和一般点

图 2-40　圆锥体切割体三视图的作图

点 B、C 为圆锥底面圆周上的点，根据点的从属性求出 A、B、C 三点的正面投影。

（2）求一般点：如图 2-40（b）所示，在水平投影中作一辅助圆，与截交线的积聚投影相交于 e、d 两点，E、D 两点为截交线上的点。然后作出辅助圆线的侧面投影，再根据点线的从属性和投影规律作出 E、D 两点的侧面投影 e''、d''和正面投影 e'、d'。

（3）如图 2-40（c）所示，依次光滑连接各点，即得截交线的正面投影。

（4）整理轮廓线，加粗形体。

【例 2-18】 如图 2-41 所示，已知圆锥被斜截后的正面投影，绘制水平投影和侧面投影。

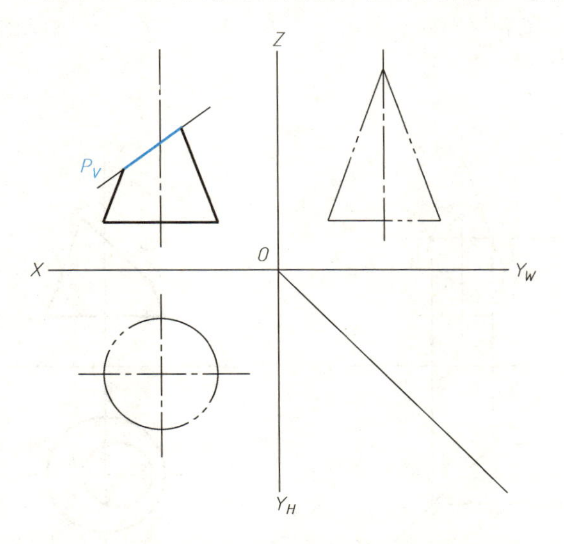

图 2-41　求圆锥被斜截后的水平和侧面投影

分析　圆锥被正垂面斜截，截交线是椭圆，正面投影积聚成直线，其余两面投影均是椭圆。截交线的正面投影已知，可利用面上定点的方法求出截交线的水平投影和侧面投影。

作图

（1）在正面投影中，截平面与圆锥面最左、最右素线的交点 a'、b'两点是椭圆长轴的两端点，可以采用表面定点法在 H 面和 W 面上直接标出 a、b 和 a''、b''，如图 2-42（a）所示。

（2）在正面投影中，截平面积聚成直线，直线的中点 c'、d'两点是椭圆短轴的两端点，利用素线法或纬圆法，找出 C、D 两点的其余两面投影，如图 2-42（b）所示。

（3）在正面投影中，截平面与圆锥面上最前、最后素线的交点 e'、f'两点是椭圆上的任意点，也是侧面投影中最右、最左素线上的端点，可在相应的素线上直接找出 e'、f'两点的其余两面投影，如图 2-42（c）所示。

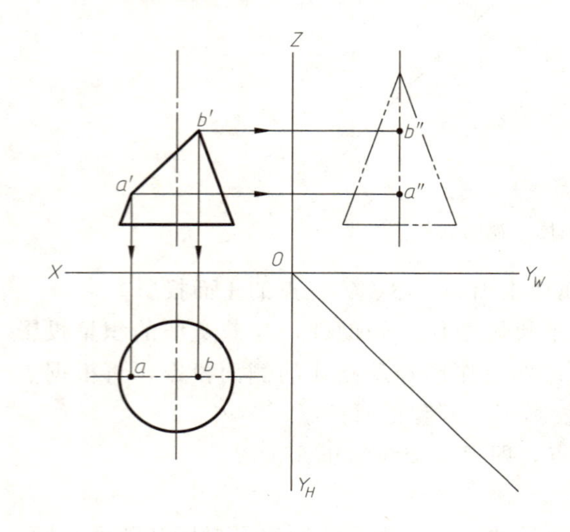

(a) 求椭圆长轴的端点（特殊点）

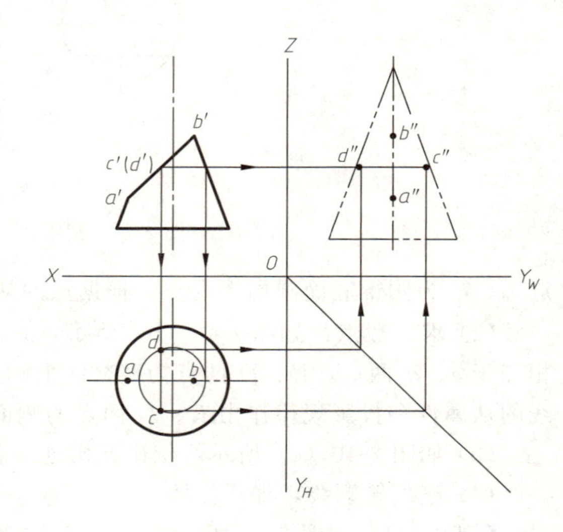

(b) 求椭圆短轴的端点(特殊点)

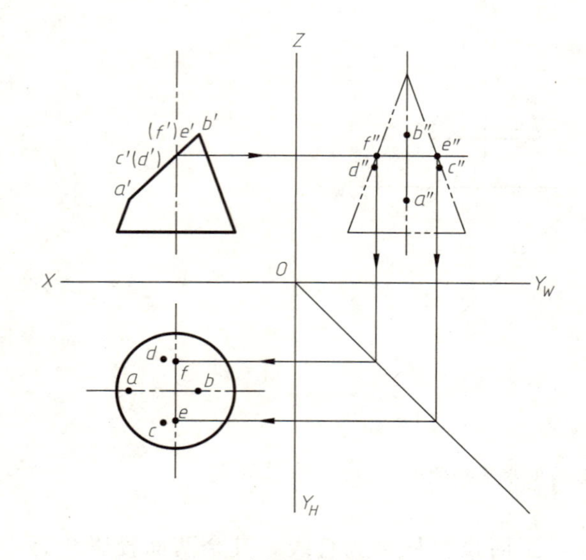

(c) 求特殊素线上的点

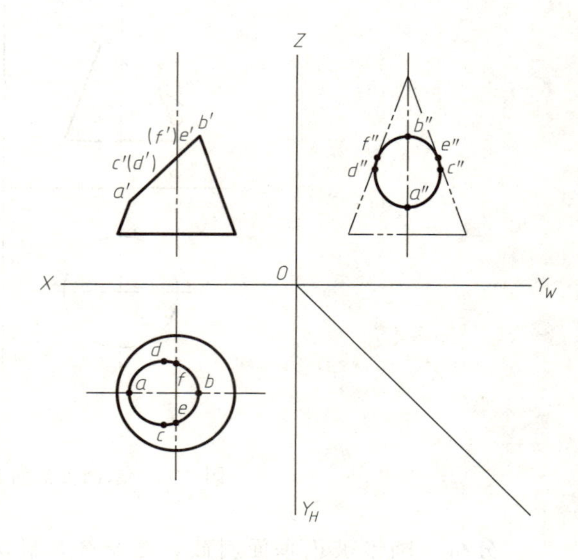

(d) 依次连接各点

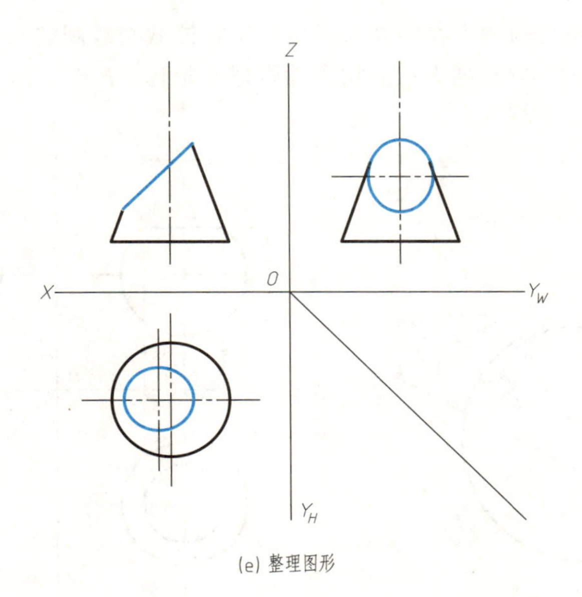

(e) 整理图形

图 2-42　圆锥体切割体三视图的作图

（4）将各点的侧面投影和水平投影依次光滑地连接成椭圆，如图 2-42（d）所示。

（5）整理图形，加粗形体，如图 2-42（e）所示。

2.4.4.3　球体切割体三视图的绘制

截平面截切球体，无论截平面与球体的相对位置如何，其截交线都是圆。但由于截切平面与投影面的相对位置不同，所得截交线圆的投影有所不同，可以是直线、圆或椭圆。

（1）如图 2-43（a）所示，当截平面平行于投影面时，截交线圆在该投影面上的投影反映实形；

（2）如图 2-43（b）所示，当截平面垂直于投影面时，截交线圆在该投影面上的投影积聚成一条长度等于截交线圆直径的直线；

（3）如图 2-43（c）所示，当截平面倾斜于投影面时，截交线圆在该投影面上的投影为椭圆。

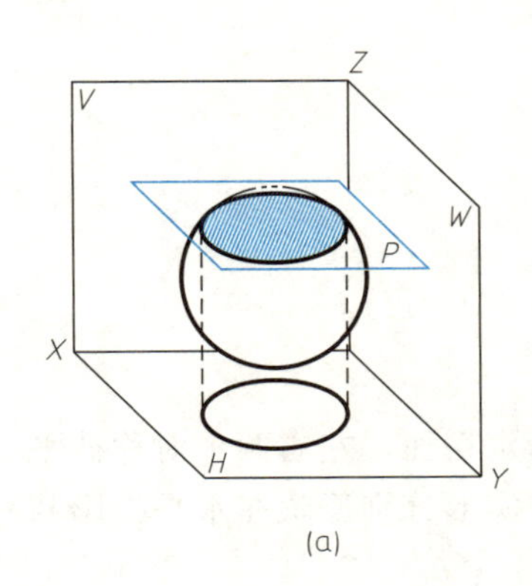

(a)

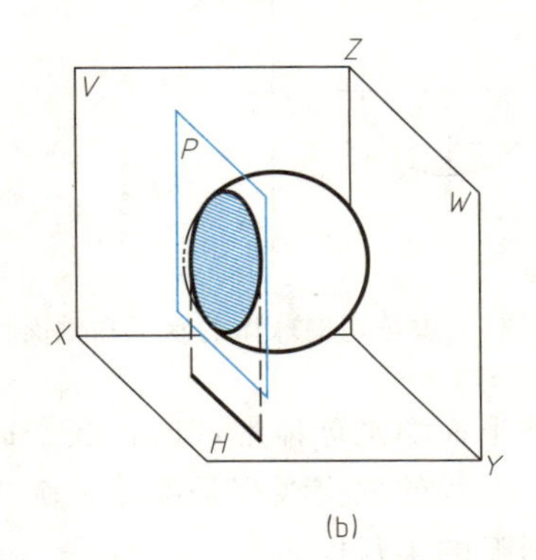

(b)

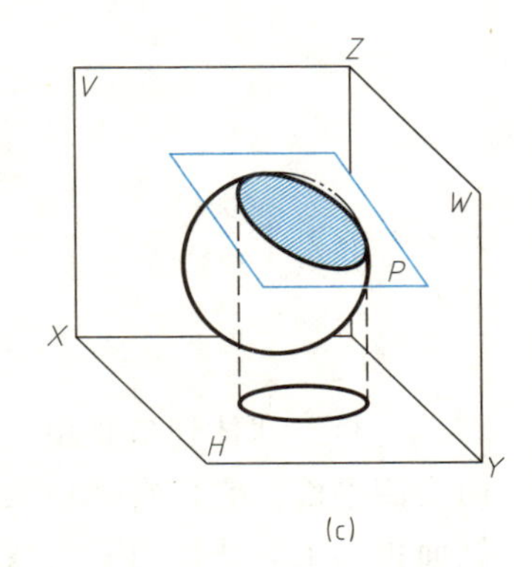

(c)

图 2-43　球体切割体截交线圆的投影类型

如图 2-44（a）所示，球体被水平截平面截切，所得截交线为水平圆。如图 2-44（b）所示，截交线圆的正面投影积聚成直线 $a'b'$，其侧面投影积聚成直线 $c''d''$，直线 $a'b'$、$c''d''$

长度相等，且等于截交线圆的直径，其水平投影反映该截交线圆的实形。截切平面距球心越近（h 越小），圆的直径（d）越大；截切平面距球心越远（h 越大），圆的直径（d）越小。

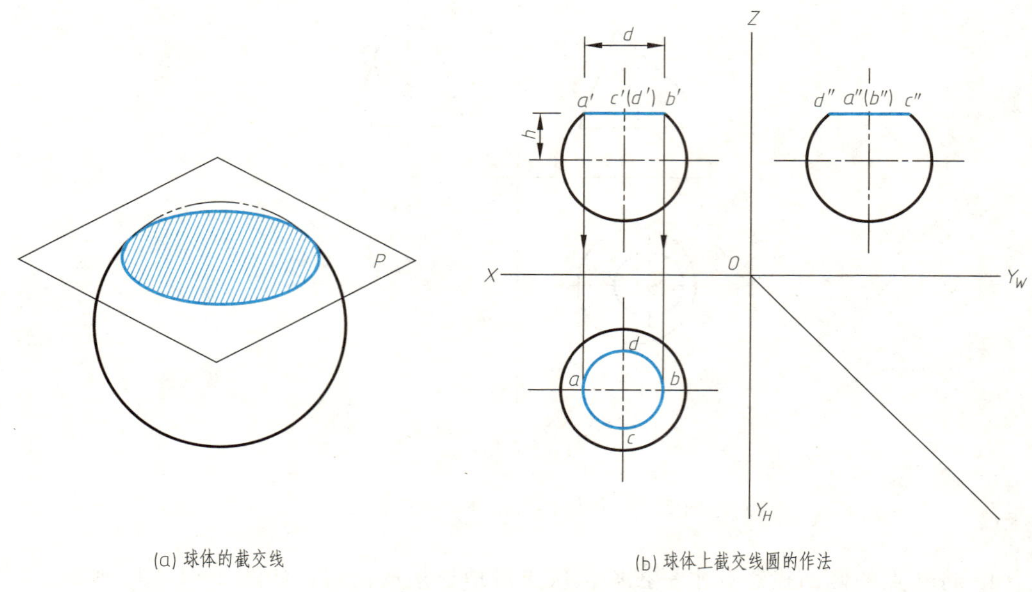

(a) 球体的截交线　　(b) 球体上截交线圆的作法

图 2-44　球体上截交线圆

【例 2-19】 如图 2-45 所示，球体被切槽，已知其正面投影，试完成其水平投影和侧面投影。

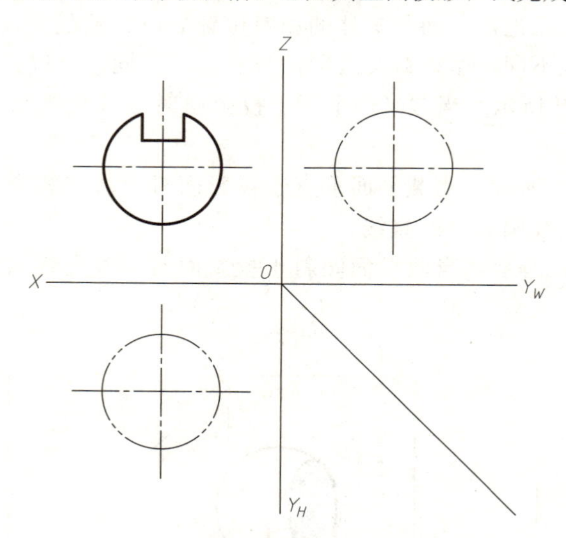

图 2-45　求被切槽球体的水平和侧面投影

分析　球体切口是由三个截平面切割球体形成的，底平面为水平面，左右两个对称截平面为侧平面。它们在球体表面上形成的截交线都是圆弧，圆弧的实形分别反映在水平投影和侧面投影上，作图时只需找到圆弧的半径即可。

作图

（1）作切口底平面的圆弧形截交线，半径为 R_1，范围为缺口中部的部分，如图 2-46（a）所示。

（2）作切口两侧平面的圆弧截交线，半径为 R_2，范围为缺口上部的部分，删除多余的双点画线，补画出粗实线的轮廓线，如图 2-46（b）所示。

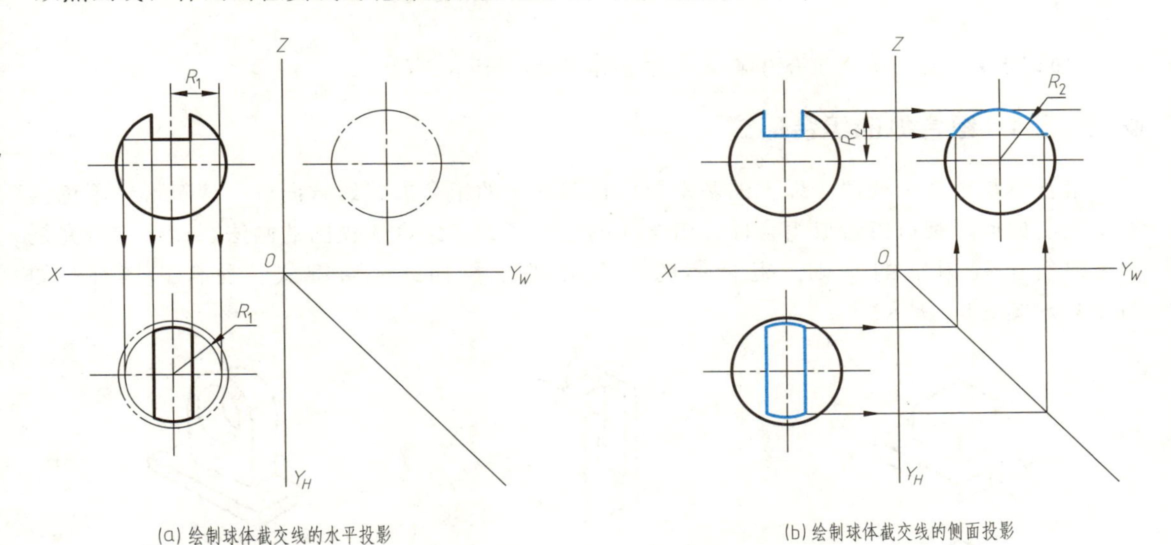

(a) 绘制球体截交线的水平投影

(b) 绘制球体截交线的侧面投影

图 2-46　球体切割体三视图的作图

【随堂讨论】

1. 常见的平面立体有哪些，最基本的平面立体是什么？

2. 如何运用纬圆法在球体表面进行定点？

3. 如何在三视图中确定截断线上各拐点的位置？

4. 当截平面截切圆柱体时，由于截平面与圆柱轴线的相对位置不同，会形成不同形状的截交线，分别有哪些情况？

5. 当球体被截平面截切形成截交线圆时，截平面与球心距离与截交线圆的直径有何关系？

【综合应用】

如图 2-47 所示，补全圆锥被截切后的水平投影和侧面投影。

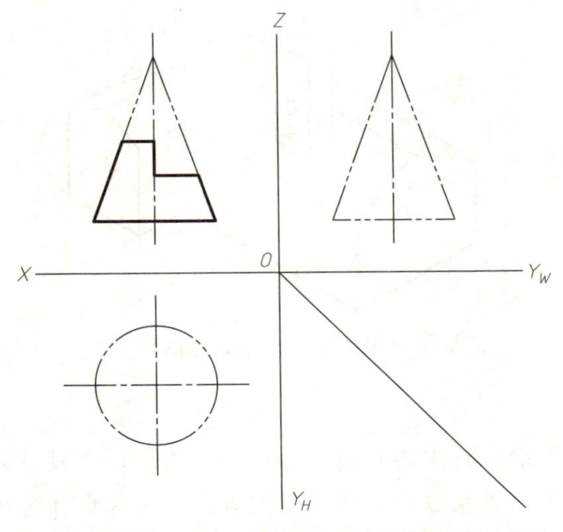

图 2-47　求圆锥体切割体的水平投影和侧面投影

任务 2.5 组合体的投影

【知识点】 组合体　组合体画法　组合体读法　形体分析

◆ 2.5.1 组合体的组合形式

组合体是由两个或两个以上的基本形体按照一定的组合方式组合而成。建筑形体不论其复杂程度如何，都可以看成组合体。组合体的组合形式、组合体视图的画法、读法的研究是学习建筑工程图纸的基础。组合体的组合方式有叠加式、切割式、混合式三种，如图 2-48～图 2-50 所示。

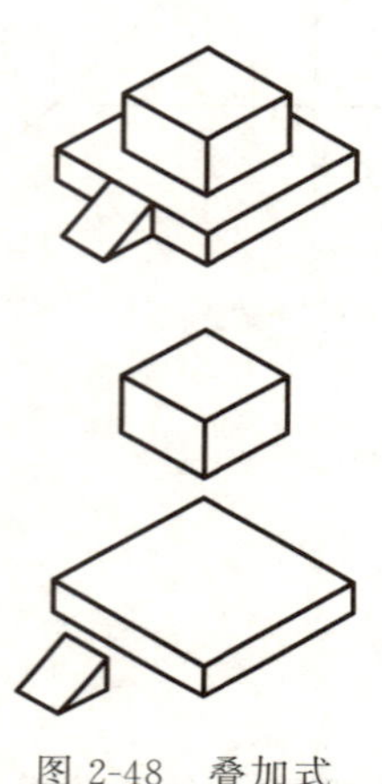

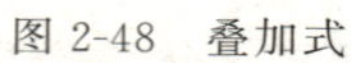

图 2-48　叠加式

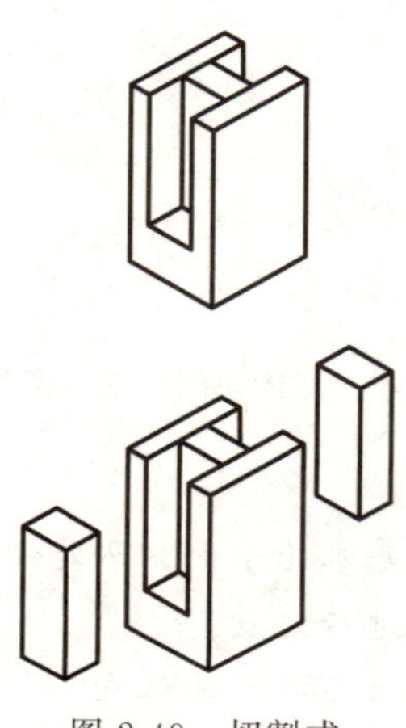

图 2-49　切割式

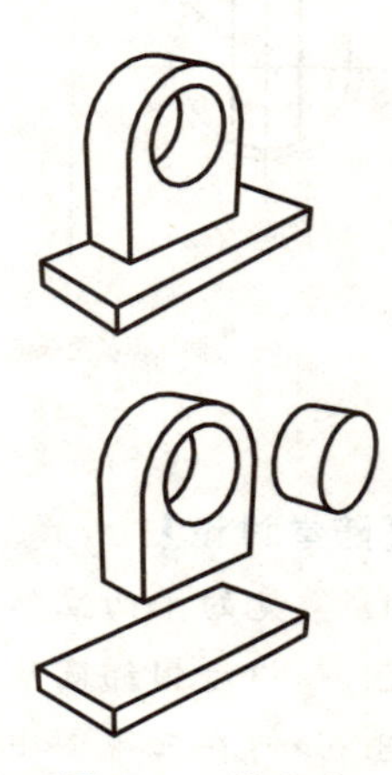

图 2-50　混合式

◆ 2.5.2 组合体投影的画法

在绘制组合体的三面投影图时，通常按照以下步骤进行。

下面以图 2-51 为例，说明组合体投影图绘制的步骤。

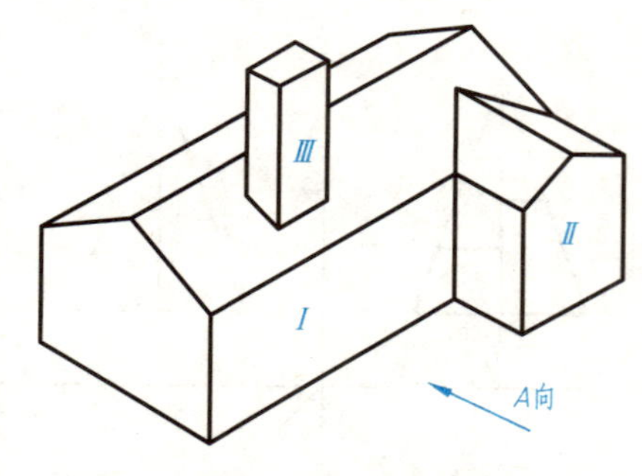

图 2-51　房屋立体图

(1) 形体分析

在绘制组合体投影图前，首先要对组合体进行分析，可将其分解为若干个基本形体，且分析它们的相对位置、表面关系以及组成特点的方法，称为形体分析法。这是学习绘制和阅读建筑形体的投影图时，必须掌握的基本方法之一。

该形体可分解为一个水平放置的长五棱柱 Ⅰ，一个与 Ⅰ 水平垂直的短五棱柱 Ⅱ，还有一个铅垂放于 Ⅰ 的上方前棱面上的四棱柱 Ⅲ。

(2) 选择投影

投影的选择包括三个方面：

① 确定形体的摆放位置。根据建筑的自然位置或工作位置，按图 2-51 位置摆放，建筑底面平行于 H 面摆放。

② 确定正立面图的投射方向。对建筑形体来讲，应让房屋的主要立面平行于 V 面，还要使正立面图能充分反映该建筑的形状特征。综合考虑采用 A 向作为绘制正立面图的投射方向，如图 2-51 所示。

③ 确定投影图数量。在保证能完整清晰地表达出形体各部分形状和位置的前提下，投影图的数量应尽可能少，这是基本原则。图 2-51 中的形体 Ⅰ 、形体 Ⅱ 只要用 V 面投影、W 面投影表示即可，但形体 Ⅲ 必须用三面投影才能表示清楚，因此这个建筑形体应采用三个投影图表示。

(3) 选定比例、确定图幅

先定比例后定图幅，还是先定图幅后定比例，可视情况而定。先定比例后定图幅，是先根据形体大小和复杂程度、使用要求，先定出作图的比例，并根据投影图数量，算出各投影所需面积，再预留出注写尺寸、图名和各投影图间距所需面积，最后确定图幅大小。先定图幅，后定比例，是先定好图幅，再依图幅大小，投影图数量和需预留的注写尺寸、图名、投影图间距等面积，最后确定画图的比例，一般可先定比例后定图幅。

(4) 画投影图

① 布图。即确定各投影图在图纸上的位置，使之在图纸上均匀排列又留足标注尺寸和书写图名的位置。

② 打底稿。可以根据形体分析，先大后小，先里后外，逐个画出各基本形体的三面投影，从而完成建筑形体的投影。也可以先画整个建筑形体的 H 面投影，再按投影关系完成正面投影，最后完成侧面投影即完成全图，打底稿宜用 H 或 2H 型号的铅笔。

③ 加深图线。检查底稿，确定无误以后，擦去多余的图线，再按规定的线型加深、加粗，细实线是在底稿线上加深，粗实线是在底稿线上加深、加粗。加深、加粗图线宜用 B 或者 2B 型号的铅笔。加粗水平线，应从上到下逐一加粗；加粗铅垂线应从左到右逐一加粗。加深细实线也应如此。

④ 标注尺寸，填写标题栏。详细画图步骤如图 2-52 所示。

◆ 2.5.3 组合体投影图的读法

根据组合体的投影图想象出它的空间形状和结构的过程就是读图。读图与画图是互逆的两个过程，读图是从平面图形到空间形体的想象过程，是之前所学内容的综合应用。

读图的基本方法有形体分析法和线面分析法，以下主要讲解形体分析法。

(1) 形体分析法

读图时，要根据视图之间的“长对正、高平齐、宽相等”的三等关系，把形体分解成几个组成部分（即基本形体），然后对每一组成部分的视图进行分析，从而想象出它们的形状，最后再由这些基本形体的相互位置关系想象出整个建筑形体的空间形状。这就是形体分析法在建筑形体投影图的读法中的应用。

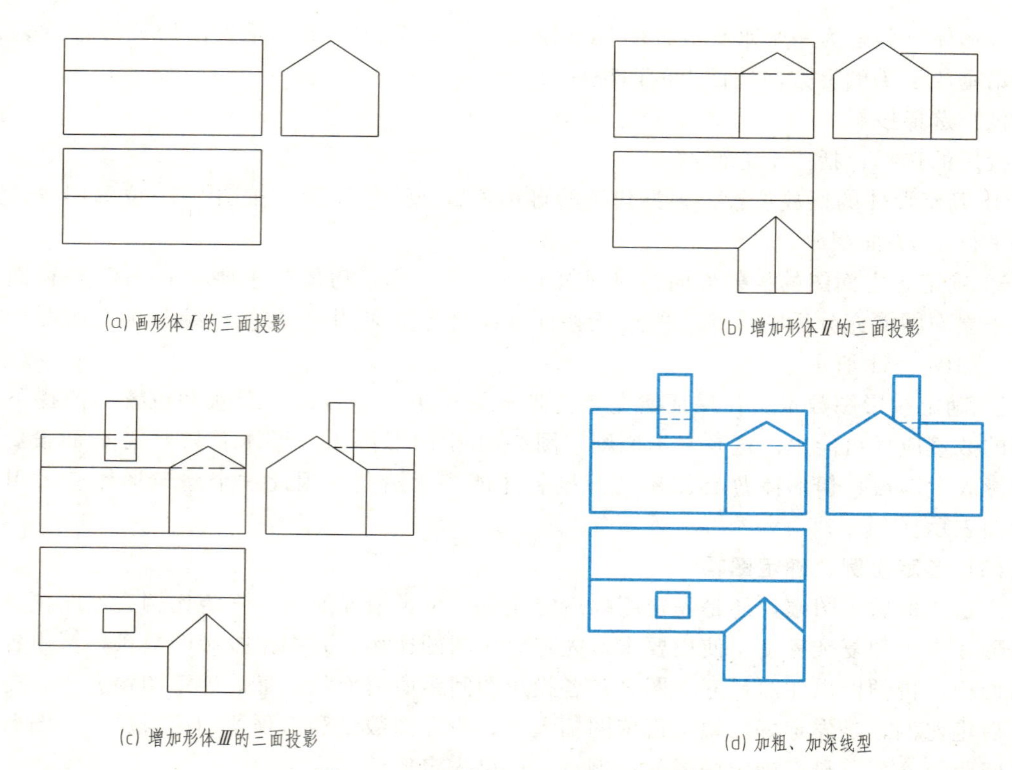

图 2-52　画组合体三面投影图的步骤

(2) 线面分析法

根据各种位置直线和平面的投影特征，分析出形体的细部空间形状，即某一条线、某一个面所处的空间位置，从而想象出组合体的总体形状。此法一般用于不规则的组合体和切割型的组合体，或检查已画好的投影图是否正确。

(3) 组合体投影图的读法步骤

① 划分线框、分解形体。多数情况，采用反映形体形状特征比较明显的正立面图进行划分。

② 确定每一个基本形体相互对应的三视图。根据所划线框及投影的“三等关系”，确定出每一个基本形体相互对应的三视图。

③ 逐个分析、确定基本形体的形状。根据三视图的投影对应关系，进行分析，确定每一个基本形体的空间形状。

④ 确定组合体的整体形状。根据组成形体的各个基本形体的形状、相互间的位置及组合方式，从而确定出组合体的整体形状。

【例 2-20】 已知建筑形体的三视图，如图 2-53（a）所示，分析形体的空间形状。

（1）通过对图 2-53（a）的观察分析，在正立面图中把组合体划分为五个线框，即左边一个、右边一个、中间三个，如图 2-53（b）所示。

（2）对五个线框的三视图对照分析可知：左右两个线框表示的为两个对称的五棱柱，中间三个线框表示的为三个四棱柱，如图 2-53（c）所示。

（3）对形体的位置分析，三个四棱柱按大小由下而上的顺序叠加放在一起，两个五棱柱紧靠在其左右两侧，构成一个台阶，如图 2-53（d）所示。

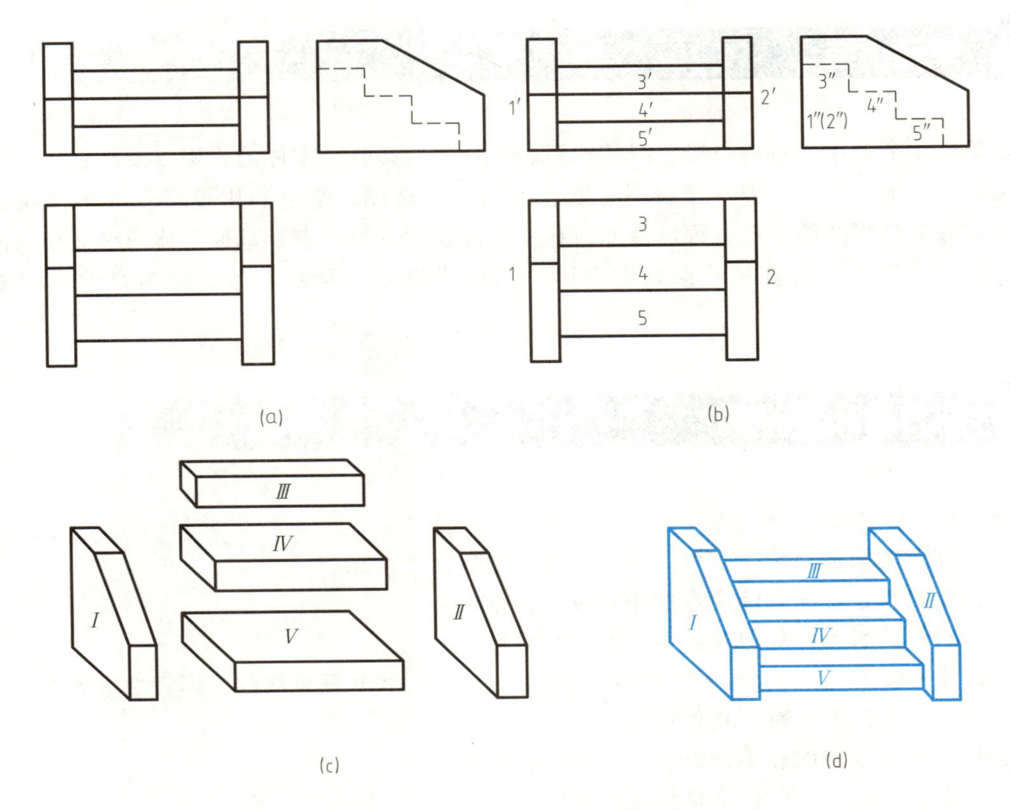

图 2-53　读组合体的空间形状

【随堂讨论】

1. 组合体的作图方法有哪些？组合体的作图步骤有哪些？

2. 什么是形体分析法？

课程思政案例

建筑图样是将基本形体按照正投影的基本投影规律绘制成图，在绘制投影图的过程中，必须满足“长对正、高平齐、宽相等”的基本规律。工程中，建筑物均为立体，它是基本体被一个或若干个平面所切割，或者由若干个基本体组合而形成的立体。要学会立体三面投影图的正确绘制，必须从最基本的点、线、面投影基本知识开始，一步一个脚印，脚踏实地，学会投影的基本原理，利用原理，将三维形体用二维平面图形表达出来。同时在施工中，又将二维平面图形还原为三维立体形状，这是一个反复训练及读图的过程，同学们必须具有扎实的基本功、良好的耐心及善于思考、团结协作的精神。同学们要从“点”做起，连成线、组成面、合成体，每个点都是小我，每一条线都是团队，平面是集体，立体是国家，点线面共荣共生，国家才能繁荣富强，个体才能幸福安康。

单元小结

本单元主要介绍了点的投影、线的投影、平面的投影、基本体的投影以及组合体的投影等相关知识。通过学习，要求掌握点、线、面的投影规律，学会利用投影规律解决实际问题；理解基本投影图的形成过程以及如何在基本体表面进行定点；掌握立体与平面相交的截交线的求法；熟悉组合体的投影，学会形体三面投影图的绘制，为后续内容的学习奠定基础。

能力提升与训练

一、复习思考题

1. 已知点的两面投影，求取点第三面投影的依据是什么？
2. 如何根据投影图判断两点的相对位置关系？
3. 什么是重影点？如何判断重影点的可见性？
4. 以水平线和铅垂线为例，分别说明投影面的平行线和垂直线的投影特性有哪些？
5. 平面的表达方法有哪几种？
6. 投影面的垂直面和平行面具有哪些投影特性？
7. 什么是平面立体？什么是曲面立体？
8. 立体表面定点的方法有哪些？

二、实习作业

1. 利用所学知识，实测宿舍内书桌的大小，并用 1∶20 的比例绘制该书桌的三面投影图。

2. 观察你所在学校的教学楼、宿舍楼、食堂三个类型的建筑物，分别说明该三个建筑物都是什么立体，它们的异同点有哪些？

教学单元三　剖面图与断面图

知识目标

- 了解建筑形体基本视图概念及特点。
- 了解镜像投影图的含义及作图要点。
- 了解剖面图、断面图的概念及形成过程，学会剖面图、断面图的判别方法。
- 熟悉剖面图、断面图的类型及标注方法，学会剖面图、断面图正确绘制。
- 了解剖面图、断面图的简化画法。

能力目标

- 能够利用所学知识判断剖面图和断面图。
- 能够对剖面图、断面图进行正确标注。
- 能够正确绘制形体的剖面图和断面图。

建筑形体是多种多样的，当形体的形状和结构比较复杂时，仅用三视图难以将形体的内外形状表达清楚。为了正确表达形体的细部特征及内部的构造做法，国家标准规定了基本视图、剖面图和断面图的表示方法，画图时可以根据形体的复杂程度进行选用。

任务 3.1　建筑形体的视图

【知识点】 基本视图　镜像投影

在用正投影表达物体时，一般将物体放到三面投影体系中进行投影，从而得到形体的三面投影图。但是对于外形变化较大的形体，要正确地表达形体的基本形状和结构，则需要更多的视图。

◆ 3.1.1　基本视图

用正投影法绘制物体的投影称为视图，对于复杂的物体而言，在原有三个投影面（H、V、W）的基础上，再增加与它们各自平行的三个投影面（H_1、V_1、W_1）组成一个六面体，这六个投影面则称为基本投影面。物体向基本投影面投射所得到的视图，称为基本视图，如图 3-1（a）所示。六个基本视图仍符合“长对正、高平齐、宽相等”的投影规律。

在建筑制图中，建筑形体由上向下投射在 H 面上得到的图形，称为平面图或者俯视图。由前向后投射在 V 面上得到的图形，称为正立面图或主视图。

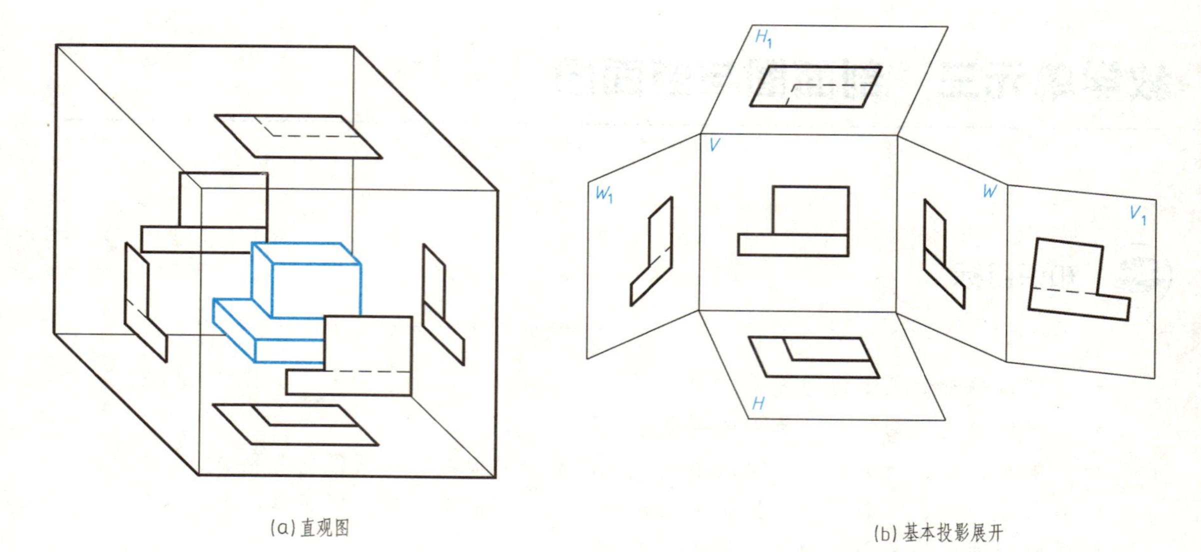

(a) 直观图

(b) 基本投影展开

图 3-1　六个基本投影图的形成及展开

由左向右投射在 W 面上得到的图形，称为左侧立面图或左视图。

由右向左投射在 W_1 面上得到的图形，称为右侧立面图或右视图。

由后向前投射在 V_1 面上得到的图形，称为背立面图或后视图。

由下向上投射在 H_1 面上得到的图形，称为底面图或仰视图。

为了在一个平面上（图纸）得到六个基本视图，需要将六个视图所在的投影面展开到 V 面所在的平面上，图 3-1（b）表示展开过程。图 3-2（a）表示展开后六个基本视图的排列位置。为了合理利用图纸，各视图的位置可按 3-2（b）的顺序进行配置，在这种情况下必须注明视图名称。

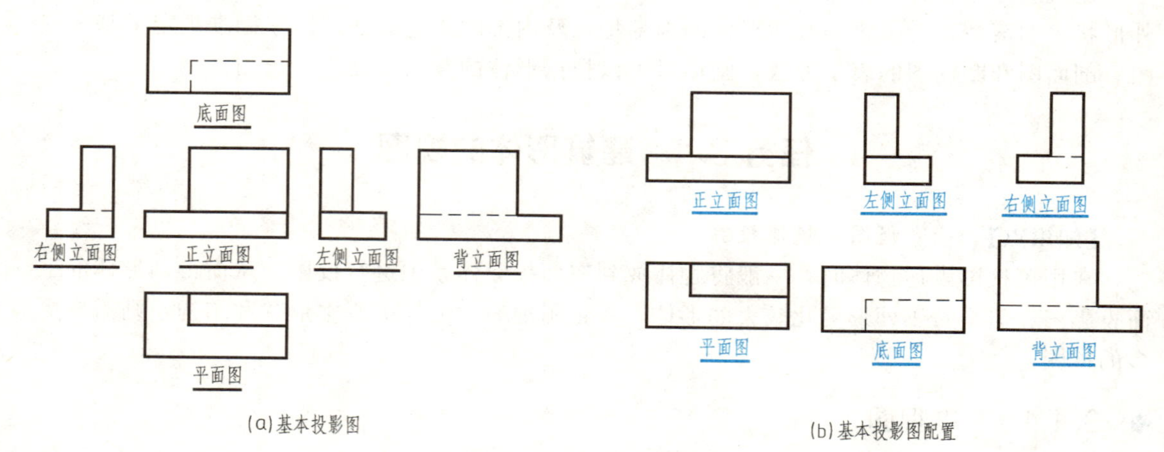

(a) 基本投影图

(b) 基本投影图配置

图 3-2　六个基本投影图

◆ 3.1.2　镜像投影图

当某些工程构造直接采用正投影法难以表达清楚时，可采用镜像投影法进行视图绘制。镜像投影是把镜面放在形体的下方代替水平投影面 H，在镜面中反射形成的正投影图，如图 3-3（a）所示。

用镜像投影法绘图时，应在“平面图”后面注写“镜像”二字，避免读图时引起误解，如图 3-3（b）所示。

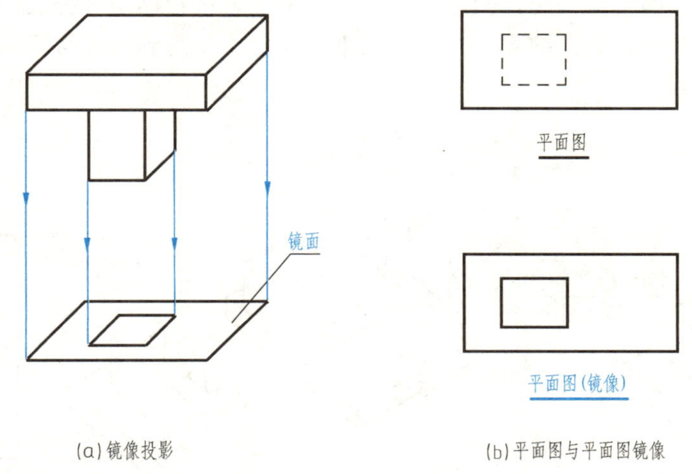

(a)镜像投影　　(b)平面图与平面图镜像

图 3-3　镜像投影

【随堂讨论】

1. 形体的平面图和平面图（镜像）之间的区别有哪些？

2. 建筑制图中，常用的基本投影面有哪几个？其中平面图、正立面图以及左侧立面图是怎样形成的？

任务 3.2　剖　面　图

【知识点】　剖面图形成　剖面图画法　剖面图类型

三视图虽然能够清晰地表达物体的外部形状，但是内部形状复杂，导致图面上线条杂乱、层次不清，既影响读图又影响尺寸标注，甚至会出现错误。如图 3-4 所示，形体的正立面图和左侧立面图中就出现了较多表示形体内部构造的虚线，导致读图困难。为此，国家标准规定用剖面图表达物体的内部形状。

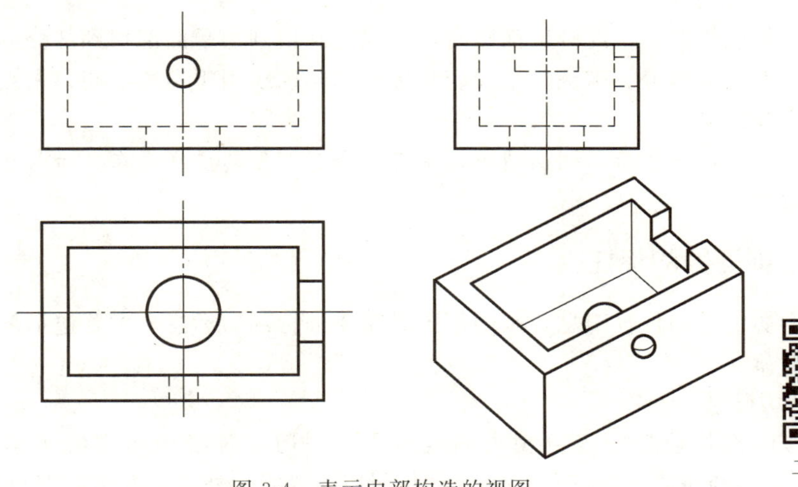

图 3-4　表示内部构造的视图

二维码 3.1

◆ 3.2.1 剖面图的形成

为清楚物体内部的构造情况，假想用一个剖切平面，将物体切开分成两部分，移去观察者和平面之间的部分，将剩余的部分向投射面进行投射，所得到的投影图称为剖面图，如图3-5所示。

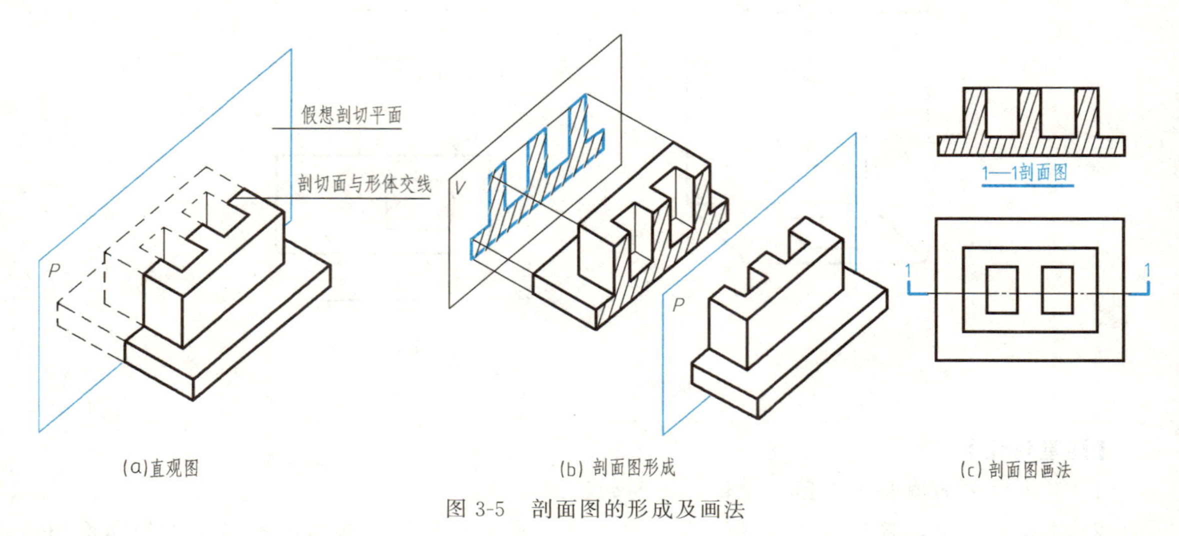

图 3-5 剖面图的形成及画法

◆ 3.2.2 剖面图的画法

3.2.2.1 确定剖切位置

剖面图的剖切平面位置根据需要和形体的特点进行剖切平面的剖切位置和投影方向的确定，一般情况下剖切平面平行于基本投影面，使剖切后所画出的剖面图能够准确、全面地表达物体的内部形状。剖切平面常常通过物体孔、槽的中心线，如图3-5所示。剖面图的投影方向一般与视图的投影方向一致。

3.2.2.2 画剖面图

剖切位置确定之后，移去剖切平面与观察者之间的部分，将剩余的部分按照投影的方法画出的投影图，为剖面图。

由于剖切是假想的，因此画剖面图时，不仅应画出剖切平面剖切到部分的图形，还应画出沿投影方向看到的部分。被剖切平面切到部分的轮廓线用粗实线绘制，未被切到但看得见的部分用中实线绘制。

【提示】 物体被剖切后，剖面图中，留有部分不可见的虚线存在，为易于读图，可以省略不必要的虚线。

◆ 3.2.3 剖面图的标注

为反映剖切平面的位置信息，画剖面图时需要进行剖切标注，主要包括剖切符号、编号以及剖面图的命名等。

3.2.3.1 剖切符号

剖切符号由剖切位置线及剖视方向线组成。剖切位置线用粗实线表示，长度为6～10mm；剖视方向线垂直于剖切位置线，并在剖切位置线的外侧，其指向即投影方向，用粗实线表示，长度为 4～6mm；剖切符号不得与图面上的任何图线相接触，要保持适当的间隙，如图 3-6 所示。

3.2.3.2 剖切符号编号

对于结构复杂的形体，可能要同时剖切几次，为了区分清楚，要对每一次剖切进行编号，规定用阿拉伯数字或者大写拉丁字母按顺序从左向右或从上到下进行连续编号，注写在剖视方向线的端部，见图 3-6 中的数字 1、2、3。

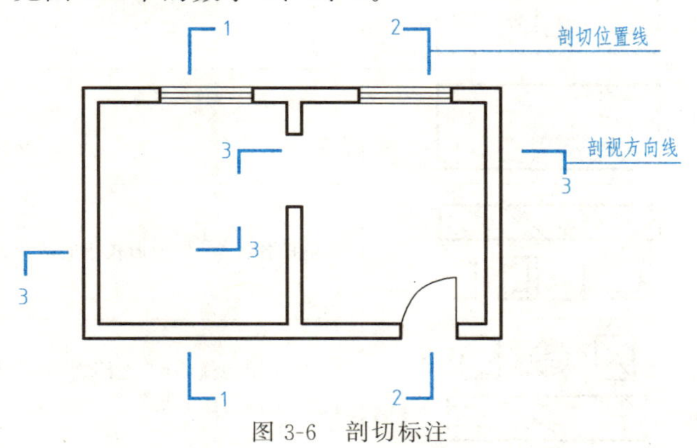

图 3-6　剖切标注

需要转折的剖切位置符号，为了避免在转折处与其他图线发生混淆，应在转角的外侧加注与该符号相同的编号，如图 3-6 所示的数字 3。

3.2.3.3 剖面图命名

剖面图的名称要用与剖切符号相同的编号进行命名，并注写在剖面图的下方，写上"1—1 剖面图"字样如图 3-5（c）所示。

3.2.3.4 材料图例

剖面图中包含了形体的断面，在断面上应画出表示材料类型的图例，如图 3-5（b）、（c）所示。如果没有指明材料，需要用 45°方向的细平行实线表示，绘图时，要做到间隔均匀、疏密有致。常见材料图例见表 3-1。

【提示】 当一个形体有多个断面时，所有图例线方向与间距相同。

表 3-1　常用建筑材料图例

名称	图例	备注
自然土壤		包括各种自然土壤
夯实土		
普通砖		包括实心砖、多孔砖、砌块等砌体，当断面较窄不易绘制图例线时可涂红
空心砖		非承重砌体
混凝土		(1)本图例指能承重的混凝土及钢筋混凝土 (2)包括各种强度等级、骨料、添加剂的混凝土 (3)在剖面图上绘制钢筋时，不绘制图例线 (4)断面图形小，不易绘制图例线时可涂黑
钢筋混凝土		

续表

名称	图例	备注
砂、灰土		靠近轮廓线绘制较密的点
砂砾石、碎砖三合土		
毛石		
金属		包括各种金属，图形较小时可涂黑
木材		(1)上图为横断面，上图为垫木、木砖或木龙骨 (2)下图为纵断面
多孔材料		包括水泥珍珠岩、沥青珍珠岩、泡沫混凝土、非承重加气混凝土、软木、蛭石制品等

3.2.4 剖面图的类型

根据剖切面的数量、剖切方式及被剖切到的范围等情况，剖面图分为全剖面图、半剖面图、局部剖面图、阶梯剖面图和旋转剖面图等。

3.2.4.1 全剖面图

全剖面图是用一个剖切平面将物体全部切开所画出的剖面图。全剖面图常常用于表现外形比较简单，内部比较复杂的物体，如图 3-7 所示 1—1 剖面图。

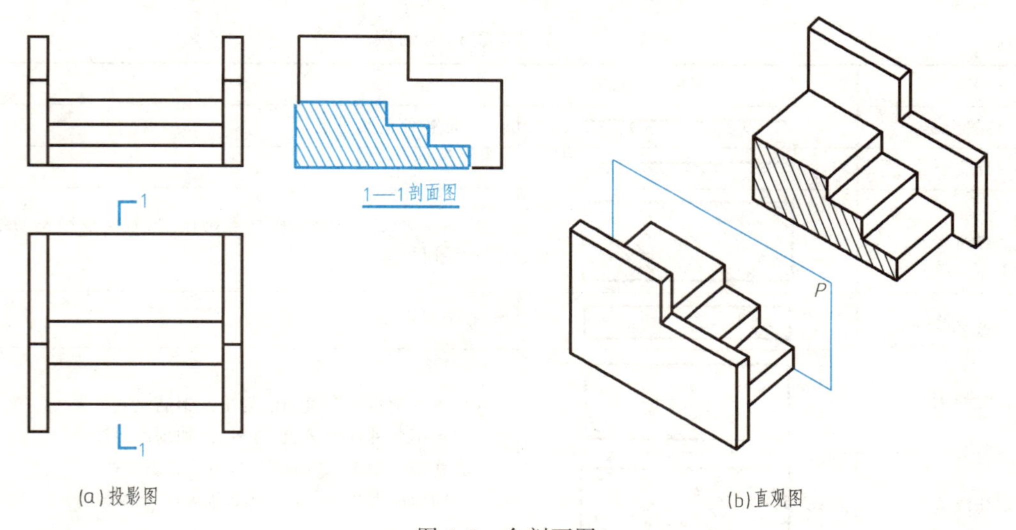

图 3-7　全剖面图

3.2.4.2 半剖面图

当形体具有对称平面时，以对称中心线为界，一半画成外观视图，另一半画成剖面图，用同一个图同时表示物体的内部构造和外形，这种剖面图称为半剖面图，如图 3-8 所示。

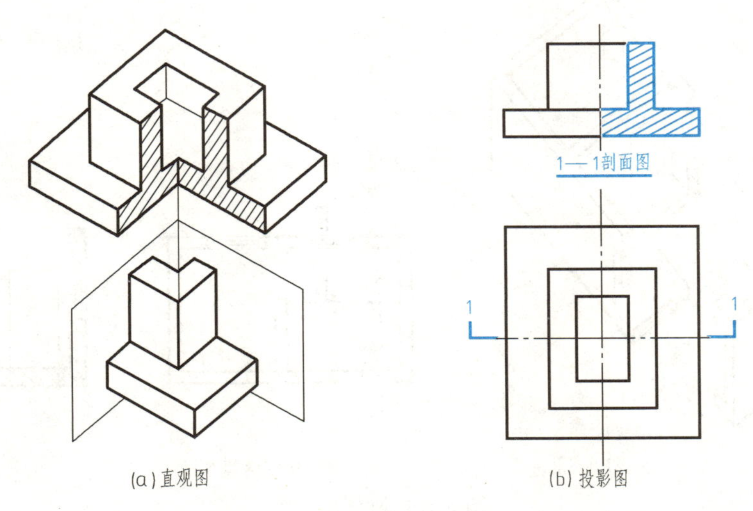

图 3-8 半剖面图

半剖面图应以视图的对称线作为分界线。半剖面的半个剖面通常绘制在图形垂直对称线的右方或者水平对称线的下方。在半剖面图中，由于形体的内部形状已经在剖面图中表达清楚，因此视图中的虚线可以省略不画。

3.2.4.3 局部剖面图

当需要表达物体局部的内部构造时，可用假想的剖切平面局部切割物体，所得到的部分剖面图为局部剖面图。图 3-9 所示建筑形体局部剖面图，表明了形体底部板的配筋情况。表明钢筋配筋的局部剖面图，可不画材料图例。

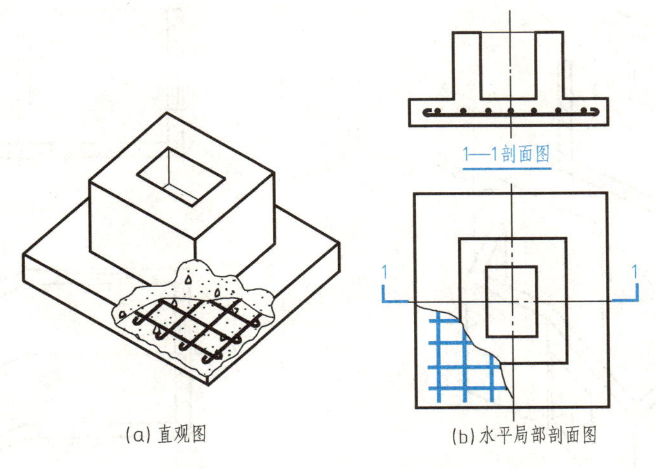

图 3-9 局部剖面图

【提示】 画局部剖面图时，要用波浪线标明剖面的范围，波浪线既不能超出轮廓线，也不能与图上的其他线条重合。局部剖面图一般不需要进行剖切标注。

3.2.4.4 阶梯剖面图

若一个剖切平面不能将物体需要表达的内部构造一起剖开，可用两个或者两个以上的平行剖切平面剖切物体所得到的剖面图为阶梯剖面图，如图 3-10 所示。

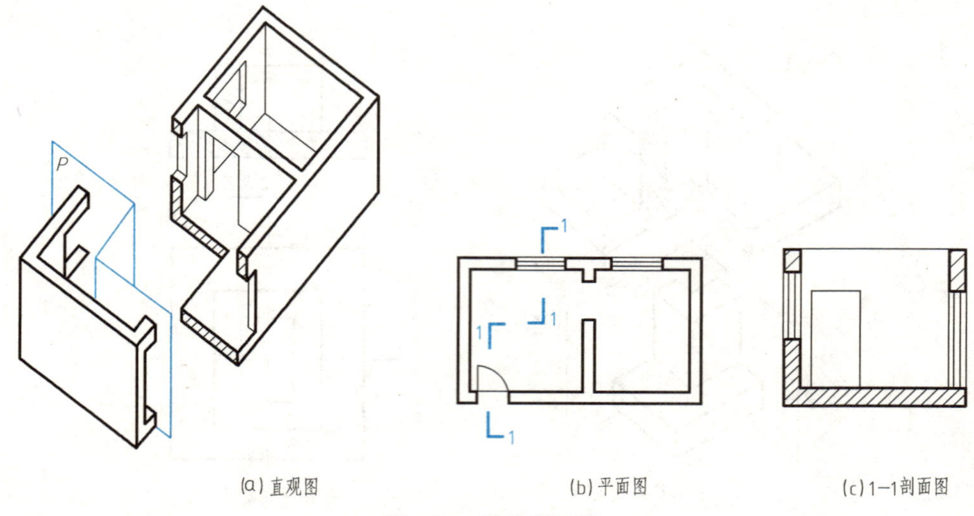

(a) 直观图　(b) 平面图　(c) 1—1剖面图

图 3-10　阶梯剖面图

【提示】 阶梯剖面图属于全剖面图，阶梯剖面图中，剖切平面的转折平面不绘制分界线，并且要避免平面在图形内的图线上进行转折。阶梯剖面剖切位置的起止和转折处用相同的阿拉伯数字进行标注，如图 3-10（b）所示。

3.2.4.5 旋转剖面图

用两个或两个以上相交剖面作为剖切面剖开物体，将倾斜于基本投影面的部分旋转到平行基本投影面后所得到的剖面图，称为旋转剖面图。但应在图名后注明“展开”字样，如图 3-11 所示 1—1 剖面图（展开）。旋转剖面图中，不应画出两剖切平面相交处的交线。

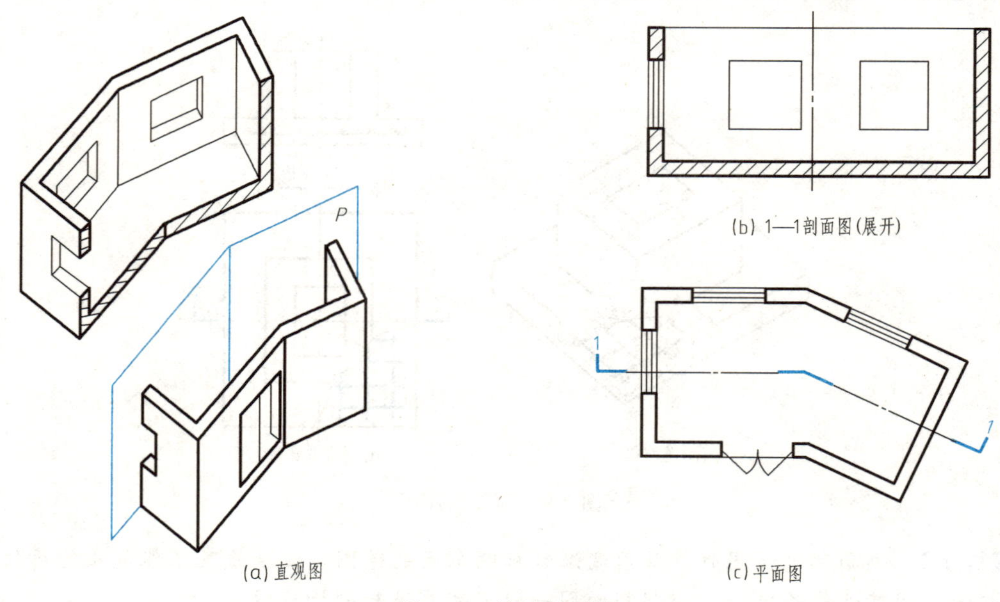

(a) 直观图　(b) 1—1剖面图(展开)　(c) 平面图

图 3-11　旋转剖面图

【提示】 绘制旋转剖面图时，两个剖切面的交线垂直于某一个投影面，且有一个剖切平面与投影面平行。

【随堂讨论】

1. 剖面图中除应画出被剖切平面切到的部分外，还应画什么？

2. 剖面图被切到的部分用什么线表示？未被切到但看得见的部分用什么线来绘制？

【综合应用】

如图 3-12（a）所示，已知某形体的平面图和 1—1 剖面图，绘制 2—2 剖面图。

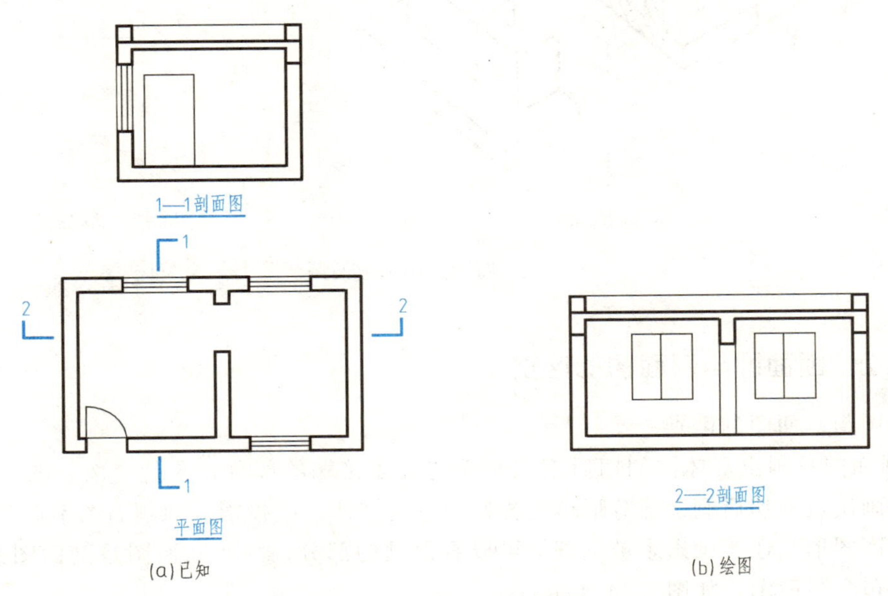

图 3-12 绘制 2—2 剖面图

分析 根据形体的平面图，可以判断形体长度和宽度以及门窗洞口的位置和大小。根据 1—1 剖面图可以判断形体的高度、门窗洞口的高度、女儿墙高度及屋面形式。屋面为平屋面。

作图

2—2 剖面图为全剖面图，主要剖到左右两边的墙体、形体内部门洞口以及建筑屋面。没有剖到但能看见后面墙体上的两个窗，绘制 2—2 剖面图时，这两个窗必须绘制。2—2 剖面图如图 3-12（b）所示。

任务 3.3 断 面 图

【知识点】 断面图形成 断面图与剖面图的区别 断面图类型

工程中，对于某些单一或者简单的建筑构件，当仅仅需要表示建筑形体的断面形状时，通常画其断面图。

◆ 3.3.1 断面图的形成

用一个平行于某一投影面的剖切平面将形体切开，仅画出剖切面切割形体所得到切口部分的投影图，称为断面图，简称断面，如图 3-13 所示。

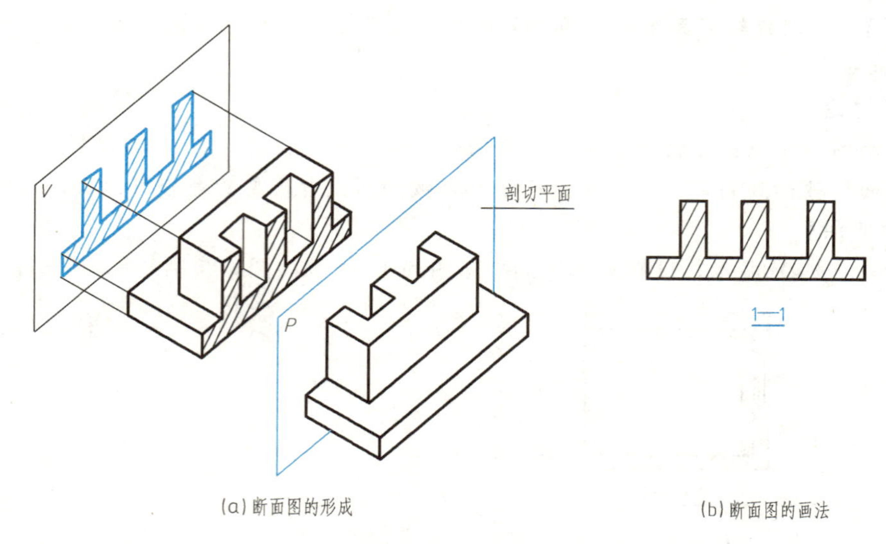

图 3-13　断面图的形成及画法

◆ 3.3.2　断面图与剖面图的区别

断面图与剖面图的区别主要有：

① 断面图只画出形体被剖切后剖切平面与形体接触的部分，它是“面”的投影；而剖面图则要画出被剖切后剩余部分形体的投影，它是“体”的投影。即剖面图不仅要画出被剖切后的断面图形，还要画出未被剖到但可以看得见的部分。因此断面图是剖面图的一部分，剖面图中包含断面图，如图 3-14 所示。

② 断面图与剖面图的剖切符号不同，断面图的剖切符号只画剖切位置线，其长度为 6～10mm 的粗实线；不画剖视方向线；投影方向用编号数字的注写位置表示，数字写在剖切位置线的哪一侧，就表示向哪个方向进行投影，如图 3-14（b）所示。剖面图的剖切符号则由剖切位置线和剖视方向线组成，如图 3-14（a）所示。

③ 剖面图用来表达物体内部的形状和结构，剖面图可以采用多个剖切平面，且可以发生转折；断面图则用来表达某一断面处断面的形状和结构，一般只能使用单一的剖切平面，不允许转折。

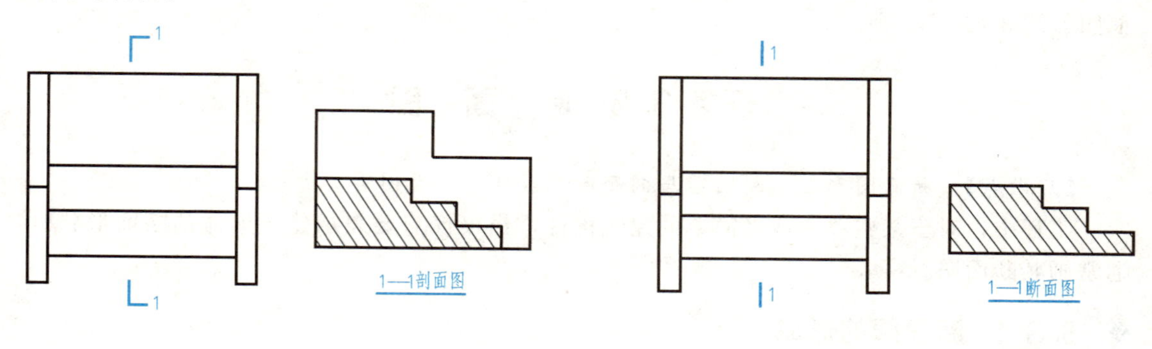

图 3-14　剖面图与断面图的区别

◆ 3.3.3 断面图的类型

根据断面图与视图位置关系不同，断面图可分为移出断面图、重合断面图和中断断面图三种。

3.3.3.1 移出断面图

画在投影图以外的断面图，称为移出断面图。如图 3-15（a）所示。

移出断面图可绘制在靠近物体的一侧或端部处，其轮廓线用粗实线绘制。在移出断面图的下方应注写剖切符号相应的编号，如 1—1。“断面图”可以省略不写。

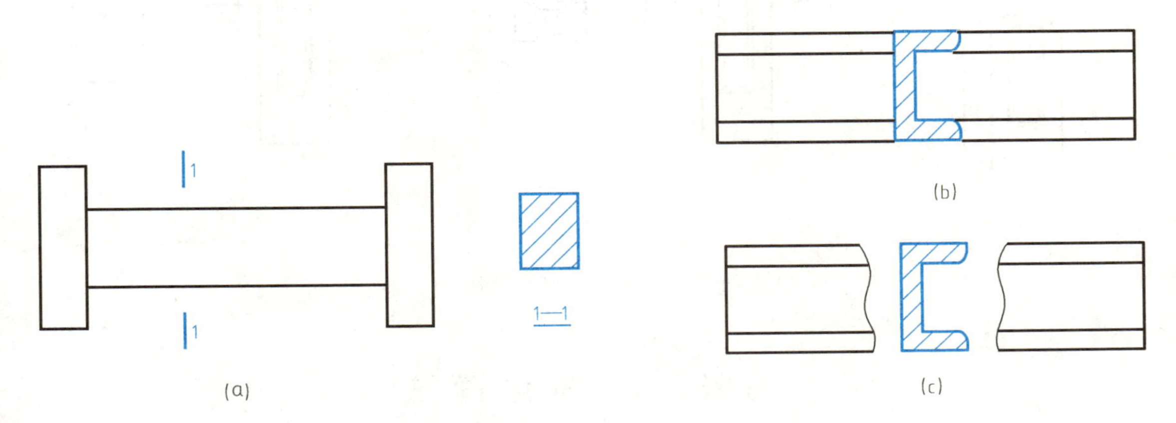

图 3-15 断面图的类型

3.3.3.2 重合断面图

画在投影图中的断面图称为重合断面图，如图 3-15（b）所示。

重合断面图的轮廓线用粗实线绘制，但若遇到投影图中的轮廓线与断面图的轮廓线重合时，则应按投影图的轮廓线完整地画出，不可间断。

【提示】 重合断面图一般不加任何标注，只需要在断面图内或断面轮廓的一侧绘制材料图例线或断面线即可。

3.3.3.3 中断断面图

画在投影图中断处的断面图为中断断面图，如图 3-15（c）所示。

中断断面图的轮廓线用粗实线绘制。投影图的中断处用波浪线或折断线绘制，中断断面图不必画剖切符号。

【随堂讨论】

1. 如何根据剖切符号判断要绘制的断面图的投影方向？
2. 断面图与剖面图的区别有哪些？

【综合应用】

如图 3-16（a）所示，已知某形体的直观图，绘制 1—1、2—2 剖面图和 1—1、2—2 断面图。

分析 根据剖面图与断面图的区别，形体的剖面图除应画出被剖切的断面外，还应绘制未剖切但看得见的部分。断面图仅仅绘制被剖切平面剖到部分的轮廓线。剖面图与断面图的绘制见图 3-16（b）、（c）。

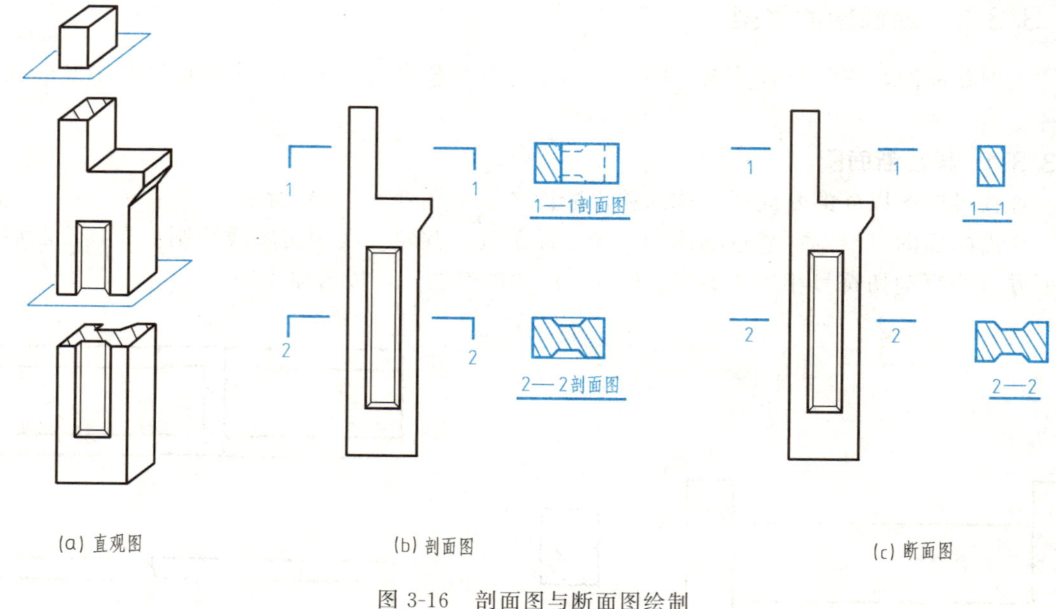

图 3-16　剖面图与断面图绘制

任务 3.4　简化画法

【知识点】 对称图形简化画法　折断省略画法　相同要素省略画法

在建筑工程图样中，制图标准规定了部分投影图简化的处理方法，即简化画法。

3.4.1　对称图形的简化画法

当形体对称时，可只画出该视图的一半并画出对称符号，如图 3-17（a）所示；当形体有两个对称轴时，可只画出该视图的 1/4 并绘制对称符号，如图 3-17（b）所示。

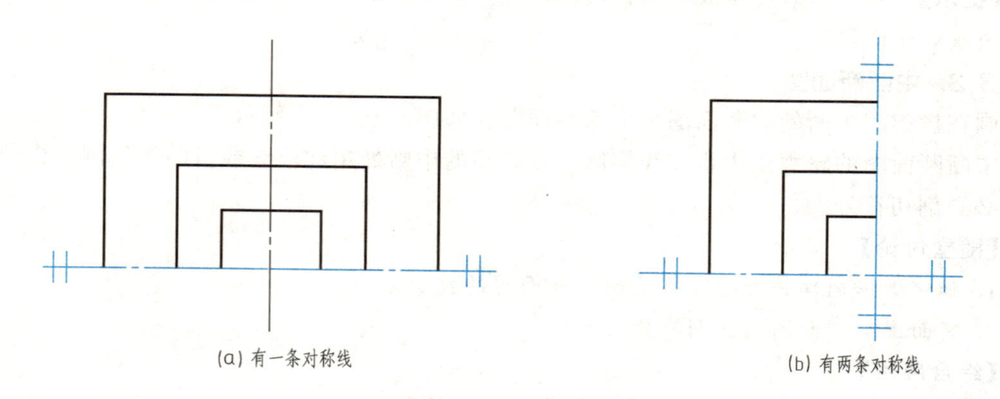

图 3-17　对称形体的简化画法

对称符号由对称线和两端的两对平行线组成。对称线采用细单点画线绘制；平行线采用细实线绘制，长度为 6～10mm，两条平行线之间的距离为 2～3mm 为宜。平行线在对称线两侧的长度相等。

◆ 3.4.2 折断省略画法

当形体较长且沿长度方向的形状相同或按一定规律变化时，可采用折断的办法，将折断的部分省略不画。如图 3-18 所示，断开处以折断线表示。

【注意】 虽然采用折断省略画法，但是在标注尺寸时仍应按物体的真实长度进行标注。

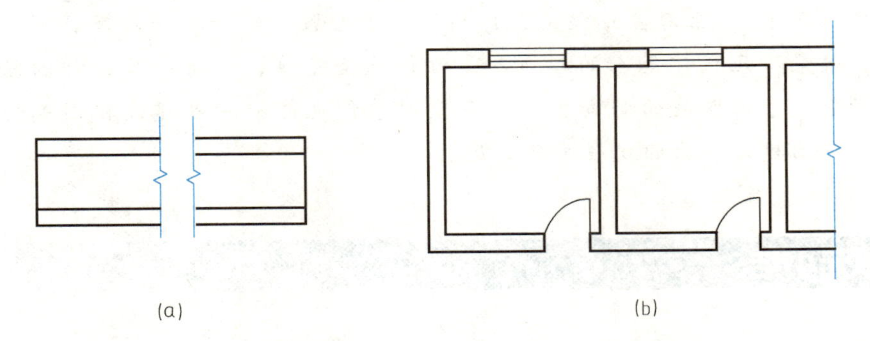

图 3-18 折断省略画法

◆ 3.4.3 相同要素的省略画法

形体内有多个完全相同且连续排列的构造要素，可只在两端或适当的位置画出其完整的形状，其余的部分用中心线或者中心线交点来表示，如图 3-19 所示。

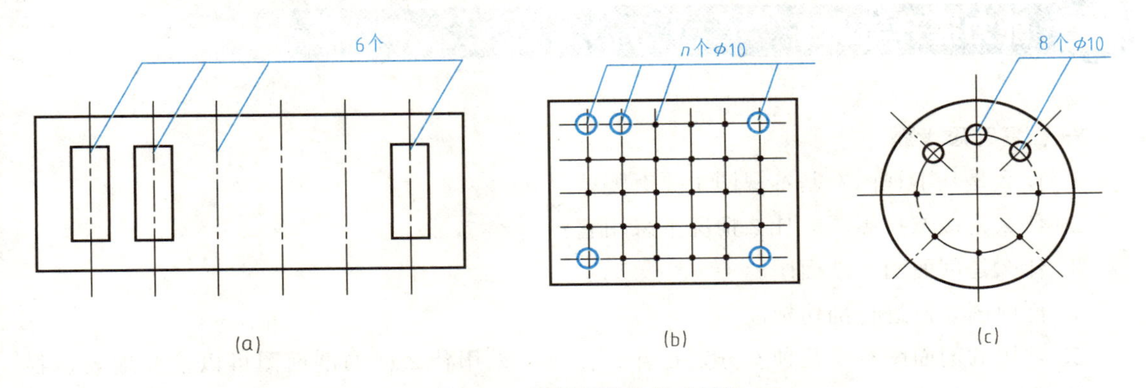

图 3-19 相同要素的省略画法

【随堂讨论】

当采用折断省略画法绘制形体视图时，在进行尺寸标注时仍应按什么进行标注？

课程思政案例

建筑工程中，对于复杂的房屋建筑形体而言，往往需要借助于多个视图才能正确地表达建筑物的构造情况，如何根据视图还原建筑形体的实际形状是学会识读建筑工程图的前提和基础。剖面图和断面图都是利用假想的剖切平面剖切形体而得到的图形，可以真实地反映形体内部的构造情况及其构造做法。在识读图样时，由于剖切平面为假想的，初学者往往难以理解，甚至出现剖面图画反的现象，因此只有准确地理解剖面图和断面图的形成过程，学会剖面图和断面图的正确绘制，才能进行精准施工，建造出符合要求的建筑物。有志者事竟成，攻坚克难是一种奋斗精神。建筑是凝固的历史、时代的缩影。几十年来，中国从人民大会堂、中国国家博物馆到北京国贸大厦、国家体育场（鸟巢）、上海金茂大厦、广州塔（小蛮腰）等等，一座座壮丽华美的建筑拔地而起，凝聚了几代建筑人的心血，是他们攻坚克难、拼搏奋斗精神的结晶，这一栋栋建筑折射出中国发展的勃勃生机。希望同学们也能够融入建设祖国美好河山的潮流之中，为祖国建筑事业的发展添砖加瓦。

单元小结

本单元主要介绍了建筑形体的基本视图、剖面图和断面图，通过学习，要求了解建筑形体的基本类型及主要特点；熟悉剖面图、断面图的基本概念及形成过程；掌握剖面图、断面图的正确标注；理解剖面图和断面图之间的主要区别；学会剖面图和断面图的正确绘制，了解形体投影图的简化画法，确保后续课程顺利完成。

能力提升与训练

一、复习思考题

1. 什么是基本视图？基本视图主要有哪些？
2. 什么是镜像投影图？什么情况下采用它？
3. 什么是剖面图、断面图？
4. 剖面图如何进行剖切标注？
5. 常用的剖面图有哪几种？分别在什么情况下采用什么样的剖面图可以清楚地表达物体的内部构造情况？
6. 断面图是如何形成的？
7. 断面图与剖面图的区别主要表现在哪些方面？
8. 常用的断面图有几种？
9. 对称符号基本组成是什么？

二、技能训练

条件：如图 3-20 所示，利用所学知识，根据给出形体的直观图及尺寸（单位：mm），绘制形体的三视图（正立面图、平面图、左侧立面图）。

要求：用一张 A4 纸绘制，图面整洁美观；比例 1∶50。

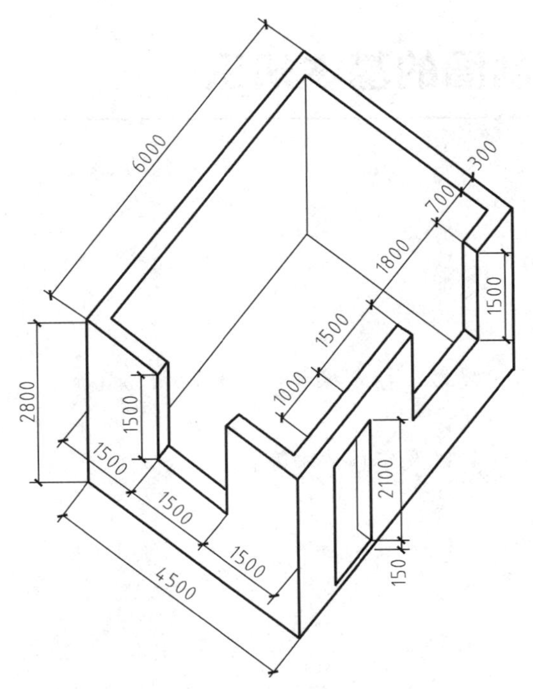
6000
300
700
1800
1500
1500
1000
2800
1500
1500
1500
1500
4500
2100
150

图 3-20　形体直观图

教学单元四　制图的基本知识

知识目标

- 掌握图纸幅面、图框规格、标题栏和会签栏的相关规定。
- 掌握图线的用途和画法。
- 掌握比例的含义、计算以及字体的书写。
- 掌握尺寸标注的基本方法。
- 了解各种绘图工具。

能力目标

- 学会正确地绘制图纸框。
- 能够运用绘图工具正确地绘制建筑工程图纸。
- 能够正确地标注建筑尺寸。

任务 4.1　制图的工具及其使用

【知识点】 绘图板　丁字尺　三角板　比例尺　绘图笔

“工欲善其事，必先利其器”，正确使用制图工具和仪器才能保证绘图质量，并提高绘图速度。手工绘图所用的绘图工具种类很多，本单元仅介绍常用的绘图工具和仪器。

◆ 4.1.1　绘图板、丁字尺、三角板

绘图板是用于铺放图纸的工具，板面要平整、光洁、无节疤，绘图板的四边要求平直和光滑。绘图板常用的规格见表 4-1，可根据需求选用。

表 4-1　绘图板的规格

绘图板的规格代号	0	1	2
绘图板尺寸/(mm×mm)	900×1200	600×900	450×600

丁字尺主要用于绘制水平线，由尺头和尺身两部分组成。画图时，丁字尺要配合绘图板使用，尺头紧靠绘图板的左侧，上下滑动，画出不同高度的水平线，如图 4-1。

三角板用于绘制各种方向的直线，一副三角板有两块。画图时，三角板靠着丁字尺的尺身上侧画垂直线，如图 4-2。三角板与丁字尺配合也可以画各种 15°倍数的斜线，如图 4-3。

【提示】 绘图板不宜暴晒、受潮、敲打、切纸等。丁字尺应悬挂放置。

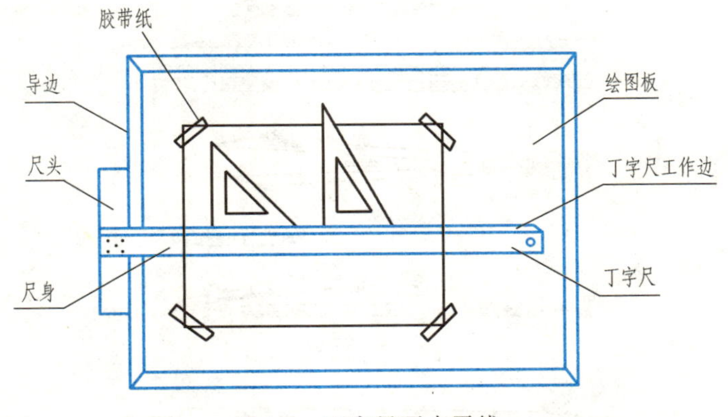

图 4-1　丁字尺画水平线

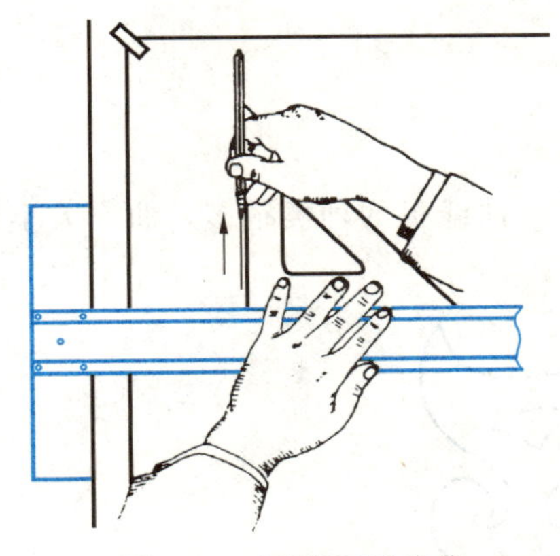
图 4-2　三角板画垂直线

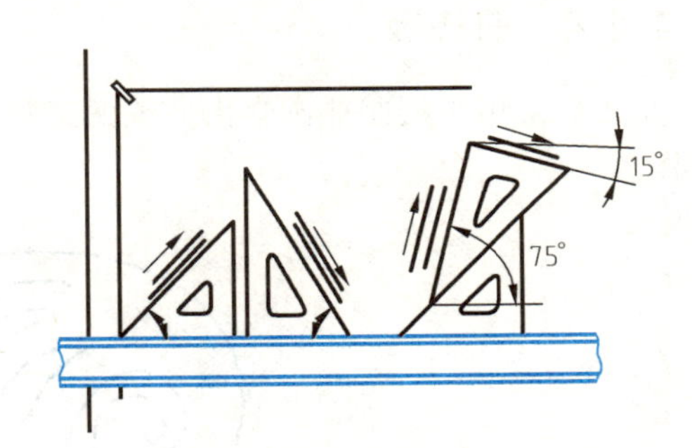

图 4-3　三角板画斜线

◆ 4.1.2　比例尺

比例尺是绘图时用来把实长按一定比例缩小画在纸上的尺子。截面是三棱柱，三个棱面刻有六种比例，通常为 1∶100、1∶200、1∶250、1∶300、1∶400、1∶500，比例尺上的数字以“米”为单位，如图 4-4。

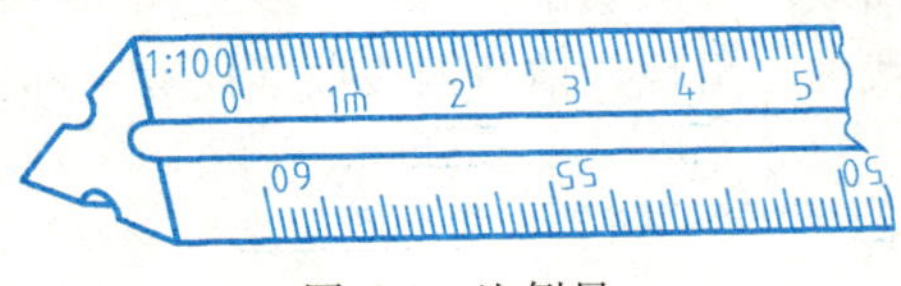

图 4-4　比例尺

【提示】 比例尺不能代替直尺或三角板进行画线。

◆ 4.1.3　圆规和分规

圆规是用来画圆和圆弧曲线的绘图仪器，通常用的圆规为组合式的，有固定针脚及可移动的铅笔脚、鸭嘴脚及延伸杆，如图 4-5。

分规是用来量取线段、量度尺寸和等分线段的一种仪器。两腿端部均固定钢针，使用时要检查两针脚高低是否一致，如不一致则要调整，如图 4-6。

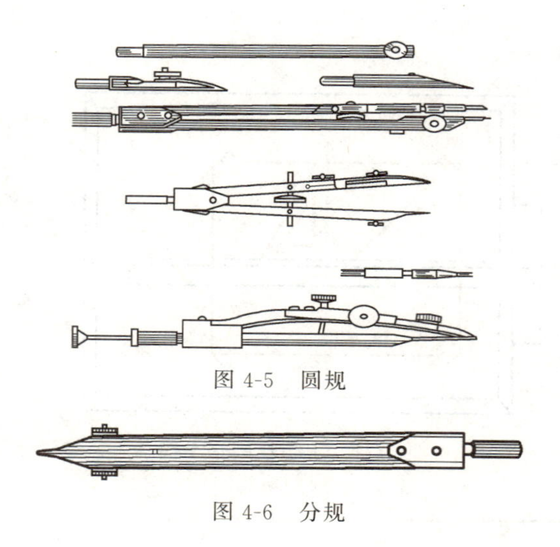
图 4-5　圆规

图 4-6　分规

◆ 4.1.4　曲线板

曲线板是用来绘制非圆自由曲线的工具，如图 4-7，曲线板的种类很多，曲率大小各不相同。

图 4-7　曲线板

用曲线板描绘曲线时，应先确定出曲线上的若干个点，然后徒手沿着这些点轻轻地勾勒出曲线的形状，再根据曲线的几段走势形状，选择曲线板上形状相同的轮廓线，分几段把曲线画出。

使用曲线板时要注意：曲线应分段画出，每段至少应有 3～4 个点与曲线板上所选择的轮廓线相吻合。为了保证曲线的光滑性，前后两段曲线应有一部分重合。

◆ 4.1.5　绘图笔

绘图笔的种类很多，有铅笔、鸭嘴笔、针管笔等。

铅笔用“H”和“B”代表铅芯的软硬程度，“H”表示硬的，“B”表示软的，“HB”表示软硬适宜，“H”或“B”前面的数字越大表示铅芯越硬或越软。铅笔通常应削成锥形或扁平形，铅芯长 6～8mm，如图 4-8。

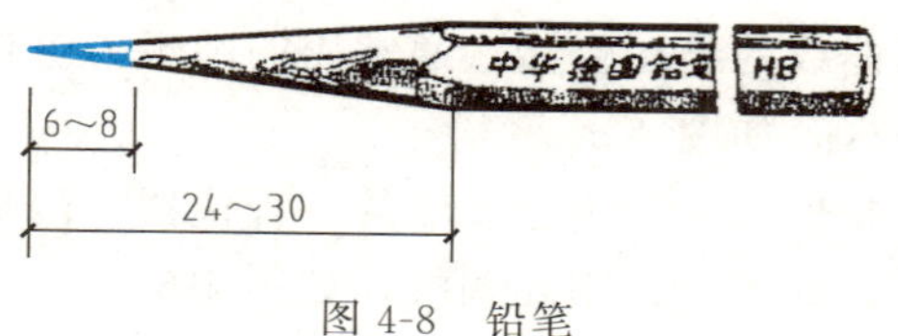

图 4-8　铅笔

鸭嘴笔又称直线笔，主要用于画墨线。画线前根据所画线条的粗细，旋转螺钉调好两叶片的间距，再把墨汁注入两叶片之间。使用鸭嘴笔画线时，速度要均匀，起落笔速度要略快，以免在起端和末端线条变粗。执笔时，笔杆要向画线方向倾斜 30°左右，如图 4-9。

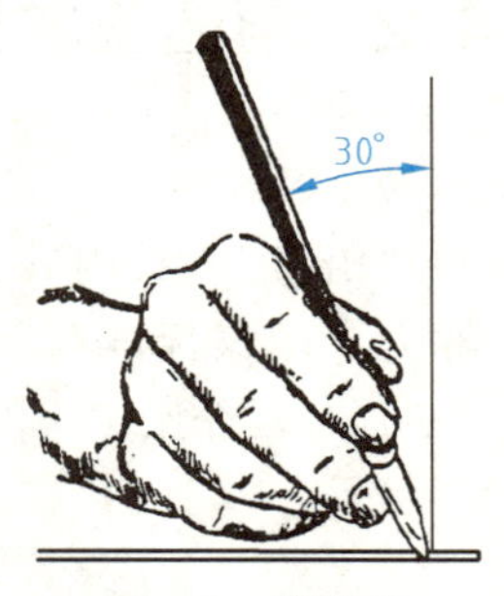

图 4-9　鸭嘴笔

针管笔也是画墨线、描图的绘图笔，针管笔的头部装有不锈钢针管，针管的内孔直径为 0.05～2.0mm，分成多种型号，选择不同型号的针管笔即可画出不同线宽的墨线，如图 4-10。针管笔不用清洗，不必担心墨水堵塞针管。

图 4-10　针管笔

◆ 4.1.6　绘图模板

为了提高制图速度和质量，将常用的符号、图形刻在有机玻璃上，做成模板，方便绘图使用。模板的种类很多，如建筑模板、家具模板、给排水模板等，如图 4-11 所示的建筑模板。

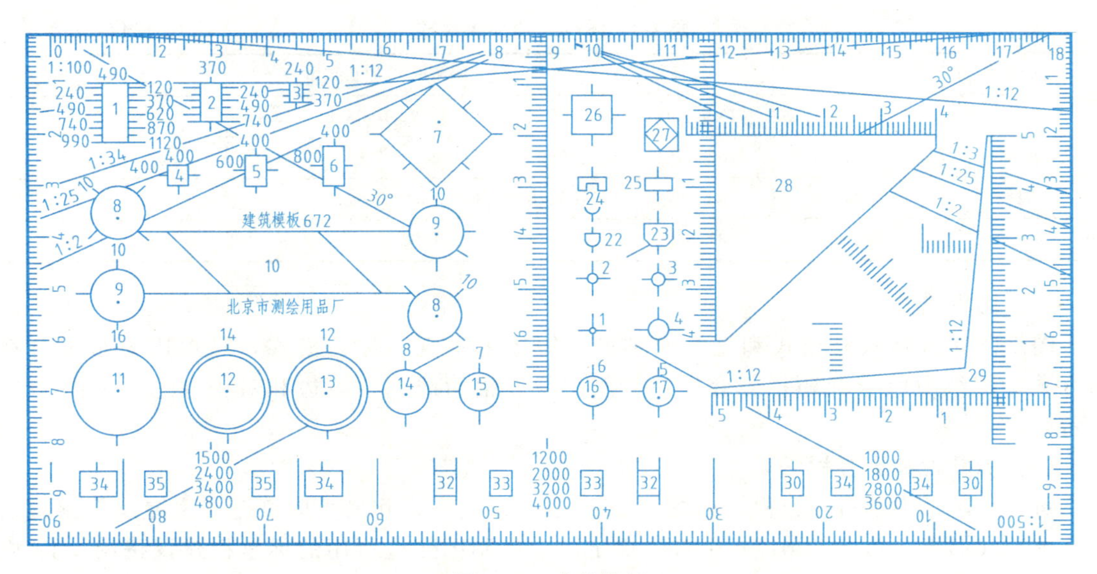

图 4-11　建筑模板

【随堂讨论】

1. 常用的绘图工具有哪些?

2. 试述绘图工具的用途。

任务 4.2 制图基本标准

【知识点】 图幅 图线 字体 比例 尺寸标注

建筑图纸是施工的依据，工程界的“语言”，其内容、画法、格式等有统一的规定，一般都是由国家指定专门机构制定的，称为“国家标准”，用 GB 或 GB/T 表示。现根据《房屋建筑制图统一标准》(GB/T 50001—2017)，介绍以下几种制图基本规定。

4.2.1 图幅

图幅是指图纸幅面的大小。为了使图纸整齐，便于装订和保管，国家标准对建筑工程及装饰工程的幅面作了规定。图样应画在具有一定幅面尺寸和图框格式的图纸上。

(1) 幅面尺寸

幅面用代号“A”表示，最大的图幅为 841mm×1189mm，幅面代号为 A0，对折后为两张 A1，以此类推。幅面的大小应符合表 4-2 的规定。

表 4-2 图纸幅面及图框尺寸 单位：mm

尺寸代号 \ 幅面	A0	A1	A2	A3	A4
$b \times l$	841×1189	594×841	420×594	297×420	210×297
c	10			5	
a	25				

如有特殊需要，允许加长 A0～A3 图纸幅面的长度，其加长部分应符合表 4-3 的规定。

表 4-3 图纸长边加长尺寸 单位：mm

幅面代号	长边尺寸	图纸长边加长尺寸
A0	1189	1338、1487、1635、1784、1932、2081、2230、2378
A1	841	1051、1261、1472、1682、1892、2102
A2	594	743、892、1041、1189、1338、1487、1638、1784、1932、2081
A3	420	631、841、1051、1261、1472、1682、1892

(2) 图框格式

图纸的图框格式有横式和立式两种，以短边为垂直边称为横式，以短边为水平边称为立式。图纸中应有标题栏、会签栏、图框线、幅面线、装订边和对中标志，如图 4-12 所示。

(3) 标题栏和会签栏

每一张图纸中都有标题栏，如图 4-12 所示。绘制格式和尺寸应符合《房屋建筑制图统一标准》(GB/T 50001—2017) 中有关规定。学生制图作业所用的标题栏建议按图 4-13 格式绘制。

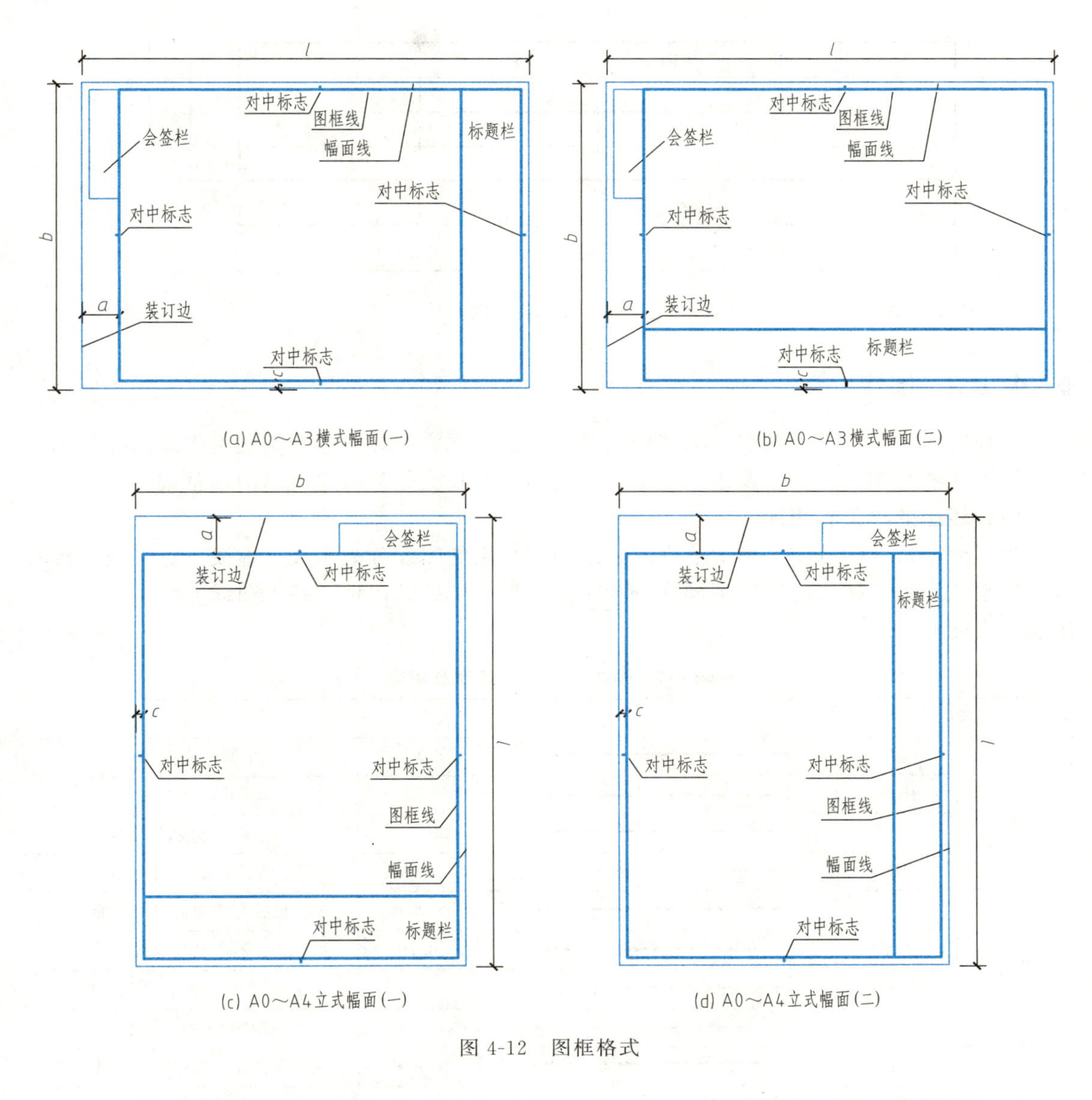

图 4-12　图框格式

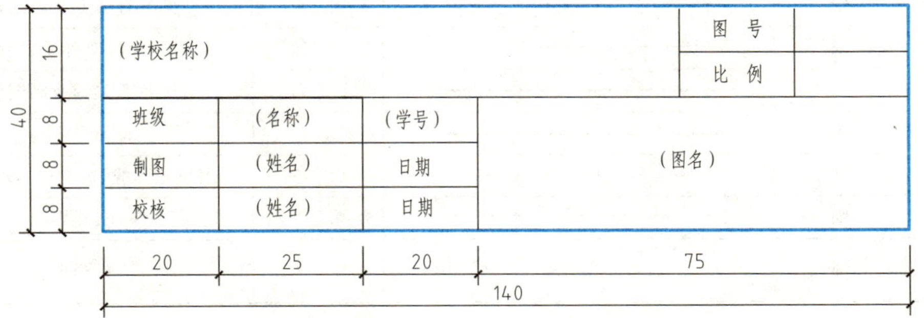

(学校名称)				图　号	
				比　例	
班级	(名称)	(学号)	(图名)		
制图	(姓名)	日期			
校核	(姓名)	日期			

图 4-13　学生制图作业用标题栏

会签栏是工程图样上由各工种负责人填写的包括相关专业、姓名、日期等的一个表格，如图 4-14 所示，学生作业图纸中可不设会签栏。

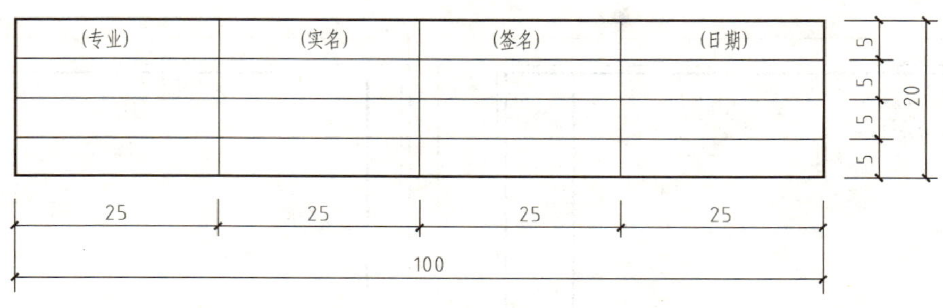

图 4-14　会签栏

4.2.2　图线

工程图样是采用不同线型和线宽的图线来表达不同的设计内容。图线是构成图样的基本元素，因此熟悉图线的类型及用途，掌握各类图线的画法是学习建筑制图的基础。

(1) 线型的种类和用途

为了使图样主次分明、形象清晰，建筑制图采用的图线分为实线、虚线、点画线、折断线、波浪线几种；按线的宽度不同又分为粗、中粗、中、细四种。各类图线的线型、宽度及用途见表 4-4。

表 4-4　图线的线型、宽度及用途

名称		线型	线宽	用途
实线	粗	——	b	主要可见轮廓线
	中粗	——	$0.7b$	可见轮廓线
	中	——	$0.5b$	可见轮廓线、尺寸线
	细	——	$0.25b$	图例填充线、家具线
虚线	粗	- - - -	b	见各有关专业制图标准
	中粗	- - - -	$0.7b$	不可见轮廓线
	中	- - - -	$0.5b$	不可见轮廓线、图例线
	细	- - - -	$0.25b$	图例填充线、家具线
单点长画线	粗	—·—	b	见各有关专业制图标准
	中	—·—	$0.5b$	见各有关专业制图标准
	细	—·—	$0.25b$	中心线、对称线、轴线等
双点长画线	粗	—··—	b	见各有关专业制图标准
	中	—··—	$0.5b$	见各有关专业制图标准
	细	—··—	$0.25b$	假想轮廓线、成型前原始轮廓线
折断线	细	—\/—	$0.25b$	断开界线
波浪线	细	～	$0.25b$	断开界线

(2) 图线的画法及要求

图线以可见轮廓线的宽度 b 为标准，按《房屋建筑制图统一标准》规定，图线宽度 b 采用 1.4mm、1.0mm、0.7mm、0.5mm 4 种线宽。画图时，根据图样的复杂程度和比例大小，选用不同的线宽组，如表 4-5 所列。图框线、标题栏分格线宽度按表 4-6 选用。

表 4-5　线宽组　　单位：mm

线宽	线宽组			
b	1.4	1.0	0.7	0.5
0.7b	1.0	0.7	0.5	0.35
0.5b	0.7	0.5	0.35	0.25
0.25b	0.35	0.25	0.18	0.13

表 4-6　图框线、标题栏线的宽度　　单位：mm

幅面代号	图框线	标题栏外框线	标题栏分格线、会签栏线
A0、A1	1.4	0.7	0.35
A2、A3、A4	1.0	0.7	0.35

画图时，应注意以下几点：

① 画图线时，用力一致，线条均匀光滑，浓淡一致。

② 虚线、单点画线、双点画线的线段长度和间隔应保持一致，且起止两端为线段，如图 4-15 所示。

③ 单点画线或双点画线，当在较小图形中绘制时，可用细实线代替。

④ 虚线及点画线，其各自本身相交或与其他图线相交时，均应交在线段处，不要交在空隙处。

⑤ 相互平行的图线，其间距不宜小于其中粗线的宽度，且不宜小于 0.7mm。

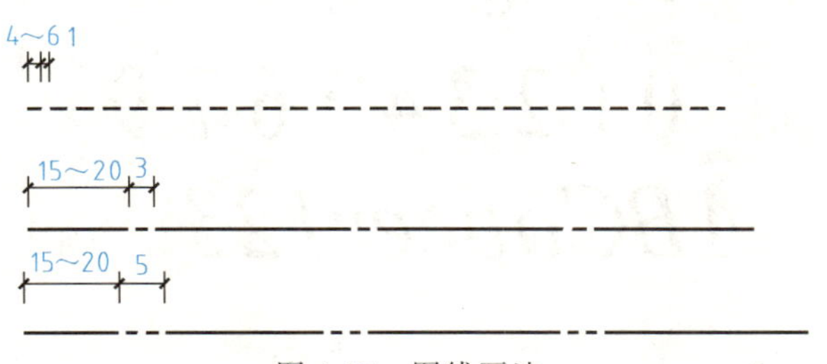

图 4-15　图线画法

◆ 4.2.3　字体

字体是指文字的风格样式，又称书体。在图样上所需书写的文字、数字或符号等，必须做到：笔画清晰、字体端正、排列整齐。

(1) 汉字

图样及说明中的汉字应采用简化汉字，必须遵守国务院颁布的《汉字简化方案》和有关规定，宜优先采用 True Type 字体中的宋体字形，采用矢量字体时应为长仿宋字体，如图 4-16 所示，同一图纸字体种类不应超过两种。

建筑工程制图汉字采用长仿宋体书写

横平竖直起落有力笔锋满格排列匀称

图 4-16　长仿宋字体

汉字的字高用字号来表示，如高为 5mm 的字就是 5 号字。常用的字号有 2.5、3.5、5、7、10、14、20 等号，如需要书写更大的字，则字高以$\sqrt{2}$的比值递增。汉字字高应不小于 3.5mm。长仿宋字应写成直体字，其字号与字宽应符合表 4-7 的规定。

表 4-7 长仿宋体字高度和宽度的关系 单位：mm

字高	20	14	10	7	5	3.5
字宽	14	10	7	5	3.5	2.5

(2) 数字和字母

数字和字母在图样上的书写分为直体和斜体两种。它们和汉字混合书写时应稍低于仿宋字体的高度。斜体书写应向右倾斜，并与水平线呈 75°角。图样上数字应采用阿拉伯数字，其字高应不小于 2.5mm。如图 4-17 所示。

A B C D E F G H I J K L M N
O P Q R S T U V W X Y Z
a b c d e f g h i j k l m n o p
0 1 2 3 4 5 6 7 9
ABCabcer123

图 4-17 字母、数字示例

◆ 4.2.4 比例

图样的比例是图形与实物相对应的线性尺寸之比。比例应用阿拉伯数字表示，如 1∶1、1∶2、1∶10 等。1∶10 表示图纸所画物体尺寸比实体缩小 10 倍，1∶1 表示图纸所画物体与实体一样大，比例的大小是指比值的大小。

工程图样的绘制应根据图样的用途与被绘制对象的复杂程度选择合适的比例，以确保所示物体图样的精确和清晰。根据规定，在建筑工程图样制图中，应优先选用表 4-8 中常用比例。

表 4-8 绘图所用比例

常用比例	1∶1、1∶2、1∶5、1∶10、1∶20、1∶50、1∶100、1∶200、1∶500
可用比例	1∶3、1∶15、1∶25、1∶30、1∶40、1∶60、1∶150、1∶250、1∶300、1∶400、1∶600

比例宜注写在图名的右侧，其字高比图名的字高小一号或二号，如图 4-18 所示，当一张图纸内各图形的比例相同时，应将比例注写在图框内。

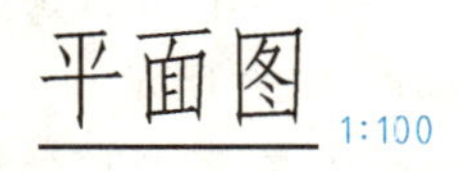

图 4-18　比例的注写

◆ 4.2.5　尺寸标注

建筑工程图，不仅应画出建筑物形状，更重要的是需要准确、完整、详尽而清晰地标注各部分实际尺寸，这样的图纸才能作为施工的依据。

(1) 线段的尺寸标注

标注线段尺寸包括以下四个要素：尺寸线、尺寸界线、尺寸起止符号和尺寸数字，如图 4-19 所示。

① 尺寸线。尺寸线由细实线绘制，应与被注轮廓线平行，与尺寸界线垂直相交，相交处尺寸线不宜超过尺寸界线。若尺寸线分几层排列时，应从图形轮廓线向外，先是较小的尺寸，后是较大的尺寸，尺寸线的间距要一致，宜为 7～10mm。

【提示】 图样自身的任何图线不得用作尺寸线。

② 尺寸界线。尺寸界线由细实线绘制，应与被注长度垂直，表示所注尺寸的范围。其一端应离开图样轮廓线不小于 2mm，另一端宜超出尺寸线 2～3mm，如图 4-19 所示。尺寸界线有时可用图形轮廓线代替，如图 4-20 所示。

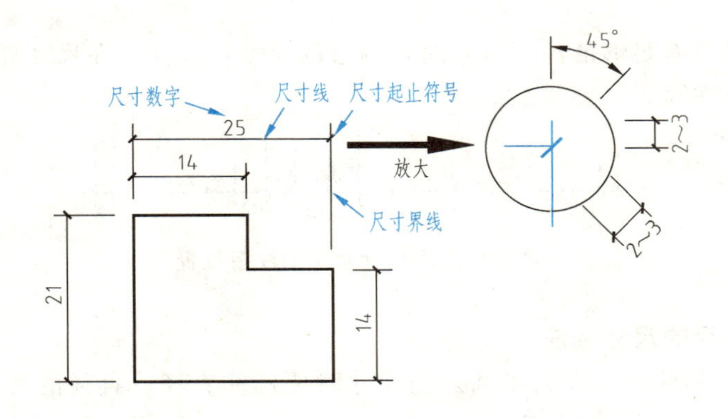

图 4-19　尺寸标注四要素

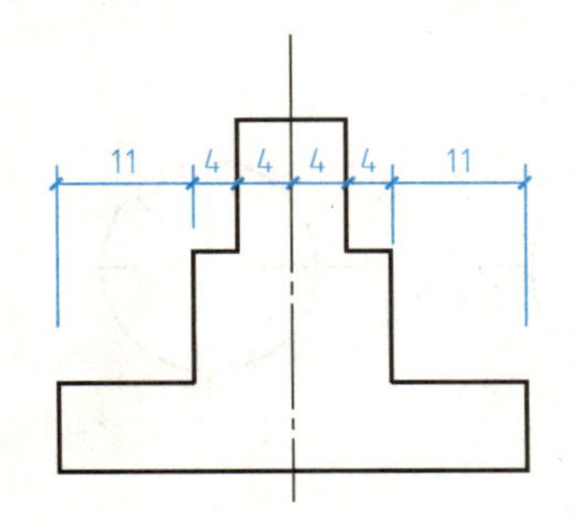

图 4-20　图形轮廓线代替尺寸界线

③ 尺寸起止符号。尺寸起止符号一般用中粗斜短线绘制，其倾斜方向应与尺寸界线呈顺时针45°角，长度宜为2～3mm，如图4-19所示。

④ 尺寸数字。尺寸数字一律用阿拉伯数字书写，长度单位规定为毫米（即mm，可省略不写）。尺寸数字是物体的实际数字，与绘图比例无关。

尺寸数字一般写在尺寸线的中部。水平方向的尺寸，尺寸数字要写在尺寸线的上面，字头朝上；倾斜方向的尺寸，尺寸数字的方向应按图4-21（a）的规定书写。尺寸数字在图4-21（a）中所示30°斜线区内时可按图4-21（b）的形式书写。

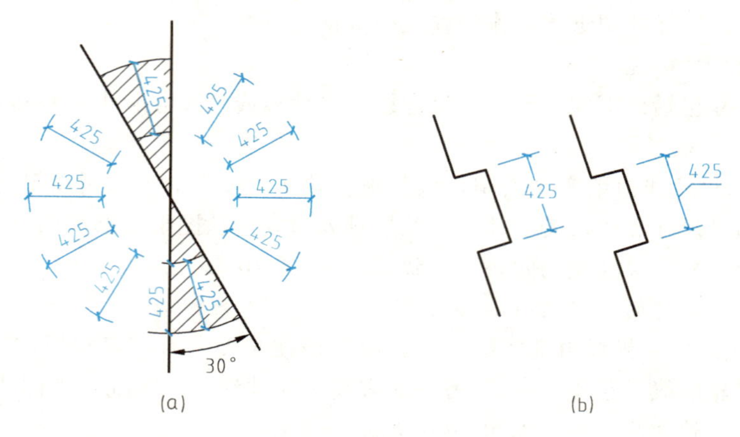

图4-21　尺寸数字

尺寸数字如果没有足够的注写位置时，两边的尺寸可以注写在尺寸界线的外侧，中间相邻的尺寸可以错开注写，见图4-22。

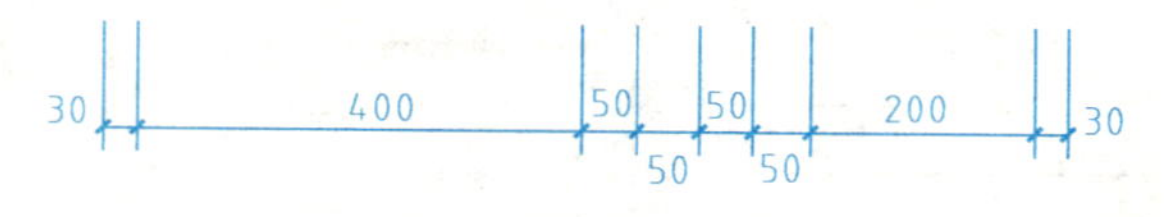

图4-22　小尺寸数字的注写位置

(2) 直径、半径的尺寸标注

① 直径尺寸。标注圆（或大半圆）的尺寸时要标注直径。直径的尺寸线是过圆心的倾斜的细实线（圆的中心线不可作为尺寸线），尺寸界线即为圆周，两端的起止符号规定用箭头（箭头的尖端要指向圆周），尺寸数字一般注写在圆的里面并且在数字前面加注直径符号“ϕ”，见图4-23（a）。标注小圆直径时，可以把数字、箭头移到圆的外面，见图4-23（b）。

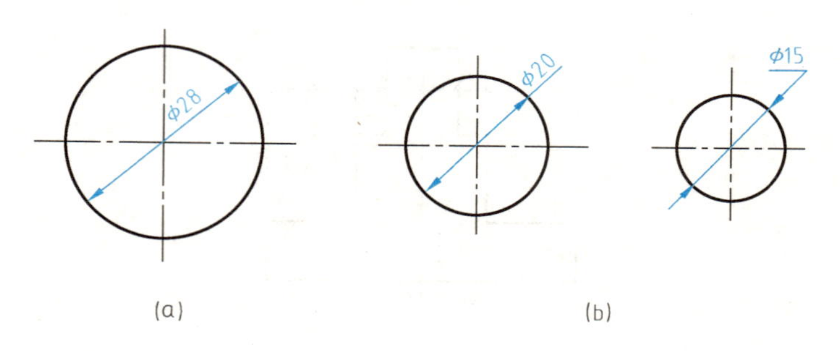

图4-23　直径的尺寸标注

图 4-24 表明了箭头的画法，画出的箭头要尖要长，可以徒手画也可以用尺画。

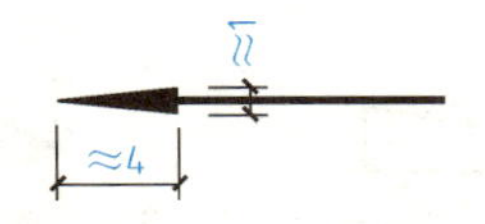

图 4-24　箭头的画法

② 半径尺寸。标注半圆（或小半圆）的尺寸时要标注半径。半径的尺寸线，一端从圆心开始，另一端画出箭头指向圆弧，半径数字一般注写在半圆里面并且在数字前面加注半径符号“*R*”，见图 4-25（a）。

较小圆弧的半径可按图 4-25（b）的形式标注，较大圆弧的半径可按图 4-25（c）的形式标注。

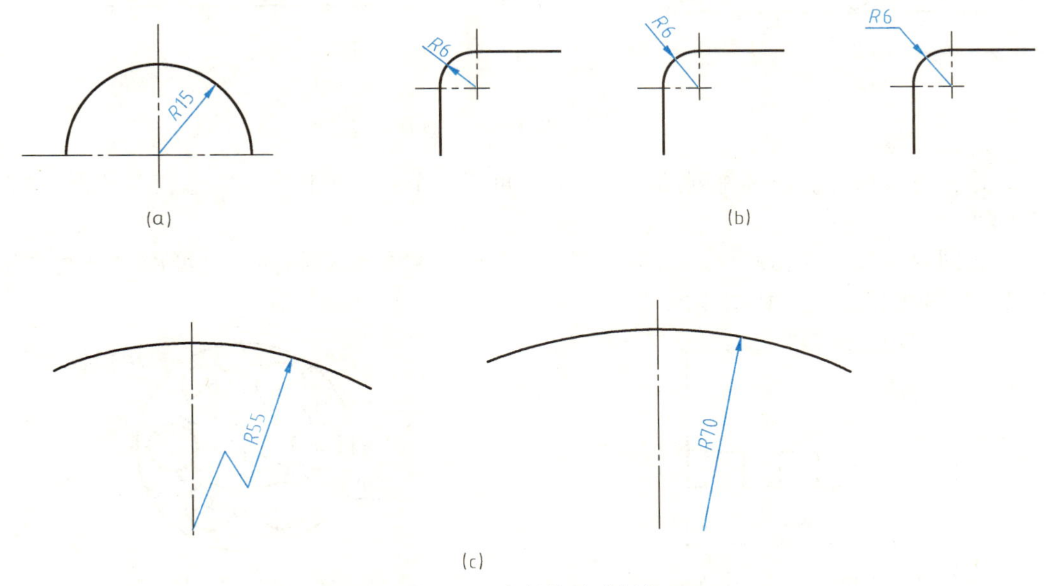

图 4-25　半径的尺寸标注

(3) 角度、坡度的尺寸标注

① 角度尺寸。角度的尺寸线应以圆弧表示。该圆弧的圆心应是该角的顶点，角的两条边为尺寸界线。起止符号应以箭头表示，如没有足够位置画箭头，可用圆点代替，角度数字应沿尺寸线方向注写，如图 4-26。

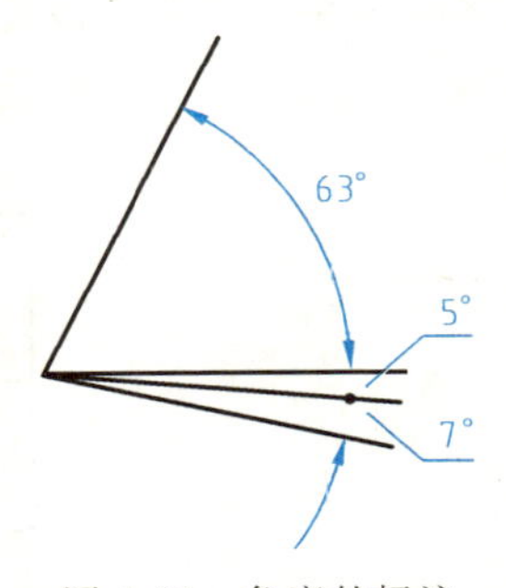

图 4-26　角度的标注

② 坡度尺寸。标注坡度时，在坡度数字下加上坡度符号。坡度符号为指向下坡的半边箭头，见图 4-27。

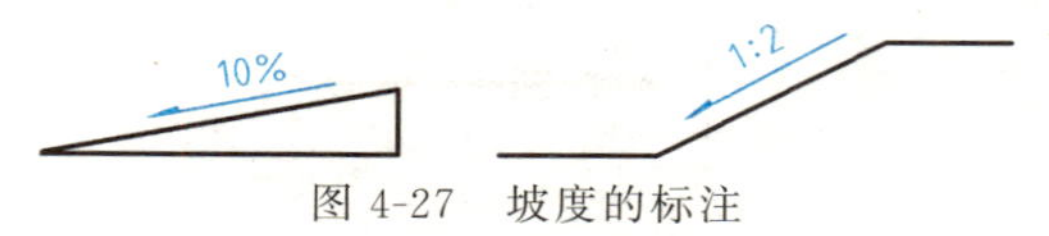

图 4-27　坡度的标注

(4) 尺寸的简化注法

① 单线图尺寸。杆件或管线的长度，在单线图（桁架简图、钢筋简图、管线简图）上，可直接将尺寸数字沿杆件或管线的一侧注写，见图 4-28。

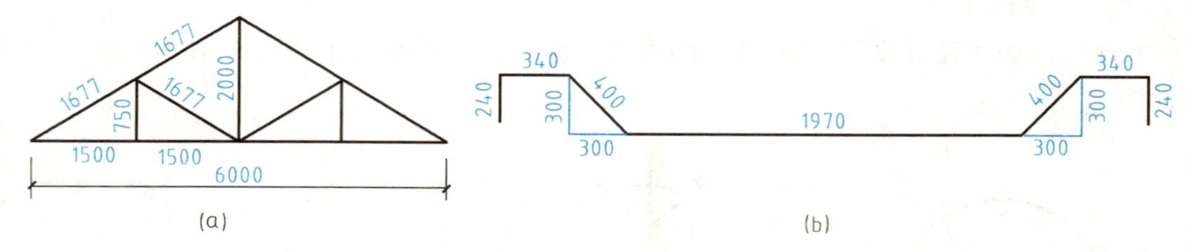

图 4-28　单线图尺寸标注

② 连排等长尺寸。连续排列的等长尺寸，可用"个数×等长尺寸＝总长"的形式标注，如图 4-29。

③ 相同要素尺寸。构配件内的构造要素（如孔、槽等）若相同，也可用"个数×相同要素尺寸"的形式标注，如图 4-30。

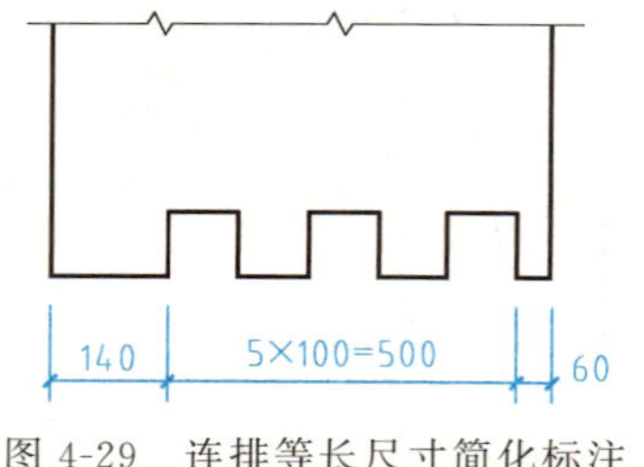

图 4-29　连排等长尺寸简化标注

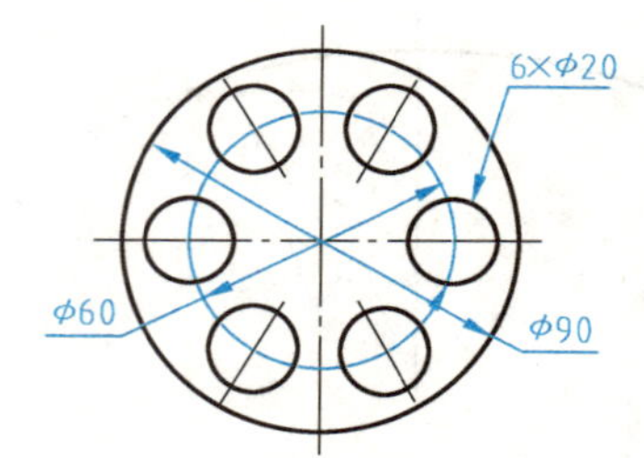

图 4-30　相同要素尺寸标注

④ 对称构（配）件尺寸。对称构（配）件采用对称省略画法时，该对称构（配）件的尺寸线应略超过对称符号，仅在尺寸线的一端画尺寸起止符号，尺寸数字应按整体全尺寸注写，注写位置应与对称符号对齐，如图 4-31。

⑤ 相似构（配）件尺寸。两个构（配）件，如个别尺寸数字不同，可在同一图样中将其中一个构（配）件的不同尺寸数字注写在括号内，该构（配）件的名称也应注写在相应的括号内，如图 4-32。

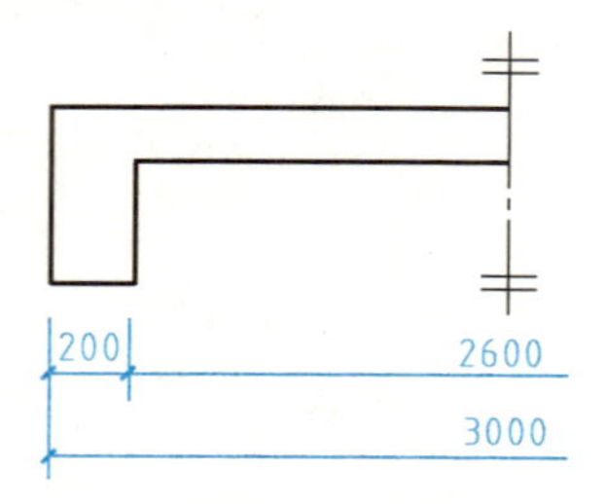

图 4-31　对称构（配）件的尺寸标注

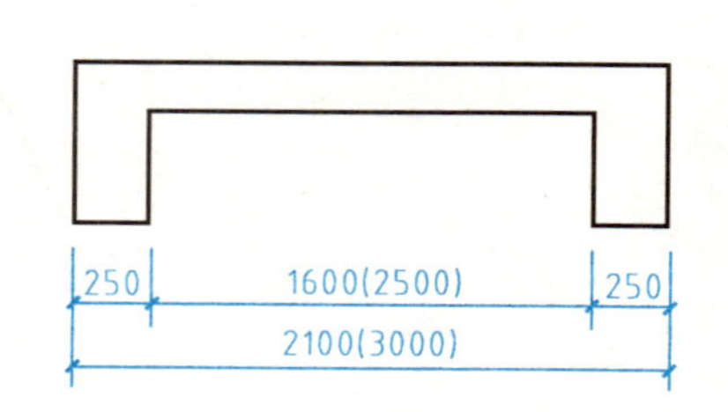

图 4-32　相似构（配）件的尺寸标注

【随堂讨论】

1. 工程图样中，图线规格有哪几种？各自用于绘制工程图的哪个部分？

2. 图样的尺寸由哪几部分组成？如何标注？

任务 4.3　绘图的一般方法和步骤

【知识点】 绘图准备　绘制底稿　加深底稿

为了保证图样的质量和提高制图的工作效率，除了要正确使用制图工具和仪器外，还必须掌握正确的绘图步骤和方法，本任务介绍的是常用的绘图步骤及方法。

◆ 4.3.1　绘图前的准备工作

(1) 准备制图工具，并保持整洁。

(2) 根据需绘图的数量、内容及其大小，选定图纸幅面大小。

(3) 在绘图板上固定绘图纸。

(4) 把制图工具放在适当位置，开始绘图。

◆ 4.3.2　绘制底稿

用较硬芯的铅笔，如 2H、3H 等。

(1) 先画图纸幅面线、图框线、图纸标题栏外框及分格线等。

(2) 合理布置图框中图样，并考虑预留标注尺寸、文字注释、各图的间距等。

(3) 画图时，一般先画轴线或中心线，再画主要轮廓线，然后画细部的图线，接着注写尺寸线、尺寸界线、剖面符号、文字说明等，可在图形加深完后再注写。

◆ 4.3.3　加深底稿

用较软芯的铅笔，如 B、2B 等，文字说明用 HB 铅笔。

(1) 先加深图样，按照水平线从上到下、垂直线从左到右的顺序依次完成。如有曲线与直线连接，应先画曲线，再画直线与其相连。各类线型的加深顺序依次是中心线、粗实线、虚线、细实线。

(2) 加深尺寸界线、尺寸线，画尺寸起止符号，注写尺寸数字。

(3) 注写图名、比例及文字说明。

(4) 画标题栏，并填写标题栏内的文字。

(5) 加深图框线。

图样加深完后，应达到图面干净、线型分明、图线匀称、布图合理的要求。

【随堂讨论】

1. 绘图前的准备工作有哪些？

2. 简要说明绘制建筑工程图纸的步骤与方法。

课程思政案例

本单元是建筑制图的基本知识，是绘图部分的基础。通过学习，要求同学们学会利用绘图工具正确地绘制建筑工程图纸。“基础不牢，地动山摇”，图纸作为工程界的语言，是建筑从业者的立身之本。无论从事建筑设计、工程施工、工程管理或其他相关工作，都离不开工程图纸。

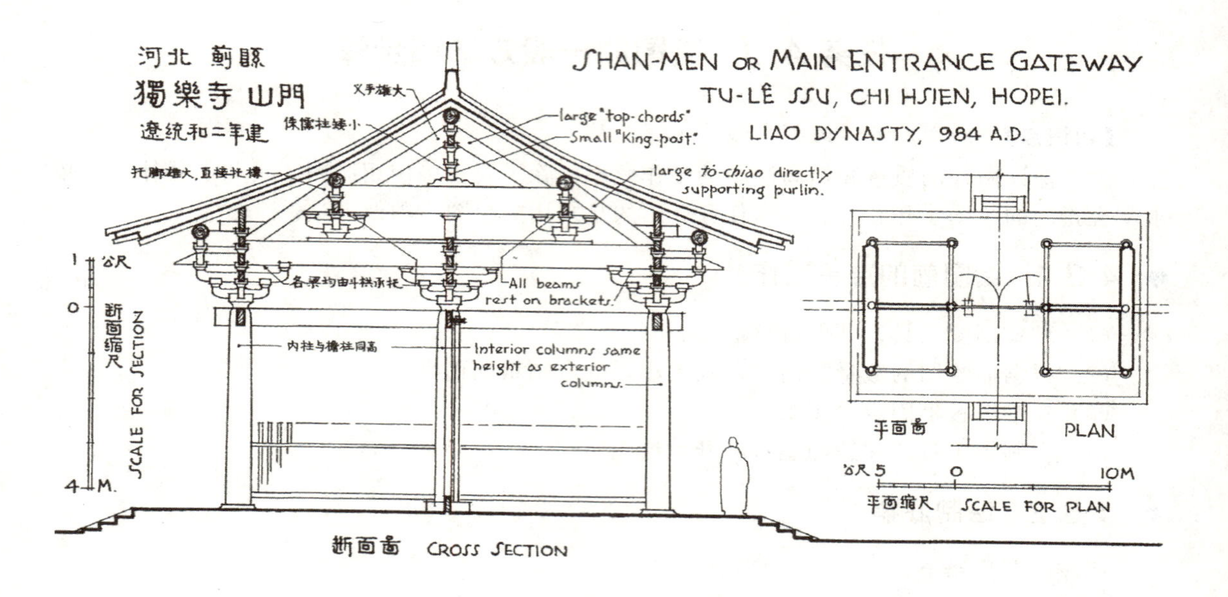

图 4-33　独乐寺山门建筑图

如图 4-33 所示是我国著名建筑学家梁思成先生手绘的独乐寺山门建筑图，他历经九年时间，从最基础的调研工作开始，同其夫人林徽因女士踏遍祖国的千山万水，涉及 200 多个县市，调研了中国古代建筑 3000 余处。利用鸭舌笔和墨线等简陋的制图工具，绘制出了优秀的建筑图纸，其构图精准，细节精细，图片精美，令人赞叹不已。与当今利用计算机软件绘制的图样相比，梁思成先生的手绘图纸毫不逊色，不仅为祖国留下了大量宝贵的古建筑研究资料，而且他们注重建筑基础知识，认真负责，一丝不苟的工作态度一直激励着成千上万的青年学者。大师们从基础做起，从细微处入手，勤勤恳恳、兢兢业业的精神值得同学们去学习与发扬。同学们要重视基础知识的学习，不忘初心、牢记使命，秉承梁思成等老一辈建筑师“重视基础，厚积薄发”的精神，在中国特色社会主义事业的建设征程中，添砖加瓦，做出应有的贡献。

单元小结

工程图纸的绘制需要依据国家制图标准，正确运用制图工具。制图标准是建筑行业在设计、施工、管理中必须严格遵守的。本单元介绍了国家制图标准的部分内容，要求熟悉图纸幅面的大小，绘图所采用的比例，各种线型、字体等制图标准。

本单元要求在课程学习的基础上，能够正确使用常用的绘图工具，提高绘图质量，加快绘图速度，为后续课程的学习打下基础。

能力提升与训练

一、复习思考题

1. 简述常用绘图工具的作用和使用要求。

2. 工程图纸上常用的文字有哪些？

3. 图纸的幅面代号有哪几种？试述其尺寸规格。

4. 尺寸的简化注法有哪些？

二、技能训练

条件：如图 4-34 所示，利用所学知识，根据台阶形体的直观图及尺寸（单位：mm），绘制台阶的正立面图、平面图、右侧立面图，并标注尺寸、图名和比例。

要求：用一张 A4 纸绘制，图面整洁美观；比例 1∶30。

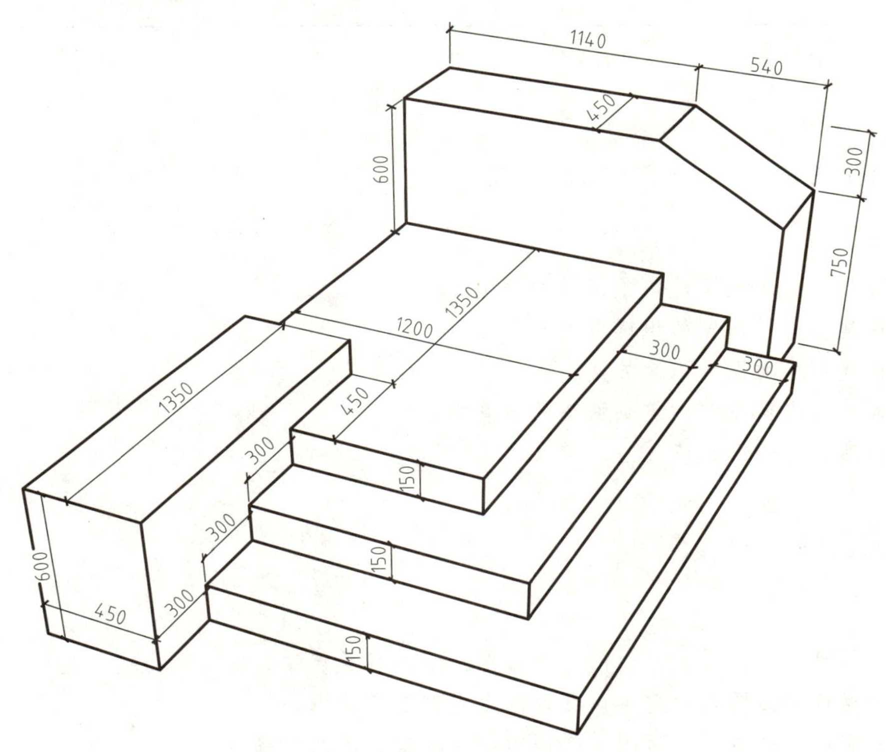

图 4-34　台阶直观图

模块二 建筑施工图识读

教学单元五　建筑施工图

知识目标

- 掌握建筑的组成及建筑施工图的分类。
- 掌握建筑总平面图的识读方法。
- 掌握建筑平面图的识读方法。
- 掌握建筑立面图和建筑剖面图的识读方法。
- 掌握建筑详图的识读方法。

能力目标

- 学会建筑总平面图、平面图、立面图图示内容及识读方法。
- 学会建筑剖面图以及建筑详图的图示内容及识读方法。
- 学会建筑平面图、立面图、剖面图以及建筑详图的正确绘制。

在建筑工程中，无论是巍峨的高楼还是简单的房屋，都需要根据设计完善的图纸进行施工。这是因为建筑物的形状、大小、结构、设备、装修等，只用语言或文字是无法描述清楚的，需要借助一系列图纸和必要的文字说明，将建筑物的艺术造型、外表形状、内部布置、结构构造、各种设备、施工要求以及周围地理环境等准确而详尽地表达出来。因此图纸是指导施工的重要依据，所有从事工程技术的人员，都需要掌握建筑工程施工图的识图和绘图技能，但仅依靠形体投影的相关知识还无法完全看懂建筑工程施工图，还要借助更为专业的施工图知识。

任务 5.1　建筑施工图概述

【知识点】 房屋组成　施工图分类　图纸目录

5.1.1　房屋的组成及作用

日常生活中，建筑随处可见，就一栋建筑而言，不管它的使用要求、空间组合、外形处理、结构形式和规模大小等有何区别，一般都是由基础、墙或柱、楼地面、屋面、门窗以及楼梯六个主要部分组成。房屋除上述主要组成部分以外，还有其他的构配件和设施，以保证建筑可以充分发挥其功能，如散水、勒脚、窗台等。如图 5-1 所示。

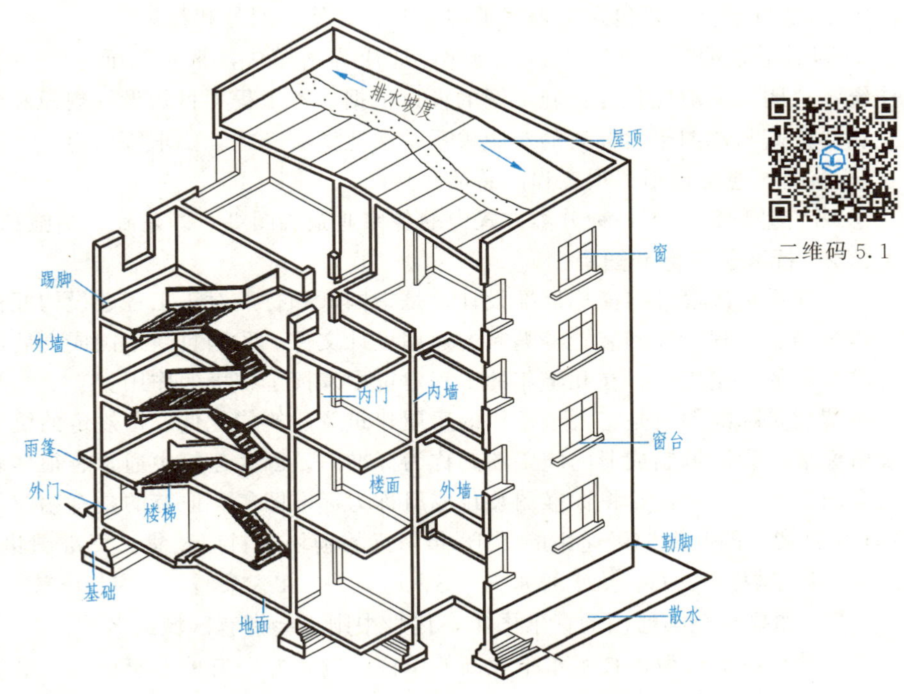

图 5-1　房屋的基本组成

房屋的各组成部分则分别起着相应的作用，例如：房屋的结构部分也就是承重体系（梁、板、柱、承重墙及基础等），起承重和传递荷载作用；屋顶、外墙、雨篷等主要起保温隔热、避风遮雨等维护作用；楼板、内墙主要起分割室内竖向空间、水平空间的作用；屋面、天沟、雨水管、散水等起着排水的作用；台阶、门、楼梯起着沟通房屋内外、上下交通的作用；窗户则主要用于采光和通风；勒脚、踢脚等起着保护墙身的作用等。

5.1.2　建筑工程施工图的分类与标准图集

5.1.2.1　建筑工程施工图的分类

建筑工程施工图的分类方式有多种，常规的分类方式有以下几种：

(1) 按施工图的专业分类

主要可分为建筑施工图、结构施工图、设备施工图三类，具体如下：

① 建筑施工图：简称建施图，主要用于表达建筑物的规划位置、外部造型、内部各房间的布置、内外装修及构造施工要求等。主要包括建筑总平面图、各层平面图、立面图、剖面图及详图等，如图 5-2～图 5-12 所示。

② 结构施工图：简称结施图，主要用于表达建筑物承重结构的结构类型、结构布置与构件种类、数量、大小、做法等。主要包括结构设计说明、结构平面布置图及构件详图等。

③ 设备施工图：简称设施图，主要用于表达建筑物的给水排水、暖气通风、供电照明、燃气等设备的布置和施工要求。主要包括各种设备的平面布置图、轴测图、系统图及详图等。

(2) 按施工图的内容或作用分类

一套完整的房屋建筑施工图通常应包含如下内容：

① 图纸目录：主要包含工程图纸的专业、名称、图号和数量等。

② 设计总说明：以文字叙述适当配以通用详图做法，来对图纸中的一些通用做法和规定作统一说明。一般应包含：施工图的设计依据、本工程项目的设计规模和建筑面积、本项目的相对标高与总图绝对标高的对应关系、构造做法、施工要求等内容。

③ 总图：通常包括一项工程的总体布置图。

④ 各专业图纸：第一种分类方式中的各专业施工图纸，即建施、结施和设施。

5.1.2.2 标准图与标准图集

工程建设标准设计（简称标准设计）是指国家和行业对于工程建设构配件与制品、建筑物、构筑物、工程设施和装置等编制的通用设计文件。我国自新中国成立后不久就开展了各级标准图集的编制工作，在几十年的工程建设中发挥了积极的作用。

所谓建筑标准图集是将大量常用的房屋建筑及建筑构配件，按规定的统一模数，分不同的规格标准，设计编制成册的施工图，称为标准图。因为建筑中通常有很多做法是通用的甚至是全国统一的，因此可将标准图装订成册称为标准图集。但有的是有相应的使用范围，如“西南 18J112”即西南地区通用的 2018 年修订的砌块材料墙图集。标准图集代号常用的有：建筑——J、结构——G、给水排水——S、通风——T、采暖——N、电气——D、（热）动力——R。如果是全国通用的标准图集，代号中则不会带有区域的名称。

标准设计图集一般由技术水平较高的单位编制，并经有关专家审查，最后报政府部门批准实施，因此具有一定的权威性。大部分标准图集是可以直接引用到设计工程图纸中的，只要设计人员能够恰当地选用，就能够保证工程设计的正确性。对于不能直接引用的图集，它们对工程技术工作也能起到一定的指导作用。

5.1.3 图纸目录与设计总说明

5.1.3.1 图纸目录

一套图纸首先要查看的是图纸目录。图纸目录包含图纸的总张数、图纸专业类别及每张图纸的名称，以便迅速地找到所需要的图纸。图纸目录可参见图 5-2。

图纸目录有时也称“首页图”，即第一张图纸，01 即为本套图纸的首页图。从图纸目录中可以了解下列信息：

（1）本套图纸的基本构成；

（2）本套图纸的页数；

（3）不同页码图纸的名称；

图纸目录

序号	图纸名称	备注
01	图纸目录、门窗表	A3
02	一层平面图	A3
03	二、三层平面图	A3
04	屋顶平面图	A3
05	①~⑦轴立面图	A3
06	⑦~①轴立面图	A3
07	Ⓓ~Ⓐ轴立面图　Ⓐ~Ⓔ轴立面图	A3
08	1-1剖面图	A3
09	楼梯平面详图	A3
10	楼梯剖面详图	A3
11	墙身详图	A3

门窗表

名称	编号	洞口尺寸		数量	备注
		宽/mm	高/mm		
门	M-1	1500	2100	5	木质平开门
	M-2	1000	2100	20	平开门
	M-3	800	2100	6	平开门
	ZFM	1500	2100	1	木质防火门
窗	C-1	1800	1500	17	铝合金推拉窗(80系列)
	C-2	1500	1500	19	铝合金推拉窗(80系列)
	C-3	1200	1500	6	铝合金推拉窗(80系列)
	C-4	2100	1500	1	铝合金推拉窗(80系列)

×××职业技术学院学生宿舍楼			图号	01
			比例	
班级学号			图纸目录、门窗表	
绘图				
审核				

图 5-2　图纸目录、门窗表

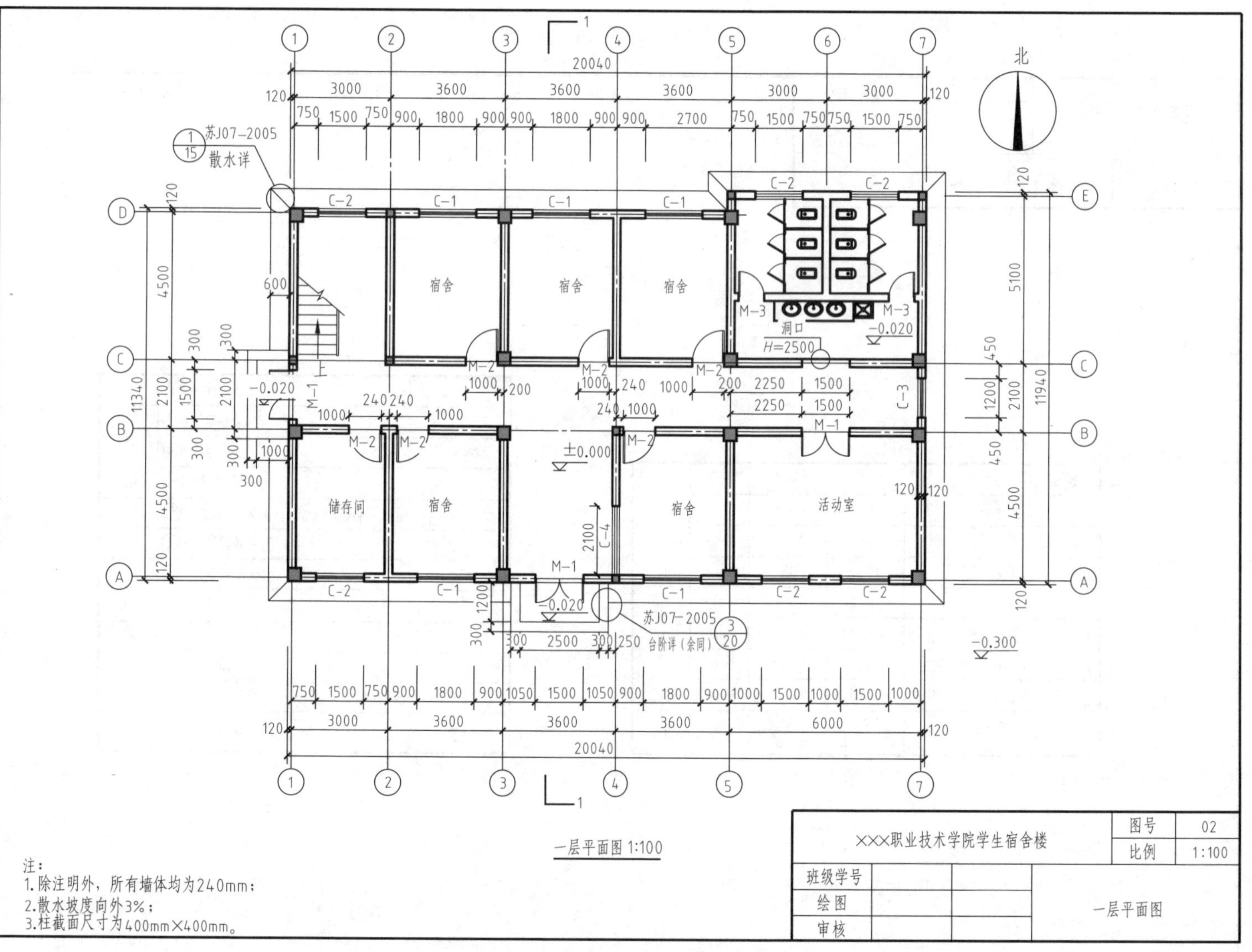

北
宿舍
活动室
储存间
洞口
H=2500
苏J07-2005
散水详
台阶详(余同)
一层平面图 1:100
注：
1.除注明外，所有墙体均为240mm；
2.散水坡度向外3%；
3.柱截面尺寸为400mm×400mm。
×××职业技术学院学生宿舍楼
图号
02
比例
1:100
班级学号
绘图
审核
一层平面图

图 5-3　一层平面图

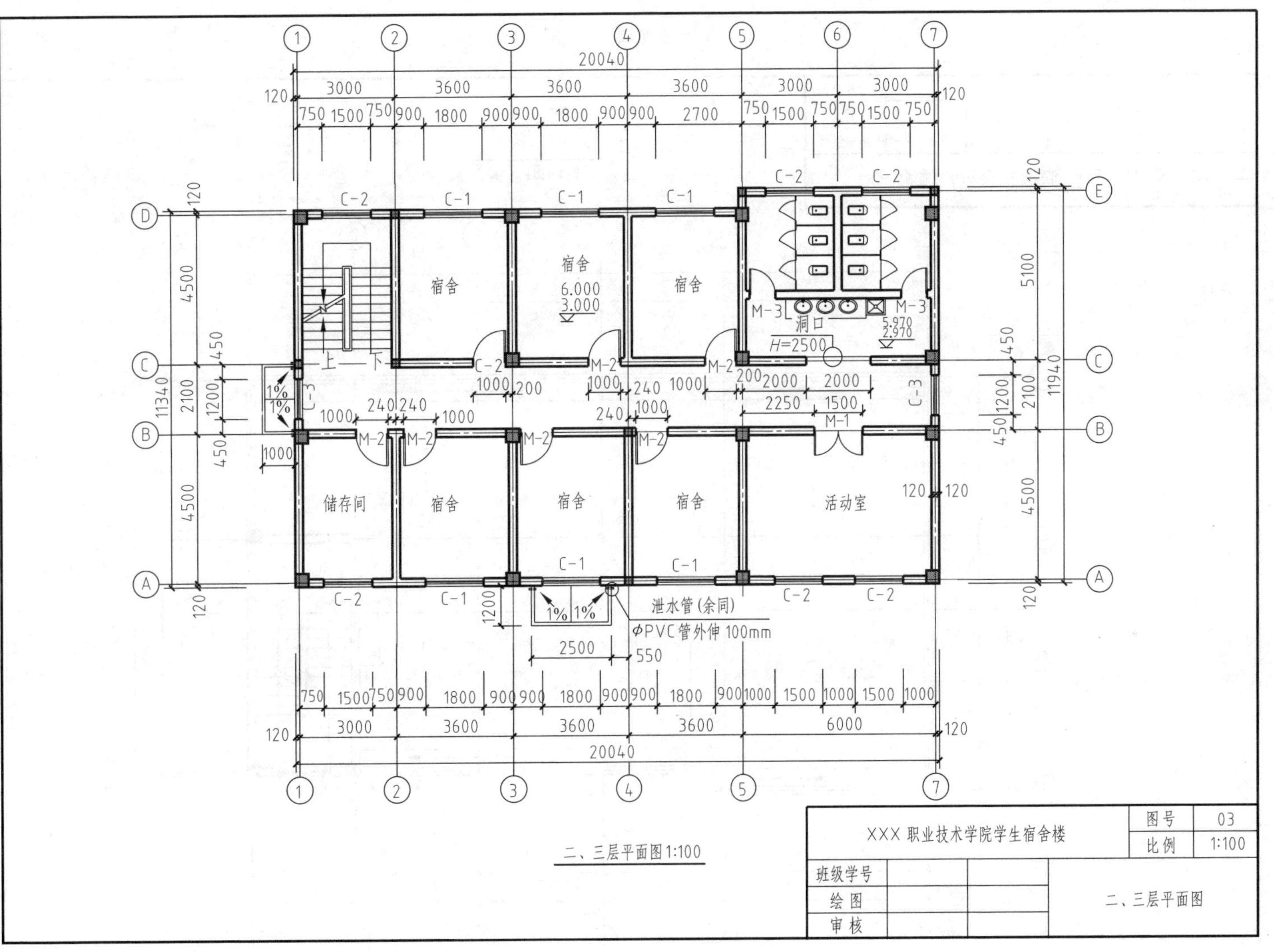

二、三层平面图1:100
XXX 职业技术学院学生宿舍楼
图号 03
比例 1:100
班级学号
绘图
审核
二、三层平面图
宿舍
储存间
活动室
洞口
H=2500
泄水管(余同)
φPVC管外伸100mm

图 5-4 二、三层平面图

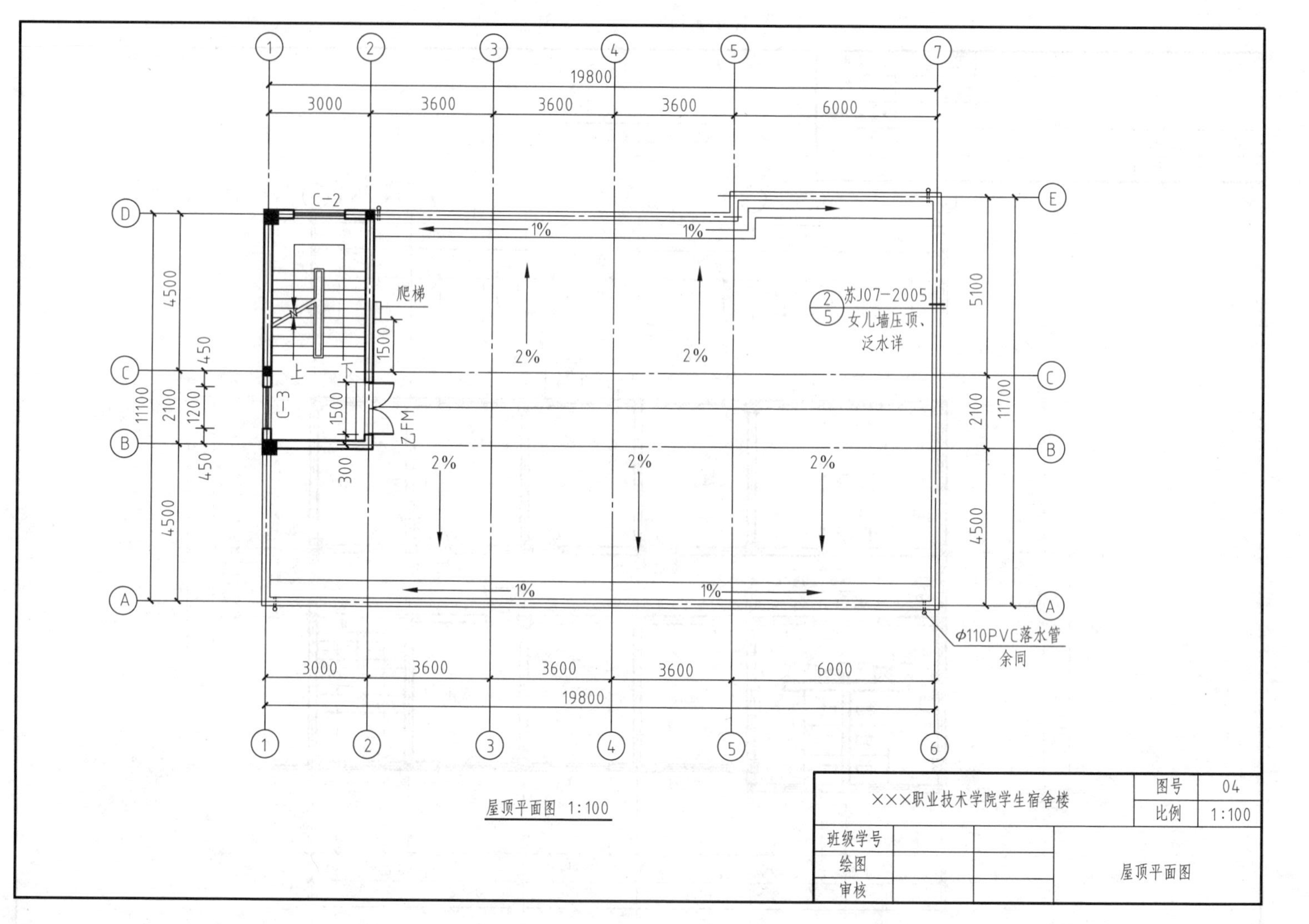

19800
3000
3600
3600
3600
6000
C-2
1%
1%
爬梯
苏J07—2005
女儿墙压顶、
泛水详
2%
2%
2%
2%
2%
4500
450
2100
1200
11100
1500
1500
C-3
上
下
ZFM
300
5100
2100
11700
4500
φ110PVC落水管
余同
屋顶平面图 1:100
×××职业技术学院学生宿舍楼
图号
04
比例
1:100
班级学号
绘图
审核
屋顶平面图

图 5-5 屋顶平面图

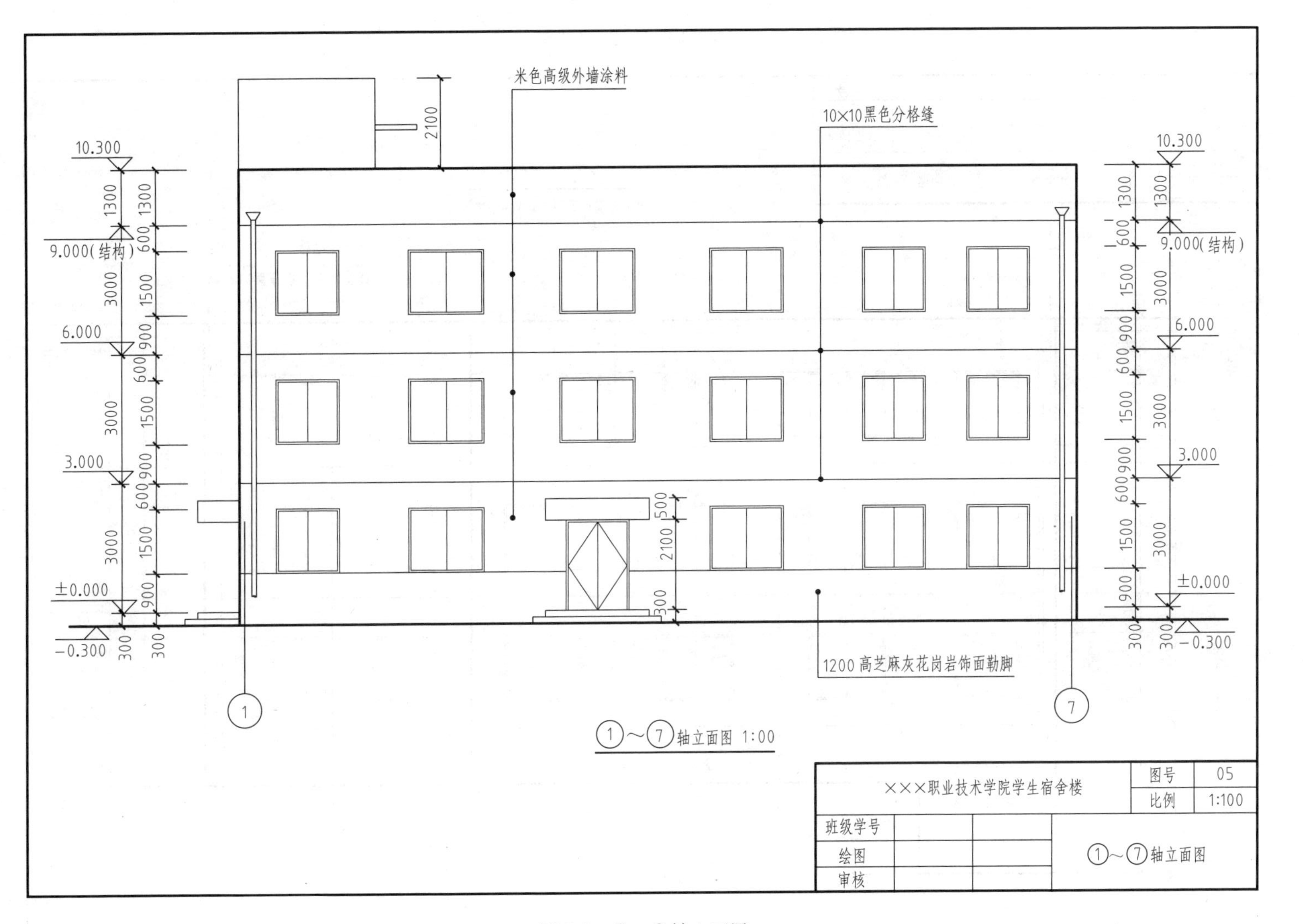

米色高级外墙涂料
10×10黑色分格缝
1200高芝麻灰花岗岩饰面勒脚
①～⑦轴立面图 1:00
10.300
9.000(结构)
6.000
3.000
±0.000
−0.300
×××职业技术学院学生宿舍楼
图号
05
比例
1:100
班级学号
绘图
审核
①～⑦轴立面图

图 5-6 ①～⑦轴立面图

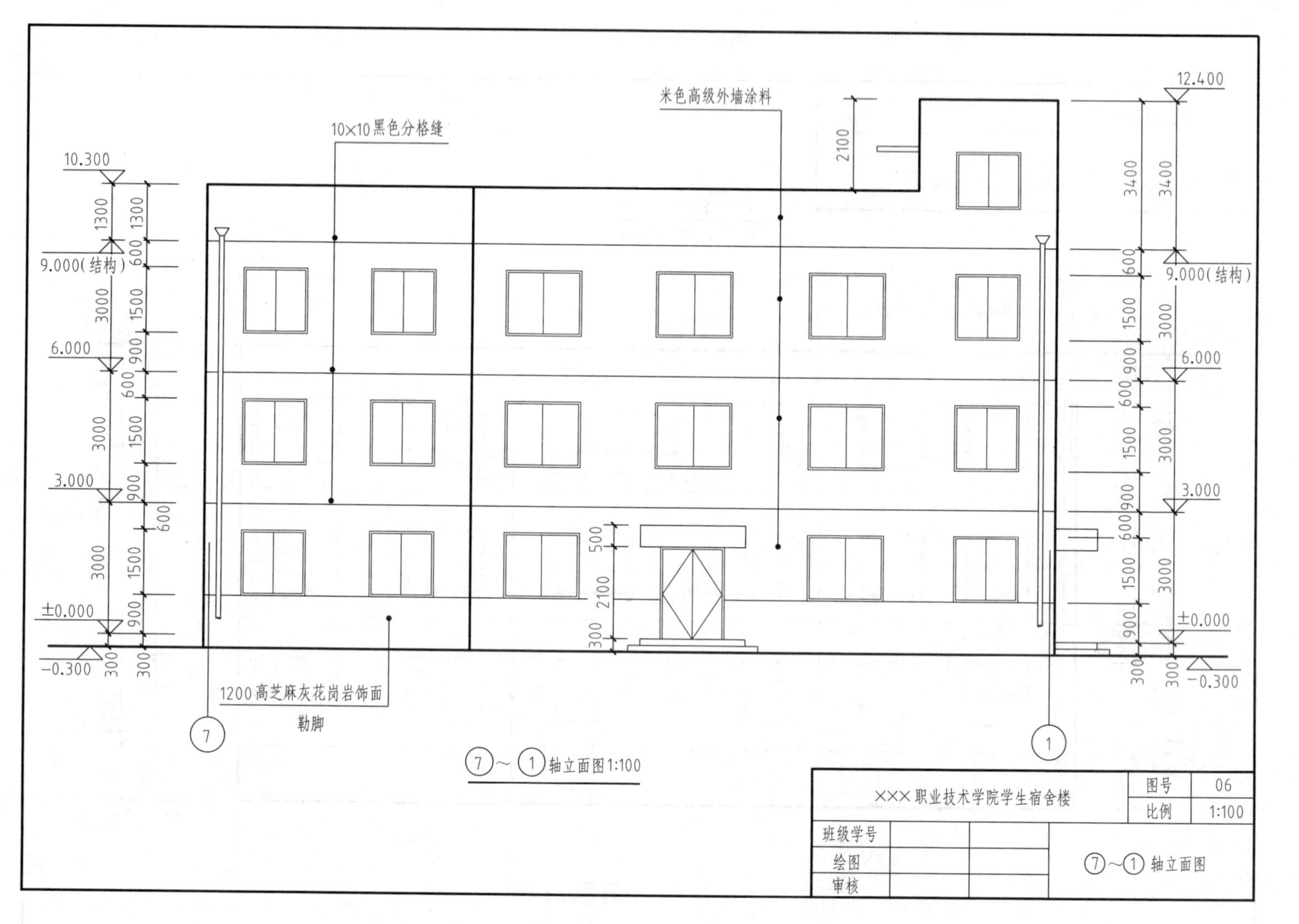
10.300
9.000(结构)
6.000
3.000
±0.000
-0.300
12.400
1300
600
3000
1500
900
300
3400
2100
500
10×10黑色分格缝
米色高级外墙涂料
1200高芝麻灰花岗岩饰面
勒脚
⑦～①轴立面图1:100
×××职业技术学院学生宿舍楼
图号
06
比例
1:100
班级学号
绘图
审核
⑦～①轴立面图

图 5-7 ⑦～①轴立面图

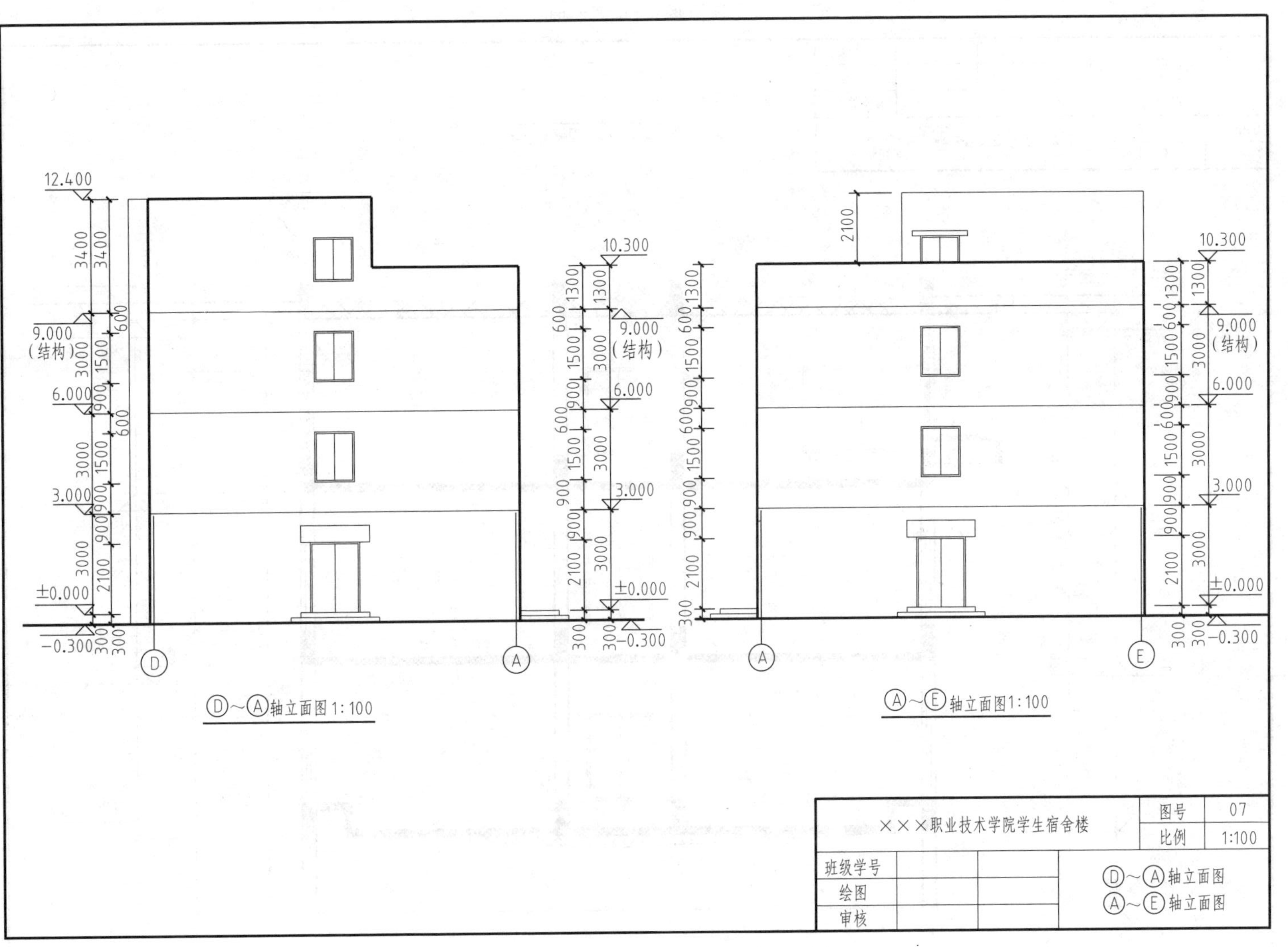

图 5-8　Ⓓ～Ⓐ轴立面图　Ⓐ～Ⓔ轴立面图

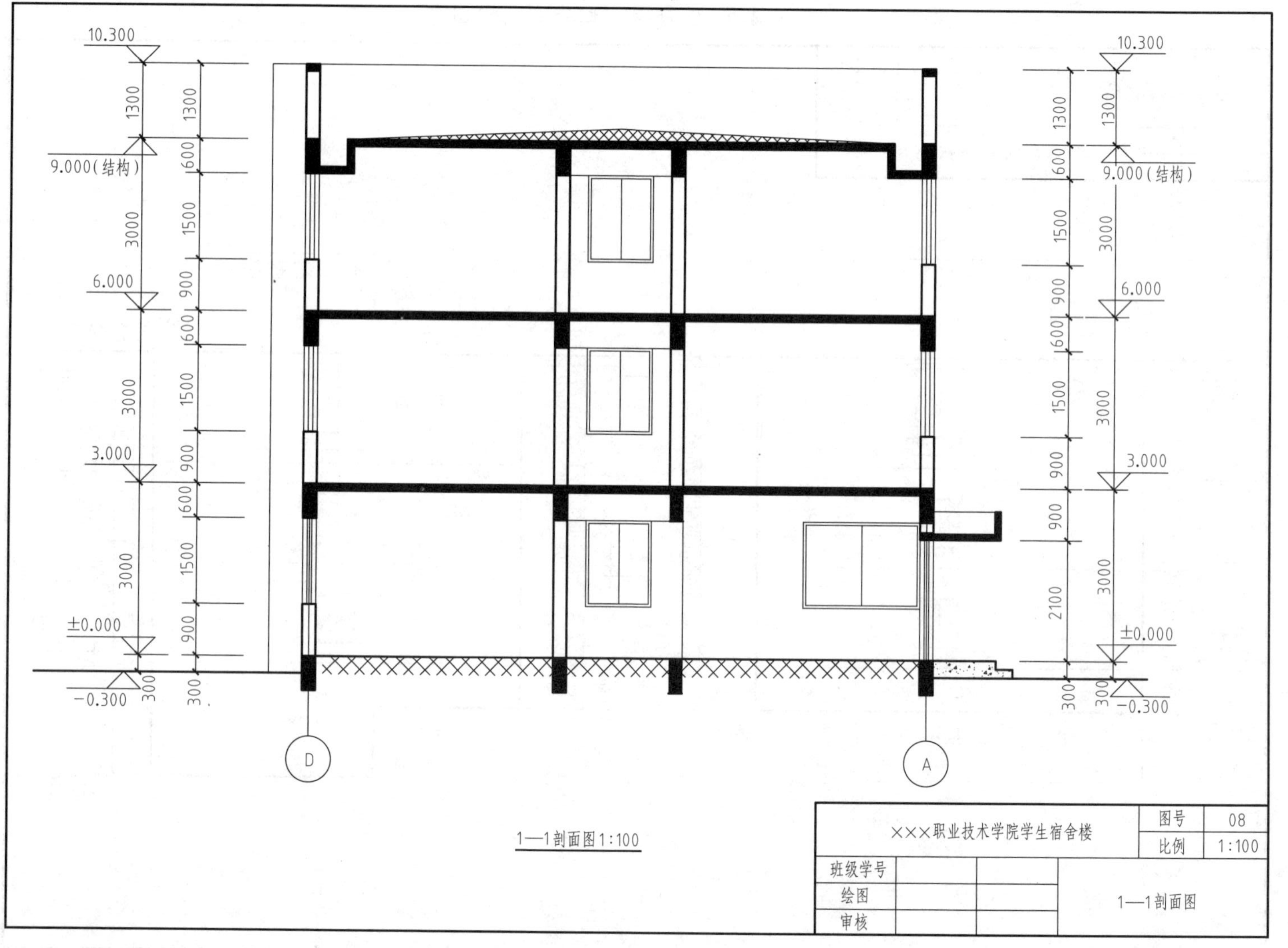
10.300
9.000(结构)
6.000
3.000
±0.000
-0.300
1300
600
1500
900
3000
2100
300
D
A
1—1剖面图1:100
×××职业技术学院学生宿舍楼
图号
08
比例
1:100
班级学号
绘图
审核
1—1剖面图

图 5-9　1—1剖面图

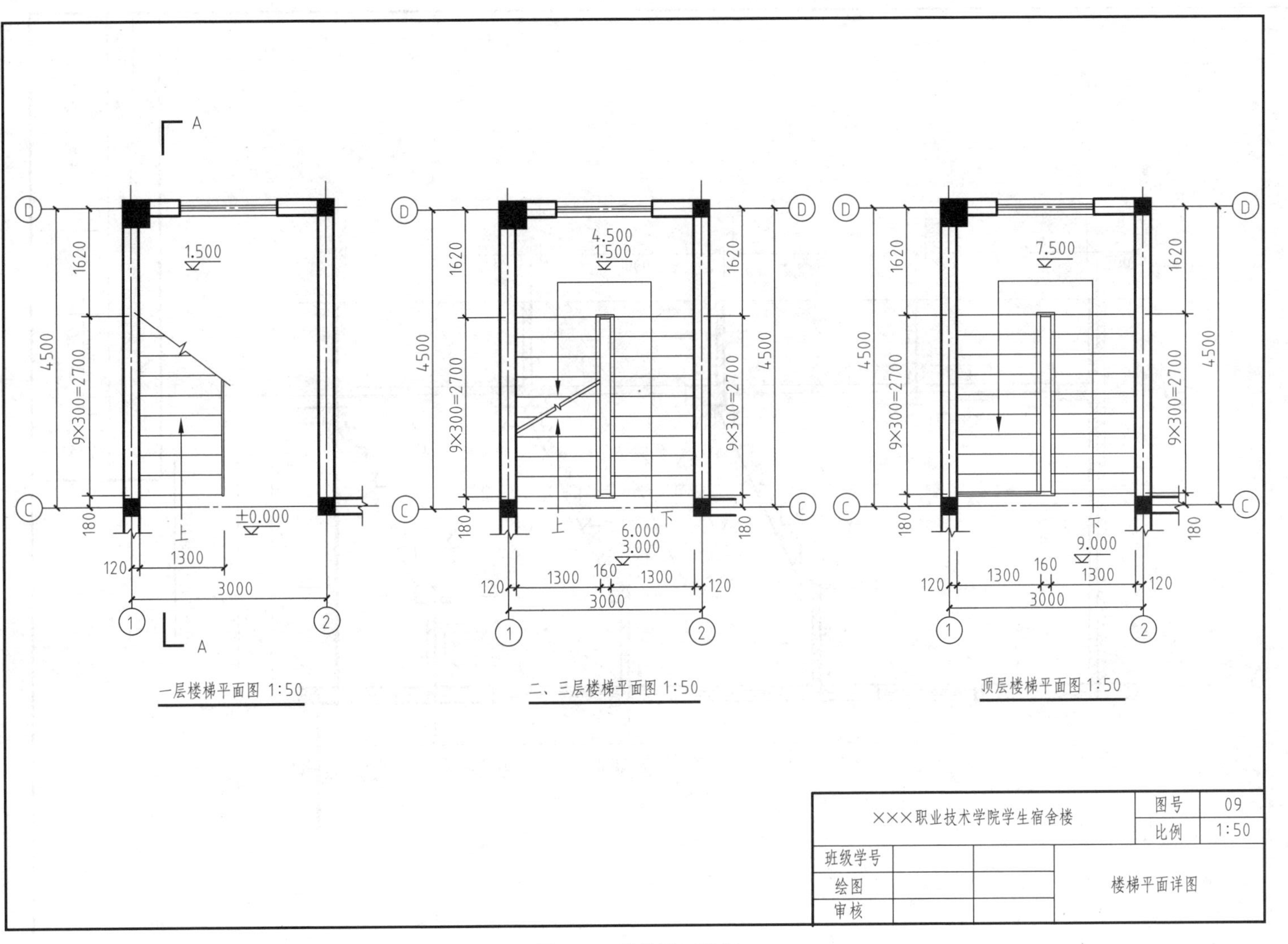
一层楼梯平面图 1:50
二、三层楼梯平面图 1:50
顶层楼梯平面图 1:50
A
D
C
1
2
1620
9×300=2700
4500
180
120
1300
160
3000
1.500
±0.000
4.500
1.500
6.000
3.000
7.500
9.000
上
下
×××职业技术学院学生宿舍楼
图号
09
比例
1:50
班级学号
绘图
审核
楼梯平面详图

图 5-10 楼梯平面详图

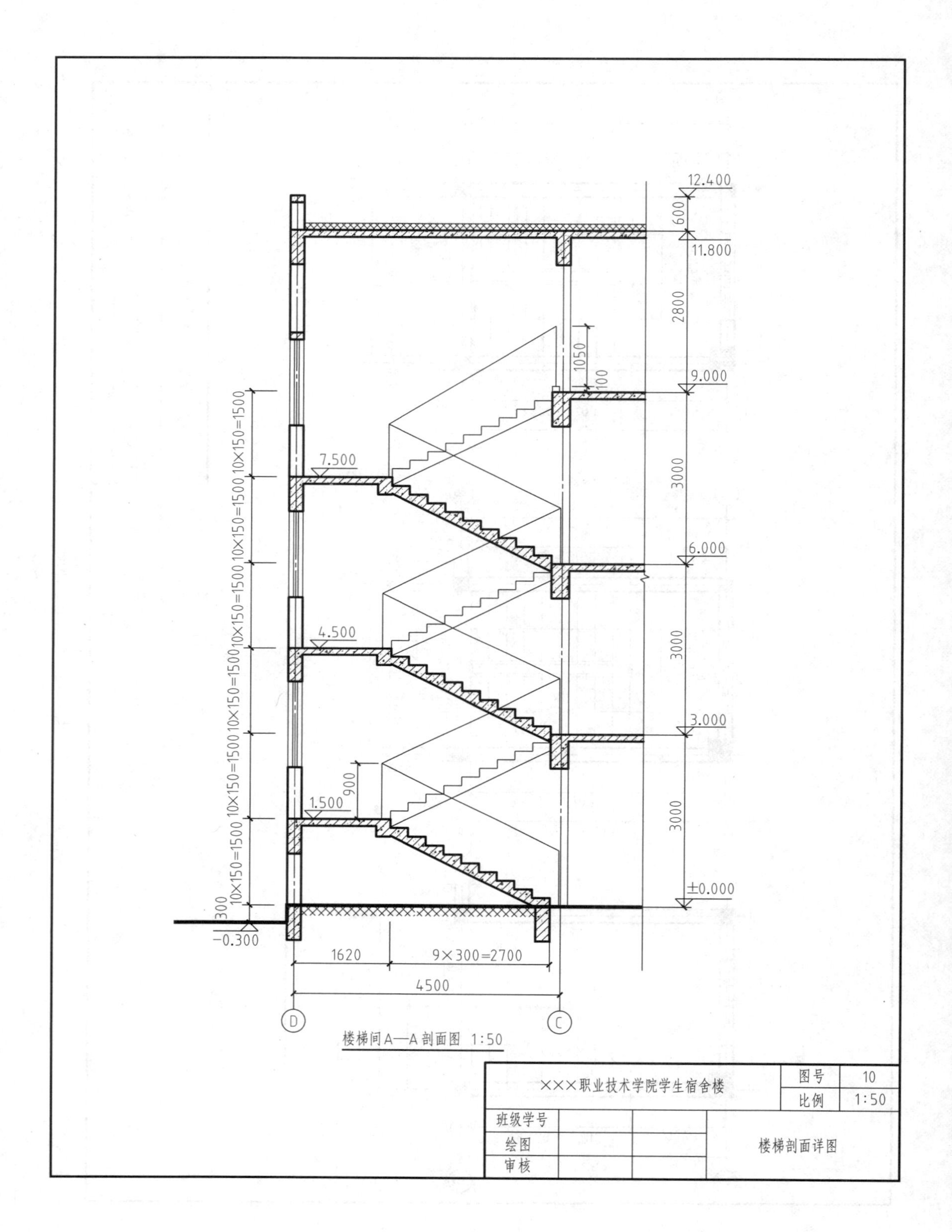
12.400
600
11.800
2800
1050
100
9.000
3000
7.500
6.000
3000
4.500
3.000
900
1.500
3000
±0.000
300
-0.300
10×150=1500
10×150=1500
10×150=1500
10×150=1500
10×150=1500
10×150=1500
1620
9×300=2700
4500
D
C
楼梯间A—A剖面图 1:50
×××职业技术学院学生宿舍楼
图号
10
比例
1:50
班级学号
绘图
审核
楼梯剖面详图

图 5-11 楼梯剖面详图

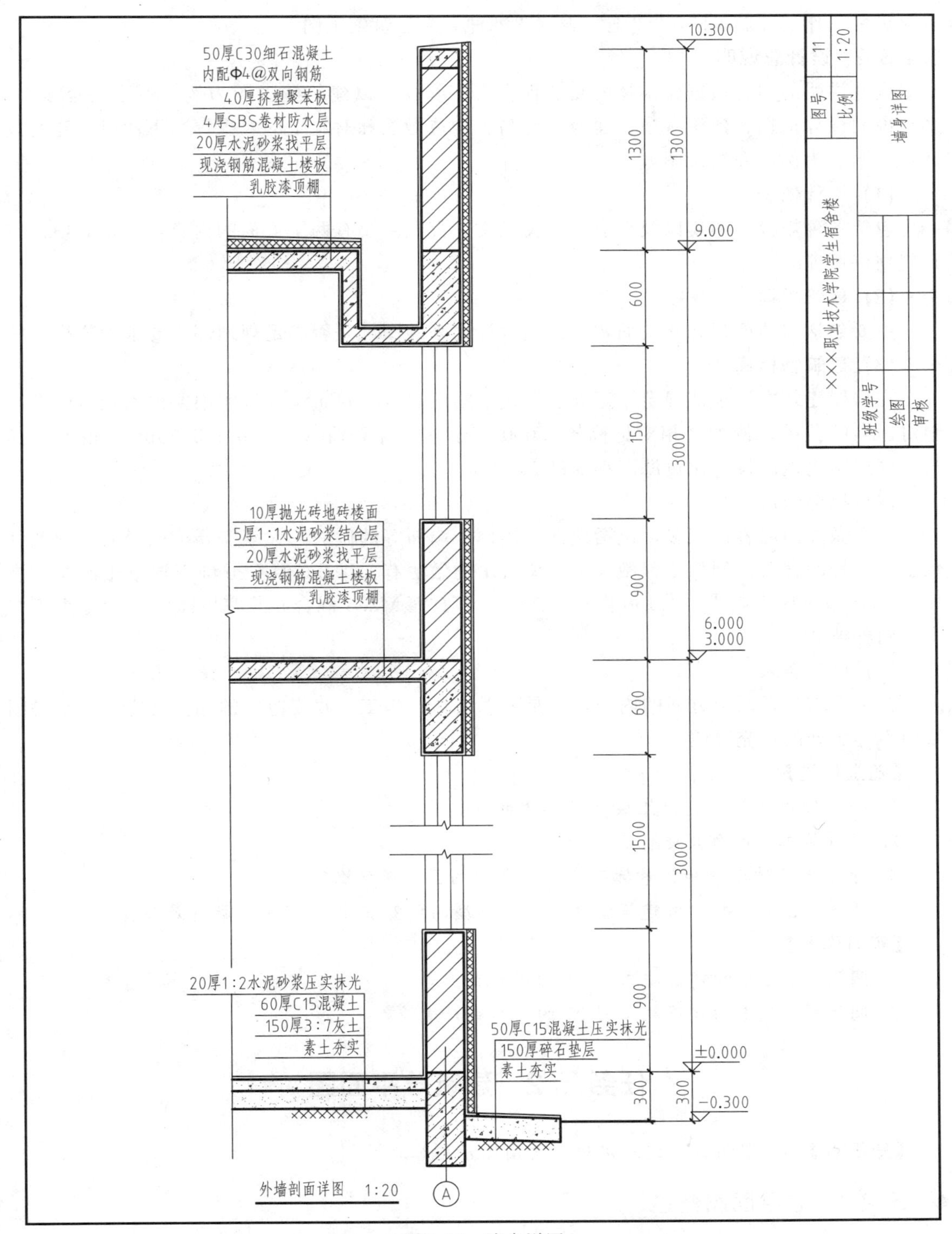

图 5-12 墙身详图

(4) 图纸规格；

(5) 本工程的工程名称等。

在图纸目录编号项的第一列，可以看到图号"01"，"01"表示为建筑施工图的第一张。

有时也可写作“建施-01”，“建施”表示图纸种类为建筑施工图。

5.1.3.2 设计总说明

设计说明的内容根据建筑物的复杂程度有多有少，以建筑施工图为例，不论内容多少，必须说明设计依据、建筑规模、建筑物标高、构造做法和对施工的要求等。下面以“建筑设计总说明”为例，介绍读图方法。

(1) 设计依据

包括各种规范、图集以及政府的有关批文。批文主要有两个方面的内容：一是立项，二是规划许可证等。

(2) 建筑规模

主要包括占地面积和建筑面积。这是设计出来的图纸是否满足规划部门要求的依据。

(3) 建筑物标高

在房屋建筑中，规范规定用标高表示建筑物的高度。建筑设计说明中要说明相对标高与绝对标高的关系，例如“相对标高±0.000 等于绝对标高值（黄海系）5.50m”，说明该建筑物底层室内地面设计比黄海海平面高 5.50m。

(4) 构造做法

构造做法的内容比较多，包括地面、楼面、墙面等的做法。大家需要读懂说明中的各种数字、符号的含义。例如工程做法中有关散水的做法有：①150 厚 C20 细石混凝土面层，撒 1∶1 水泥砂子压实赶光；②150 厚粒径 5～32 卵石灌 M2.5 混合砂浆宽出面层 60；③素土夯实，向外坡 3%。

(5) 施工要求

施工要求包含两个方面的内容，一是要严格执行施工验收规范中的相关规定，二是对图纸中不详之处的补充说明。

【随堂讨论】

1. 一般民用建筑的构造组成包括哪几部分？
2. 建筑施工图的作用是什么？
3. 什么是绝对标高和相对标高？二者之间的区别是什么？
4. 从图 5-2 中可知，该建筑物共有几种类型的门？其中门 M-1 的数量是多少？

【实习作业】

1. 阅读图 5-2 中的建筑施工图 01 的图纸目录。
2. 阅读图 5-2 中的建筑施工图 01 的门窗统计表。

任务 5.2 建筑总平面图

【知识点】 总图图例 建筑定位 总图图示内容

◆ 5.2.1 总平面图概述

一项建筑工程，可能有一栋建筑、几栋建筑，甚至很多栋建筑。在有多栋建筑物的情况下，如何去了解建筑物之间的相互位置关系，以及建筑物与周边的道路、环境、地形等情况，这个时候就需要一张能够反映整个工程全貌的图纸，这就是建筑总平面图。所谓总平面图，就是假想人在建好的建筑物上空，将新建工程四周一定范围内的新建、拟建、原有和需拆除的建筑物、构筑物及其周围的地形、地物，用正投影法把相应的图例画出的图样。

总平面图表达了建筑的总体布局及其与周围环境的关系，是新建建筑定位、放线及布置施工现场的依据。

◆ 5.2.2 总平面图常用图例

由于建筑总平面图表达的内容较多，面积也较大，因此所采用的绘图比例也较小，常用的绘图比例有 1∶500、1∶1000、1∶2000。总平面图上表达一些具体的建筑物或构筑物等常用的图例如表 5-1 所示。

表 5-1 总平面图图例

序号	名称	图例	说明
1	新建的建筑物	:(3F)	(1)用粗实线表示 (2)需要时，可在图内右上角以点或数字(高层宜用数字)表示层数
2	原有的建筑物		用细实线表示
3	计划扩建的预留地或建筑物		用中虚线表示
4	拆除的建筑物		用细实线表示
5	铺砌场地		
6	敞棚或敞廊		
7	围墙及大门		
8	填挖边坡		边坡较长时，可在一端或两端局部表示
9	室内标高	4.600	
10	室外标高	143.00	
11	新建的道路	0.6 101.00 R9 150.00	(1)“*R*9”表示道路转弯半径为 9m，“0.6”表示 0.6%的纵向坡度，“150.00”为路面中心控制点标高，“101.00”表示变坡点间距离 (2)图中斜线为道路断面示意，根据实际需要绘制
12	原有道路		

续表

序号	名称	图例	说明
13	计划扩建的道路		
14	拆除的道路		
15	人行道		
16	草地		
17	雨水井		

总平面图中，粗实线用来表达新建建筑物±0.000高度的可见轮廓线；中实线表达新建构筑物、道路、桥涵、围墙、边坡、挡土墙等的可见轮廓线，新建建筑物±0.000高度以外的可见轮廓线；中虚线表达计划预留建（构）筑物等轮廓；原有建筑物、构筑物、建筑坐标网格等以细实线表示。

◆ 5.2.3 建筑定位

建筑施工过程中，确定某栋建筑物在地块中的位置，一般通过建筑总平面图中的尺寸或坐标来对建筑进行定位，通常主要建筑物、构筑物用坐标定位，较小的建筑物、构筑物可用相对尺寸定位，均以“m”为单位，注至小数点后两位。

对于坐标，如果测量提供的大地坐标能够较方便地使用，优先采用测量坐标来进行定位。但实际工程中，建筑物、构筑物平面主要方向与测量坐标网经常会出现不平行的情况，这时如果仍然采用测量坐标进行定位，表达就较为烦琐，坐标计算也较为复杂，此时可引入建筑坐标。两种坐标如下：

测量坐标：如图5-13所示，与地形图同比例的50m×50m或100m×100m的方格网。X为南北方向轴线；X的增量在X轴线上；Y为东西方向轴线，Y的增量在Y轴线上，测量坐标网交叉处画成十字线。

建筑坐标：如图5-13所示，建筑物、构筑物平面两方向与测量坐标网不平行时常用。Ⓐ轴相当于测量坐标中的X轴，Ⓑ轴相当于测量坐标中的Y轴，选适当位置作坐标原点，画垂直的细实线。若同一总平面图上有测量和建筑两种坐标系统，应注明两种坐标的换算公式。

尺寸定位，一般是选取新建建筑相对原有并保留的建（构）筑物的尺寸的定位，如距离某个已有建筑具体尺寸。总平面图中除了需要定位建筑的位置外，也要对建筑的尺寸进行标注，不过一般不需要标注很详细，只要标注新建建（构）筑物的总长和总宽，因为具体的尺寸在施工图中会有所反映。

◆ 5.2.4 总平面图的图示内容

总平面图的图示内容主要包括以下几方面的内容。

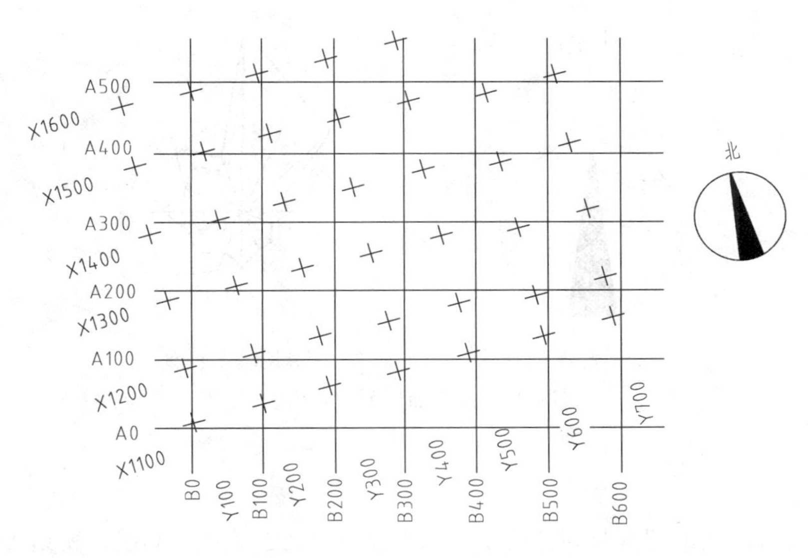

图 5-13 总平面图的坐标定位

(1) 红线

道路红线：指规划的城市道路（含居住区级道路）用地的边界线。在红线内不允许建设任何永久性建筑。

用地红线：指的是围起某个地块的一些坐标点连成的线，红线内土地面积就是取得使用权的用地范围，是各类建筑工程项目用地的使用权属范围的边界线。

建筑红线：也称为建筑控制线，意思是有关法规或详细规划确定的建筑物、构筑物的基底位置不得超出的界线。指建筑物基底退后用地红线、道路红线等一定距离后的建筑基地位置不能超过的界线，退让距离及各类控制管理规定应按当地规划部门的规定执行。

(2) 标高

标高一般分为相对标高和绝对标高，以米（m）为单位，可标注至小数点后两位。总平面图中标注的标高为绝对标高，其他图中标注相对标高。两种标高的定义如下：

绝对标高：我国把青岛附近的平均黄海平面定为绝对标高的零点，其他各地标高以它作为基准。

相对标高：在房屋建筑设计与施工图中一般都采用假定的标高，并且把房屋的首层室内地面的标高，定为该工程相对标高的零点，其余位置的标高都采用相对于此位置的标高。

(3) 指北针或风向玫瑰图

总平面图一般应按上北下南的方向绘制，并绘出指北针或风向玫瑰图。

指北针用于标明方向，可以看出建筑的朝向。其规定画法：直径 24mm，线宽 0.25b，指针尾部宽为 3mm，指针头部指向北方，应标注为“北”或“N”。如图 5-14（a）所示。

需要表明各方向的风向频率时可采用风向频率玫瑰图（简称风玫瑰图）表示，如图 5-14（b）所示，它是用来表示风向和风向频率的。所谓风向频率是在一定时间内各种风向（已统计到 16 个风向）出现的次数占所有观察次数的百分比。一般是根据各方向风的出现频率，以相应的比例长度（即极坐标系中的半径）表示，描在用 8 个或 16 个方位所表示的极坐标图上，然后将各相邻方向的端点用直线连接起来，绘成一个形如玫瑰的闭合折线。从风向玫瑰图可以直观判断出一个地区常年刮哪种风比较多，为进行规划总平面图的布置提

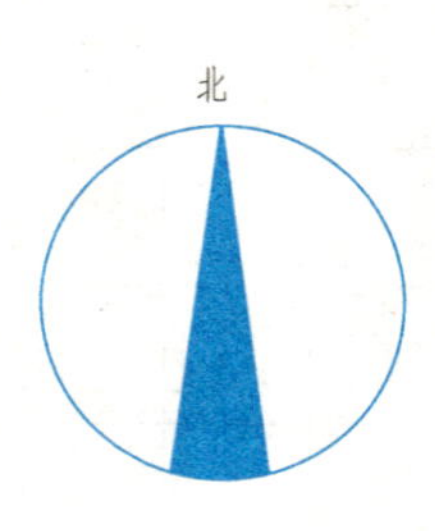

(a) 指北针图

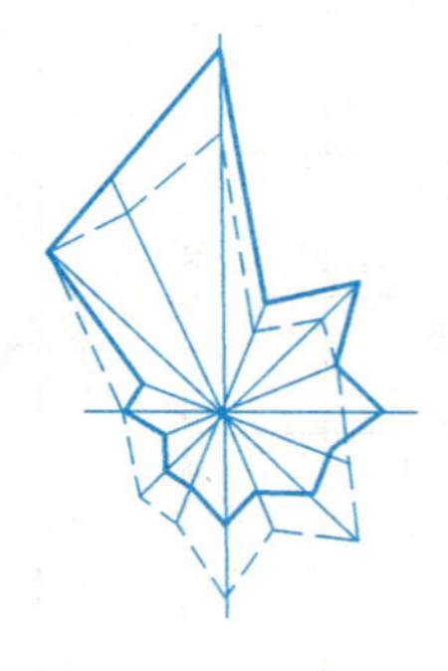

(b) 风向频率玫瑰图

图 5-14　总平面图的图示内容

供一定的参考。

(4) 等高线

为了表达地势之间的起伏与高低关系，总平面图上还会绘制等高线。所谓等高线是将地形图上高程相等的相邻各点所连成的闭合曲线。绘制时是把地面上海拔高度相同的点连成闭合曲线，并垂直投影到一个水平面上，并按比例缩绘在图纸上，就得到等高线。

(5) 道路与绿化

道路与绿化是主体的配套工程。从道路了解建成后的人流方向和交通情况，从绿化可以看出建成后的绿化情况。由于比例比较小，总平面图中的道路只能表示出道路与建筑物的关系，不能作为道路施工的依据。

(6) 其他

总平面图中除了表示以上内容外，一般还有挡土墙、围墙、水沟、池塘等与工程有关的内容。

◆ 5.2.5　总平面图的技术经济指标

技术经济指标是指国民经济各部门、建设单位、规划部门对各种物资、资源利用状况及其结果的度量标准。它是技术方案、技术措施、技术政策的经济效果的数量反映。不同的建筑对技术经济指标有着不同的要求。总平面图中的主要技术经济指标如下：

(1) 用地面积

建设项目报经城市规划行政主管部门取得用地规划许可后，经国土资源行政主管部门测量确定的建设用地土地面积，是指用地红线范围内的土地面积总和。

(2) 建筑占地面积

指建筑物所占有或使用的土地水平投影面积，计算一般按底层建筑面积。

(3) 建筑总面积

亦称建筑展开面积，它是指建筑外墙勒脚以上外围水平面测定的各层平面面积。

(4) 容积率

项目用地范围内地上总建筑面积（但必须是±0.000标高以上的建筑面积）与项目总用地面积的比值。

(5) 建筑密度

指在一定范围内，建筑物的基底总面积与总用地面积的比例（%）。反映了建筑物的覆

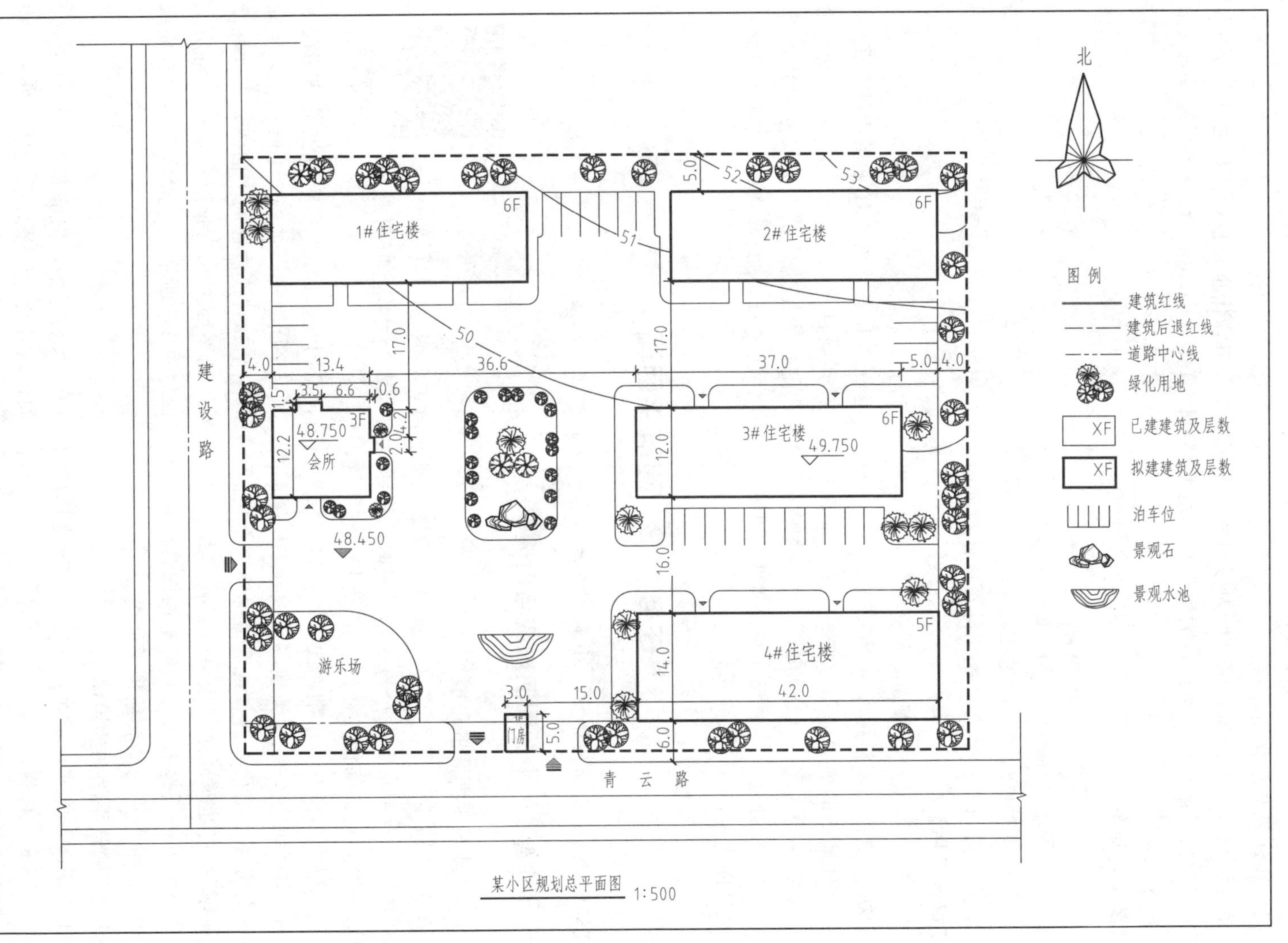

图 5-15 总平面图案例分析图

盖率，用地范围内所有建筑的基底总面积（占地面积）与规划建设用地面积之比（%），它可以反映出一定用地范围内的空地率和建筑密集程度。

(6) 绿地率与绿化覆盖率

绿地面积与土地面积之比可称为绿地率。绿化覆盖率指绿化垂直投影面积之和与小区用地的比率，相对而言比较宽泛，大致长草的地方都可以算作绿化，所以绿化覆盖率一般要比绿地率高一些。

【随堂讨论】

1. 总平面图作用是什么？
2. 什么是绝对标高？什么是相对标高？
3. 总平面图中如何表达建筑的层数？
4. 总平面图中如何表达建筑所在地区的风向？

【综合应用】

阅读图5-15某小区规划总平面图，并对其进行分析。

分析 项目周围粗虚线所示为建筑红线，建筑后退红线和道路中心线见图中图例所示，该项目室外地面的绝对标高为48.450m。从图中可以看到项目北侧1#、2#住宅楼为已建建筑，层数均为6层；其余的会所、3#住宅楼、4#住宅楼为拟建建筑，层数分别为3层、6层、5层，拟建建筑的总尺寸与高度见图中所示。图中50、51、52、53为等高线。其余图例可参见图中说明。

任务5.3 建筑平面图

【知识点】 平面图形成 平面图图示内容 平面图规定画法

◆ 5.3.1 建筑平面图的形成与用途

5.3.1.1 建筑平面图的形成

二维码5.2

取沿各层的门、窗洞口（通常离本层楼、地面约1.2m，在上行的第一个梯段内，可取窗台上沿）的水平剖切面，将建筑剖开成若干段，并将其用正投影法投射到 H 面的剖面图，即为相应层平面图。

在首层房屋窗台上沿剖切向下投影得首层平面图，见图5-3；在二层窗台上沿剖切向下投影得二层平面图，以此类推，可得到三层平面图、四层平面图等，如图5-4所示。若中间各层平面组合、结构布置、构造情况等完全相同，只画一个具有代表性的平面图，即“标准层平面图”；将建筑通过其顶层门窗洞口水平剖开，所得到平面图称为顶层平面图，将房屋直接从上向下进行投射所得到的平面图为屋顶平面图，如图5-5所示。一般房屋至少有底层平面图、标准层平面图和屋顶平面图。

5.3.1.2 建筑平面图的用途

建筑平面图能够较全面且直观地反映建筑物的平面形状与大小，内部布置，墙（或柱）的位置、厚度、材料，门、窗的位置、大小、开启方向，内外交通联系，采光通风处理，构造做法等基本情况。同时也是建筑施工图的主要图纸之一，是后续专业（结构、设备等）设计、概预算、备料及施工中放线、砌墙、设备安装等的重要依据。

5.3.2 平面图的图示内容和规定画法

5.3.2.1 图示内容

建筑平面图的图示内容通常包含：建筑物的平面形状；墙、柱的位置、尺寸、材质、形式；电梯、楼梯位置大小、楼梯上下方向及主要尺寸；属于本层的构配件和固定设施的位置；主要楼面、地面及其他平台、板面的完成面的标高；门窗的代号和编号等。

二维码 5.3

各层图示的主要内容有：

(1) 首层平面图

首层平面图中除表示出本层的房间布置及墙、柱、门窗等构配件的位置、尺寸以外，还要表示出与本建筑有关的台阶、散水、花池及垃圾箱等的水平外形图，剖视图的剖切位置、投射方向编号，室外地坪标高，指北针等。如图 5-3 所示。

(2) 标准层平面图

标准层平面图要表示出本层的房间布置及墙、柱、门窗等构配件的位置、尺寸以外，还应表示下面一层的雨篷、窗楣等构件水平外形图。

(3) 屋顶平面图

屋顶平面图需要表明屋面排水情况和突出屋面构造做法等，女儿墙、檐沟、屋面坡度、分水线与落水口、变形缝、楼梯间、水箱间、天窗、上人孔、消防梯及其他构筑物、索引符号等。如图 5-5 所示。

5.3.2.2 尺寸标注

建筑平面图中的尺寸分外部尺寸和内部尺寸。

(1) 外部尺寸

外部尺寸包括外墙三道尺寸（总尺寸、定位尺寸、细部尺寸）及局部尺寸。具体如下：

总尺寸：最外一道尺寸，即两端外墙外侧之间的距离，也叫外包尺寸。

定位尺寸：中间一道尺寸，是两相邻轴线间的距离，也称之为轴线间尺寸，即房间的开间与进深尺寸。例如图 5-3 中的储存间，开间为 3000mm，进深为 4500mm。

细部尺寸：最里面一道尺寸，表示外墙上门窗洞口、墙段等位置的尺寸。

局部尺寸：建筑室外的台阶、花台、散水等位置的尺寸。

(2) 内部尺寸

表示内墙上的门窗洞口、墙垛位置、内墙厚度、柱位置以及室内固定设备位置的尺寸。

5.3.2.3 常见图例

(1) 门窗代号

窗一般采用代号“C”表示，门用“M”来表示。同一规格的门或窗均各编一个号，以便统计门窗表，如“C3”表示编号为 3 的窗，“M5”表示编号为 5 的门。也有用标准图集中的门窗代号标注，如 PJM01—0924（西南 J601 图集平开夹板门 1500×2100）。平面图中门窗等常见图例的表达方法参见表 5-2。

表 5-2 房屋施工图常见图例

序号	名称	图例	说明
1	墙体		(1)上图为外墙，下图为内墙 (2)外墙细线表示有保温层或有幕墙 (3)应加注文字或涂色或图案填充表示各种材料的墙体 (4)在各层平面图中防火墙宜着重以特殊图案填充表示
2	楼梯	下 下 上 上	(1)上图为顶层楼梯平面，中间图为中间层楼梯平面，下图为底层楼梯平面 (2)需设置靠墙扶手或中间扶手时，应在图中表示
3	空门洞	$h=$	h 为门洞高度
4	单扇平开或单向弹簧门		(1)门的名称代号用 M 表示 (2)平面图中，下为外、上为内，门开启线为 90°、60°或 45° (3)立面图中，开启线实线为外开，虚线为内开。开启线交角的一侧为安装合页一侧。开启线在建筑立面图中可不表示，在立面大样图中可根据需要绘出
	单扇平开或双向弹簧门		

续表

序号	名称	图例	说明
4	双层单扇平开门	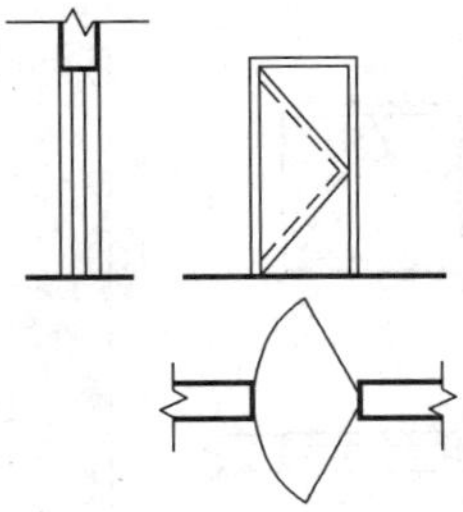	
5	单面开启双扇门 （包括平开 或单面弹簧）	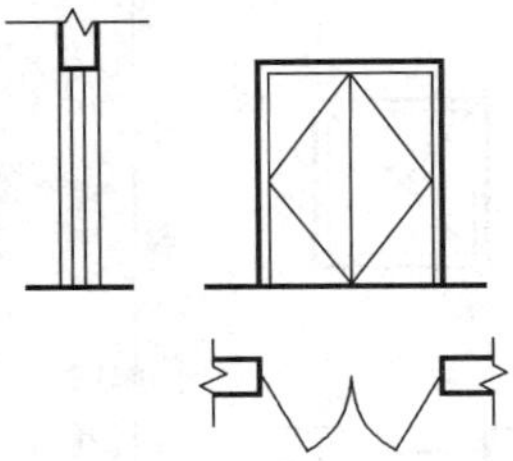	（4）剖面图中，左为外，右为内 （5）附加纱扇应以文字说明，在平、立、剖面图中均不表示 （6）立面形式应按实际情况绘制
	双面开启双扇门 （包括双面平开 或双面弹簧）	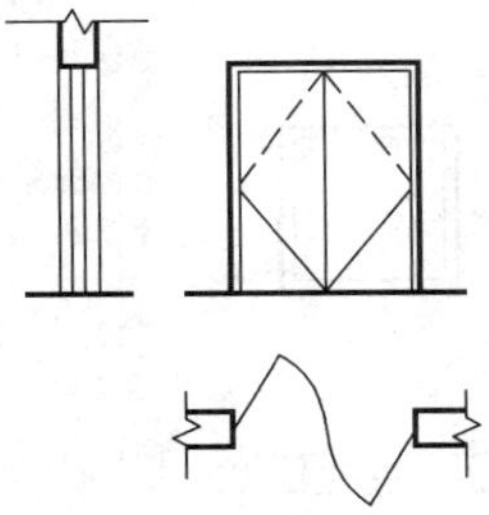	
	双层双扇平开门	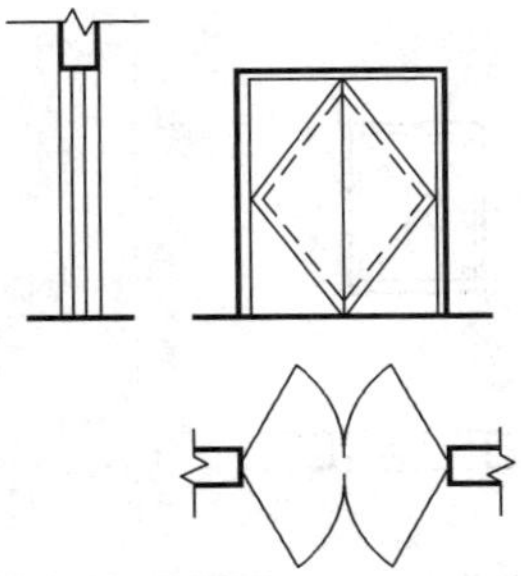	
6	固定窗	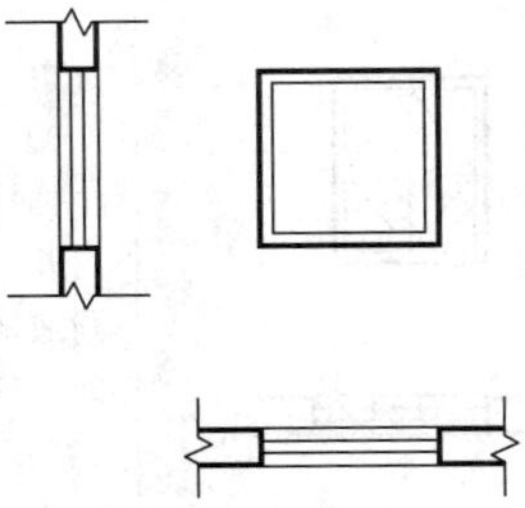	（1）窗的名称代号用C表示 （2）平面图中，下为外、上为内

续表

序号	名称	图例	说明
7	上悬窗	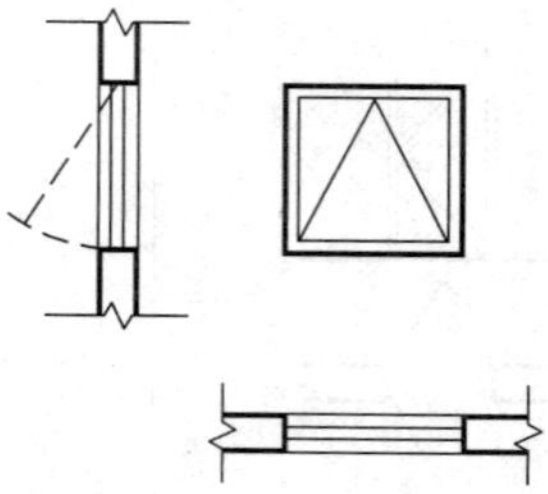	(3)立面图中，开启线实线为外开，虚线为内开。开启线交角的一侧为安装合页一侧。开启线在建筑立面图中可不表示，在门窗立面大样图中需绘出 (4)剖面图中，左为外、右为内，虚线仅表示开启方向，项目设计不表示 (5)附加纱窗应以文字说明，在平、立、剖面图中均不表示 (6)立面形式应按实际情况绘制
	中悬窗	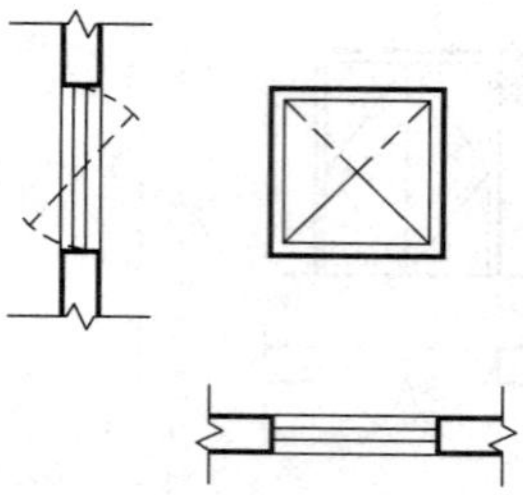	
	下悬窗	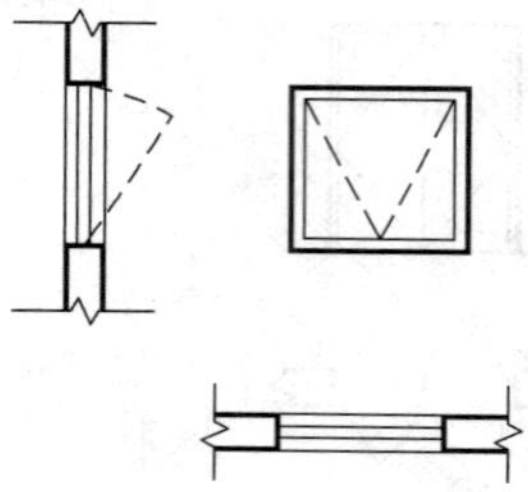	
8	立转窗	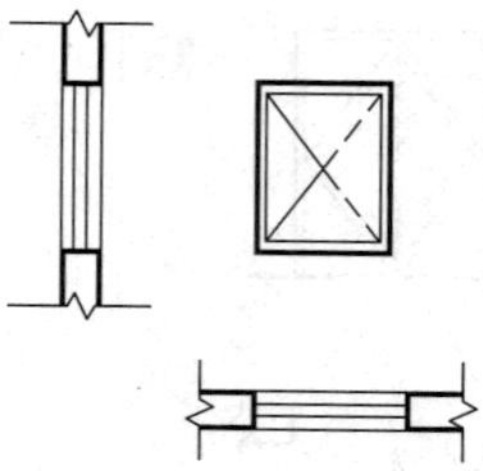	
9	单层外开平开窗	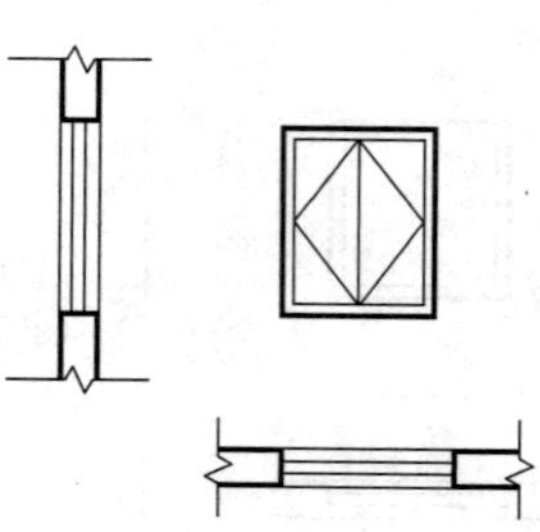	(1)窗的名称代号用C表示 (2)平面图中，下为外、上为内 (3)立面图中，开启线实线为外开，虚线为内开。开启线交角的一侧为安装合页一侧。开启线在建筑立面图中可不表示，在门窗立面大样图中需绘出

续表

序号	名称	图例	说明
9	单层内开平开窗		(4)剖面图中,左为外、右为内,虚线仅表示开启方向,项目设计不表示 (5)附加纱窗应以文字说明,在平、立、剖面图中均不表示 (6)立面形式应按实际情况绘制
	双层内外开平开窗		
10	单层推拉窗		(1)窗的名称代号用C表示 (2)立面形式应按实际情况绘制
11	高窗	h=	(1)窗的名称代号用C表示 (2)立面图中,开启线实线为外开,虚线为内开。开启线交角的一侧为安装合页一侧。开启线在建筑立面图中可不表示,在门窗立面大样图中需绘出 (3)剖面图中,左为外、右为内 (4)立面形式应按实际情况绘制 (5)h 表示高窗底距本层地面标高 (6)高窗开启方式参考其他窗型

(2) 标高

由于用途与要求不同，同一楼层内各种房间地面不一定在同一个水平面上，在建筑平面图中，各部位的标高均为标注相应楼地面的相对标高，且为装修后的完成面标高，底层还应标注室外地坪等标高。标高图例可见图5-4中所示，从图中可以看出房间地面标高为3.000，卫生间地面标高为2.970。

(3) 剖切符号、指北针、房间名称

剖切符号、指北针只在底层平面图中标注。平面图应注房间名称或编号，若采用后者，图中必须进行说明，如①——宿舍，②——活动室。

5.3.2.4 比例

建筑平面图的常用绘图比例有1∶50、1∶100、1∶150、1∶200、1∶300。其中1∶100最为常见，其余的可根据建筑具体情况相应绘图比例。

5.3.2.5 定位轴线

定位轴线是用来确定主要承重构件（承重墙、柱、梁）的位置及尺寸标注的基准。定位轴线为细点画线。编号注写在轴线端部的圆内。轴线编号圆直径 8～10mm，采用细实线绘制，横向或横墙编号为阿拉伯数字，从左到右顺序编号；竖向或纵墙编号用大写拉丁字母，自下而上顺序编写。注意拉丁字母中的 I、O、Z 不得作轴线编号，避免与 1、0、2 混淆。

除了主轴线之外，对于一些附属构件尺寸的定位可采用附加轴线来进行定位，附加轴线位于两道主轴线之间，用分数表示，分子为附加轴线编号，用阿拉伯数字顺序编写，分母为前一轴线编号，如(1/2)表示 2 轴线以后附加的第 1 根轴线。

对于一些特殊的建筑平面，比如体量较大的建筑，轴线较多的情况下可以采用分区编号的方式，一个区域加编一个号，即在轴线前面加一个区号：分区号＋轴线编号。或者是圆形平面图形，编号径向宜用阿拉伯数字从左下角开始，逆时针顺序编写，圆周轴线用大写拉丁字母自外向内顺序编写。如图 5-16 所示。

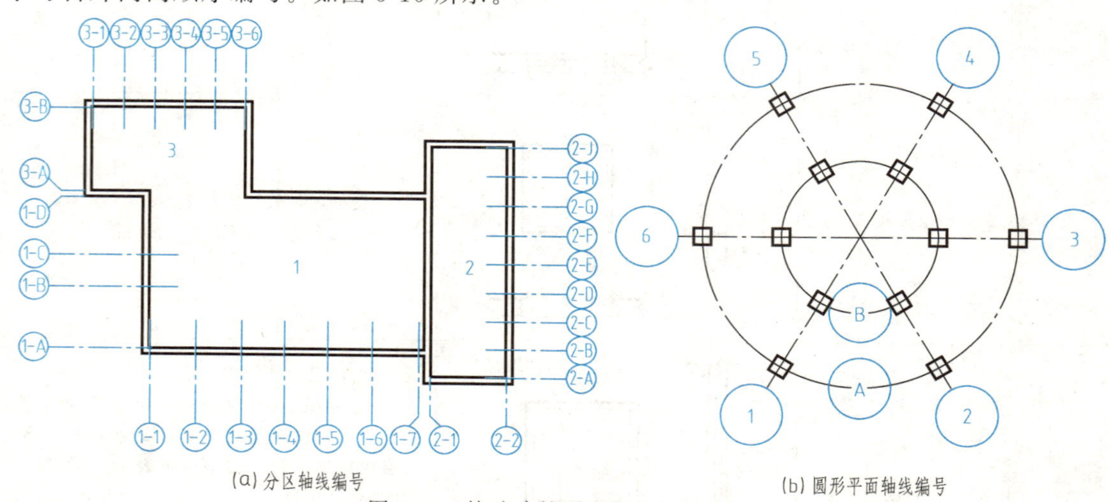

图 5-16 特殊建筑平面图的轴线编号

5.3.3 建筑平面图的绘制

5.3.3.1 线型

绘制建筑平面图时所采用的线型如下。

（1）粗实线：被剖切到的主要建筑构件，如承重墙、柱的断面轮廓线及剖切符号。

（2）中实线：被剖切到的次要建筑构件的轮廓线（如隔墙、台阶、散水、门扇开启线）、尺寸起止斜短线。

（3）中虚线：建筑构配件不可见轮廓线。

（4）细实线：其余可见轮廓线及图例、尺寸标注等线。

（5）较简单的图样可用粗实线和细实线两种线宽。

【提示】 平面图的线型要求如下：

剖到的墙、柱轮廓线画粗实线；看到的台阶、楼梯、窗台、雨篷、门窗洞口等画中实线；楼梯扶手、门窗分格线画细实线；定位轴线采用细单点画线。

5.3.3.2 绘图步骤

建筑平面图的绘图步骤一般如下：

（1）按开间、进深尺寸画定位轴线。

（2）按墙厚画墙线。

（3）确定柱断面、门窗洞口位置，画门的开启线，窗线定位。

（4）画出房屋的细部，如窗台、阳台、台阶、楼梯、雨篷、阳台、室内固定设备等细部。

（5）布置标注：对轴线编号、尺寸标注、门窗编号、标高符号等位置进行安排调整。先标外部尺寸，再标内部和细部尺寸，按要求画字格和数字、字母字高等。

（6）底层平面图需要画出指北针，剖切位置符号及其编号。

（7）认真检查无误后，整理图面，按要求加深、加粗图线。

（8）书写图名、说明、代号编号等文字。

建筑平面图绘图步骤可见图 5-17。

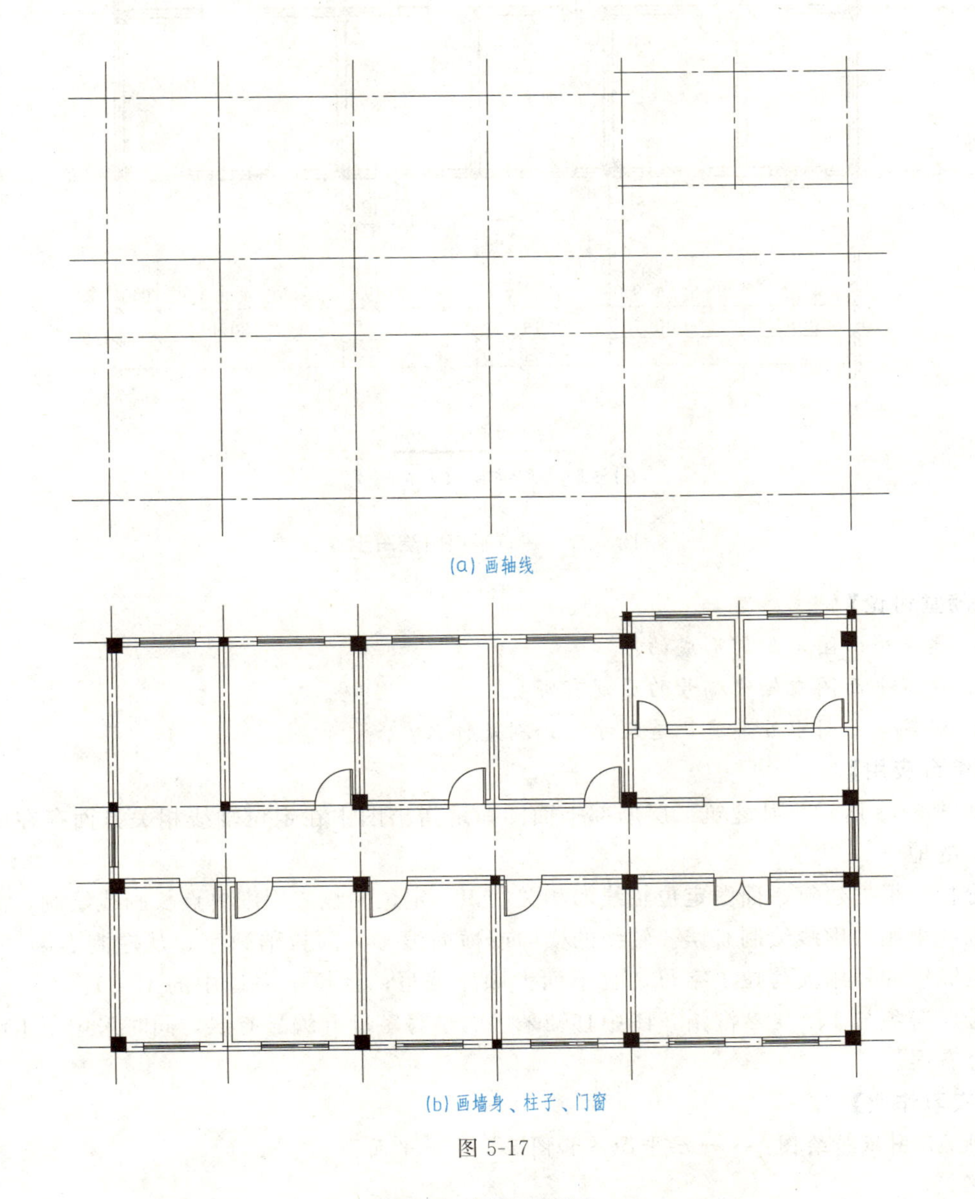

(a) 画轴线

(b) 画墙身、柱子、门窗

图 5-17

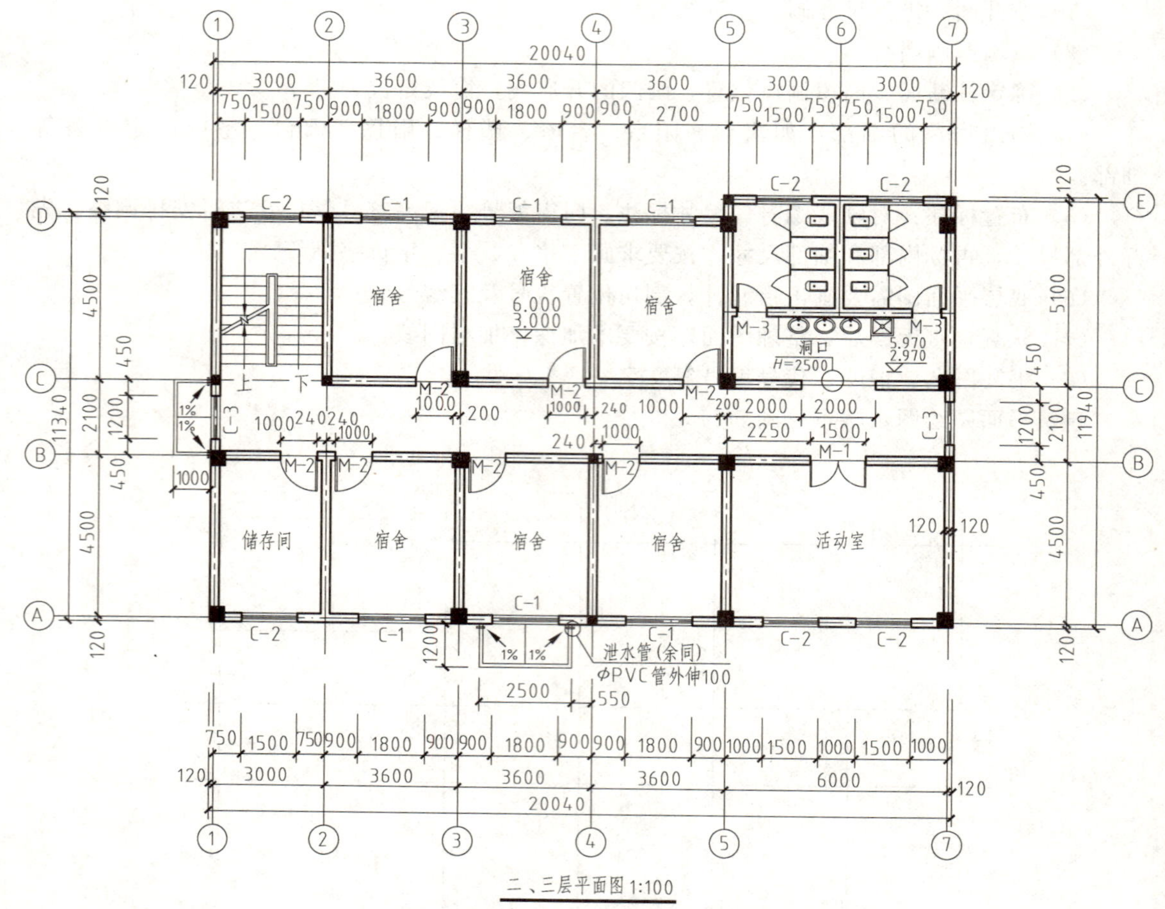

(c) 画出和标注各细部并加粗加深线型

图 5-17　建筑平面图绘图步骤

【随堂讨论】

1. 建筑平面图是如何形成的?

2. 建筑平面图中轴线编号的原则有哪些?

3. 建筑平面图中外部有几道尺寸?分别是什么?

【综合应用】

如图 5-18 所示为某建筑二层局部平面图，请指出图中在定位轴线相关方面存在的一些不规范的地方。

分析　根据建筑平面图定位轴线的相关知识，定位轴线应用细单点长画线绘制，图中④轴的轴线采用的虚线绘制有误。轴线的横向或横墙编号为阿拉伯数字，从左到右顺序编号，竖向或纵墙编号用大写拉丁字母，自下而上顺序编写；且拉丁字母中的 I、O、Z 不得作轴线编号，避免与 1、0、2 混淆，图中Ⓗ轴采用的小写字母 h 编号有误，同时采用了 I 作为轴线编号有误。

【实习作业】

用 A3 图纸抄绘图 5-3 一层平面图和图 5-5 屋顶平面图。

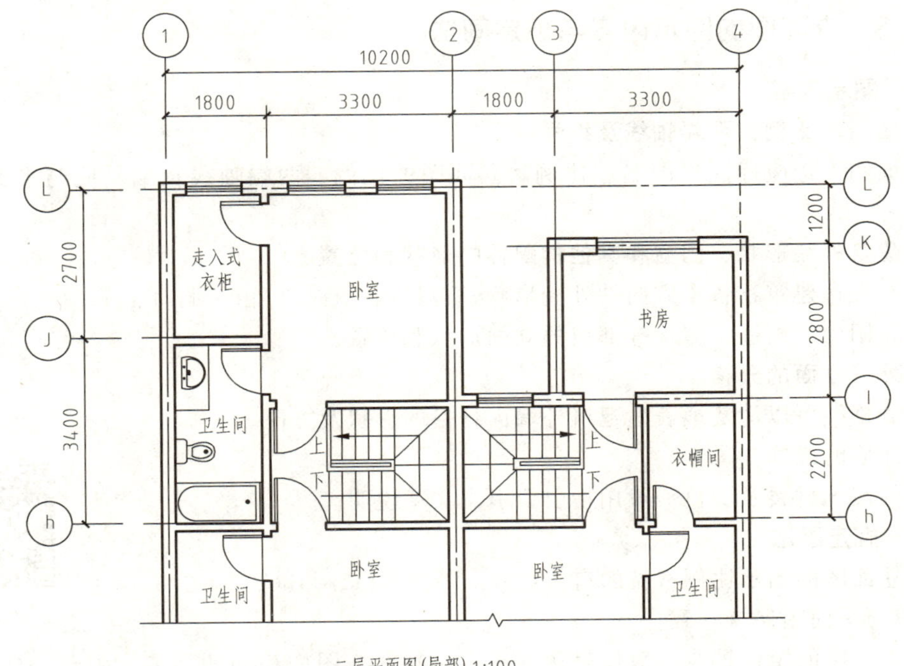

图 5-18 某建筑二层平面图（局部）

任务 5.4 建筑立面图

【知识点】 立面图形成 立面图图示内容 立面图规定画法

5.4.1 建筑立面图的形成与用途

5.4.1.1 建筑立面图的形成

建筑立面图是用正投影法将建筑各侧面投射到与其平行的投影面上的正投影图，建筑立面图能够比较清晰地反映出房屋的外貌特征。

二维码 5.4

5.4.1.2 建筑立面图的用途

在设计阶段，立面图主要反映设计师对建筑物的艺术处理。在施工阶段，立面图主要反映房屋的外貌和立面装修的做法，是建筑工程师表达立面设计效果的重要图样，在施工中是外墙面装饰、工程概预算、备料等的依据。

5.4.2 建筑立面图的名称

建筑立面图的命名方式有以下几种：

（1）以建筑两端的定位轴线命名，如①～⑦立面图。

（2）以建筑各墙面的朝向命名，如北立面图。

（3）以建筑墙面的特征命名，一般以建筑的主要出入口所在墙面的立面图为主立面图。

5.4.3 立面图的图示内容与规定画法

5.4.3.1 图示内容

(1) 图名、比例、两端轴线及编号

在立面图下边应标注出图名、比例。立面图的比例、两端轴线及编号应与平面图保持一致。

(2) 建筑外貌形状、门窗和其他构配件的形状和位置

立面图表达建筑物各个方向的外貌形状，包括墙、柱、门窗、洞口、台阶、阳台、雨篷、屋顶等部位的立面形状和位置。

(3) 外墙立面的分格

通过分格线可以清楚地表达建筑外墙面分格的形状及方向。

(4) 外墙的装饰

外墙的装饰材料及颜色一般用指引线引出文字说明。

二维码 5.5

5.4.3.2 规定画法

建筑立面图的图示比例常见的有 1∶50、1∶100、1∶150、1∶200、1∶300，一般与平面图保持一致。

建筑立面图的定位轴线一般仅表达首尾定位轴线。图中相同的门窗、阳台、外檐装饰、构造做法等可在局部重点表示，绘出其完整图形，其余可只画轮廓线。

立面图中的门窗可按表 5-2 中的图例绘制。外墙面的装饰材料除可画出部分图例外，还应用文字加以说明，如图 5-6、图 5-7 所示。

5.4.4 尺寸及标高标注

5.4.4.1 尺寸标注

立面图中需要标注的尺寸主要包括外部三道尺寸，即高度方向总尺寸、定位尺寸（两层之间楼地面的垂直距离，即层高）和细部尺寸（楼地面、阳台、檐口、女儿墙、台阶、平台等部位）。

5.4.4.2 标高标注

立面图中用标高表示出各主要部分的相对高度，如楼地面、阳台、檐口、女儿墙、台阶、平台等处标高。构件的上顶面标高应注建筑标高（包括粉刷层），构件下底面标高应注结构标高（不包括粉刷层，如雨篷、门窗洞口）。

某建筑立面图如图 5-6～图 5-8 所示。

5.4.5 建筑立面图的绘制

5.4.5.1 线型

粗实线一般用来绘制立面图的外轮廓线；中实线一般用来绘制突出墙面的雨篷、阳台、门窗洞口、窗台、窗楣、台阶、柱、花池等投影；细实线一般用来绘制其余门窗、墙面等分格线、落水管、材料符号引出线及说明引出线等；建筑室外地坪线则采用特粗实线来绘制，室外地坪线两端适当超出立面图外轮廓。

【提示】 立面图的线型要求如下：

地坪线可采用特粗实线（1.4b）绘制；外轮廓线采用粗实线绘制；门窗洞口轮廓线采

用中实线绘制；门窗分格线、墙面分格线、勒脚、雨水管等采用细实线绘制。

5.4.5.2 绘图步骤

建筑立面图的绘图步骤如下：

(1) 画地坪线，根据平面图画首尾定位轴线及外墙线；

(2) 依据层高等高度尺寸画各层楼面线（为画门窗洞口、标注尺寸等作参照基准）、檐口、女儿墙轮廓、屋面等横线；

(3) 画房屋的细部，如门窗洞口、窗线、窗台、室外阳台、楼梯间超出屋面的小屋或塔楼、柱子、雨水管、外墙面分格等细部的可见轮廓线；

(4) 布置标注、标高（楼地面、阳台、檐口、女儿墙、台阶、平台等处标高）、尺寸标注、索引符号等，只标注外部尺寸，也只需对外墙轴线进行编号；

(5) 检查无误后整理图面，按要求加深、加粗图线；

(6) 书写数字、图名等文字。

建筑立面图绘图步骤可见图 5-19 所示。

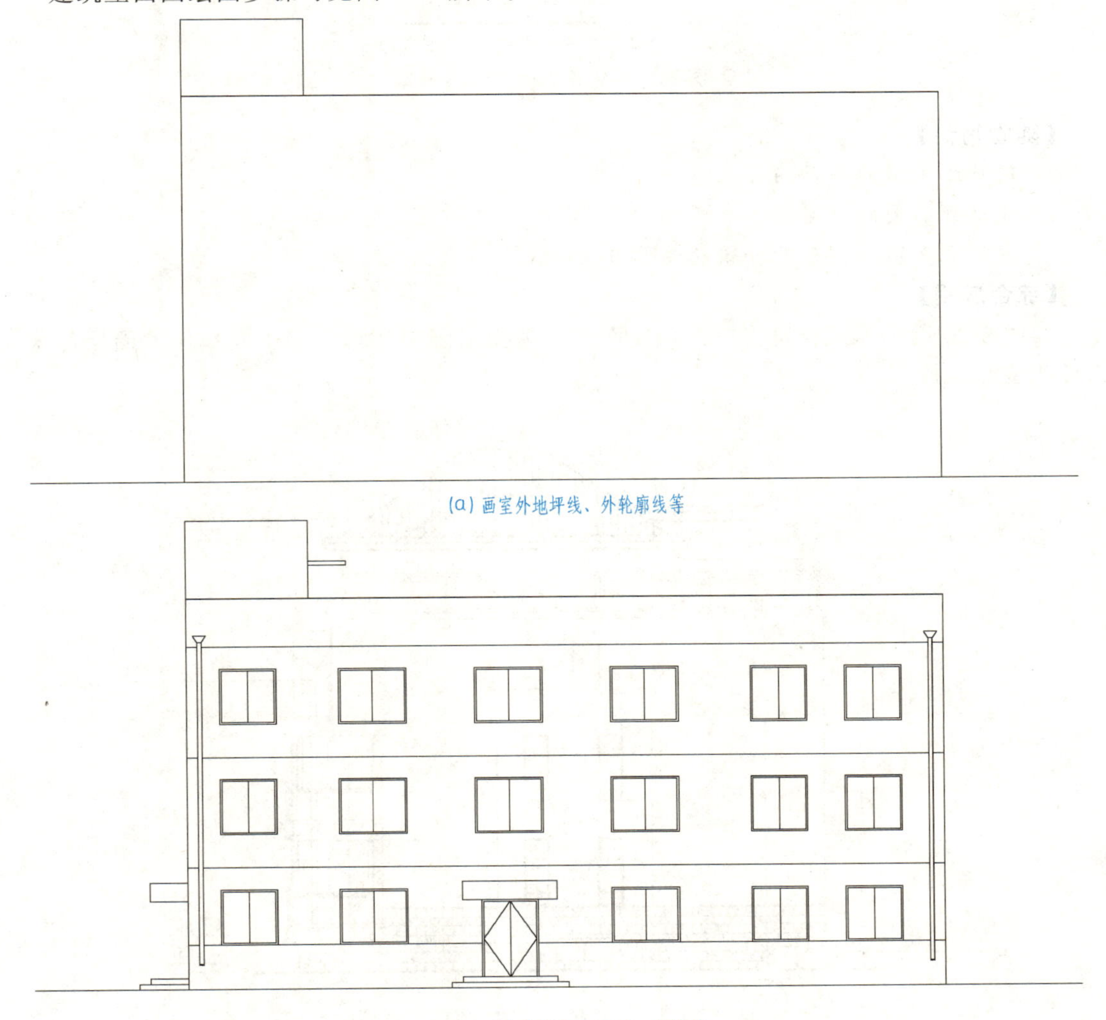

(a) 画室外地坪线、外轮廓线等

(b) 画各层楼面线、阳台、门窗等

图 5-19

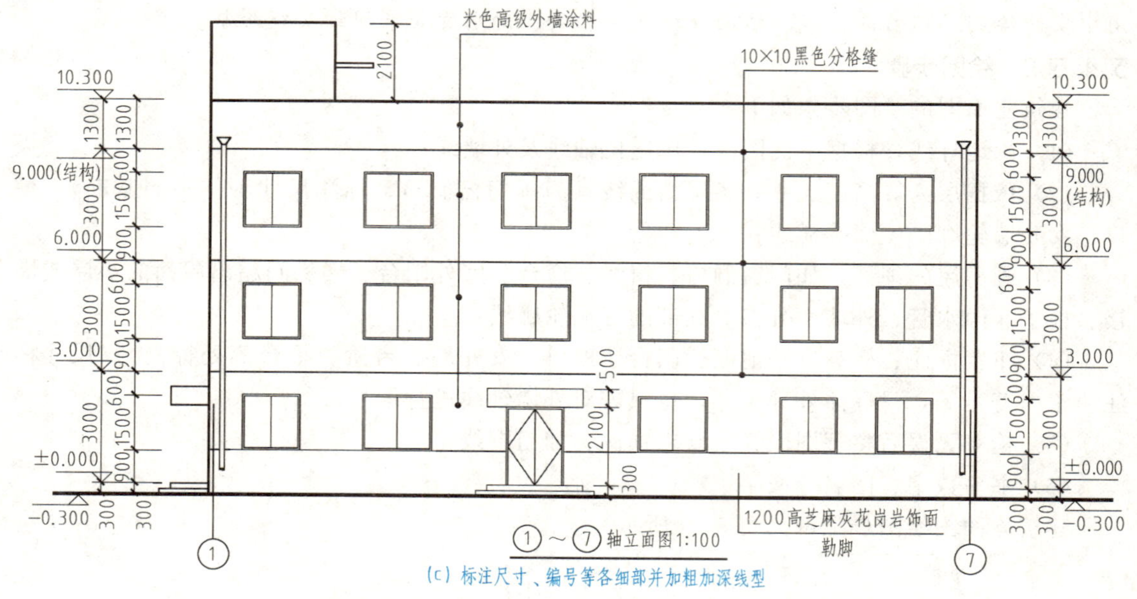

图 5-19　建筑立面图绘图步骤

【随堂讨论】

1. 建筑立面图的图示内容有哪些？
2. 建筑立面图的命名方式有哪些？
3. 建筑立面图如何表示外墙的装饰做法？

【综合应用】

如图 5-20 所示为某建筑Ⓔ～Ⓐ轴立面图，请指出图中建筑外墙不同部位的面层都采用了哪些装饰材料。

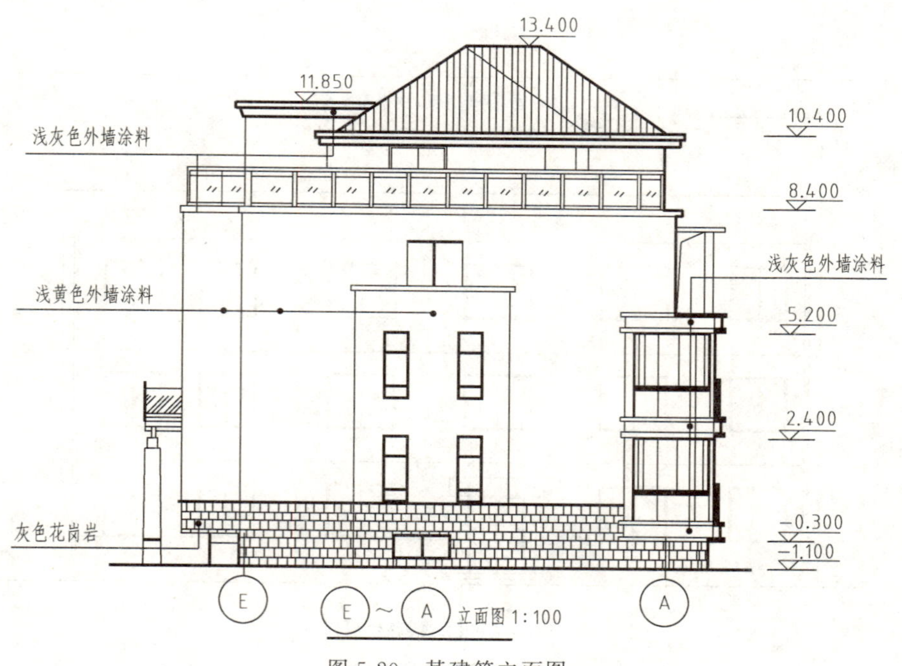

图 5-20　某建筑立面图

分析 由图中表示的内容可清晰看到，外墙勒脚采用的是灰色花岗岩装饰材料，外墙墙面采用的则是浅黄色外墙涂料，其余装饰部位则采用的是浅灰色外墙涂料。

【实习作业】

用A3图纸抄绘图5-6～图5-8中的建筑立面图。

任务 5.5 建筑剖面图

【知识点】 剖面图形成 剖面图图示内容 剖面图规定画法

5.5.1 建筑剖面图的形成与用途

二维码 5.6

(1) 建筑剖面图的形成

用一个假想的平行于房屋某一外墙轴线的铅垂剖切平面，从上到下将房屋剖切开，将需要留下的部分向与剖切平面平行的投影面作正投影，由此得到的图称为建筑剖面图，简称剖面图。

在选择剖切面的位置时，应选择能反映建筑物全貌、构造特征及具有代表性的部位，如通过楼梯间梯段、门窗洞口剖切建筑物。房屋被剖切到的部分应完整、清晰地表达出来，然后自剖切位置向剖视方向看，将所看到的全部画出来，不论其距离远近均不能漏画。

(2) 用途

剖面图同平面图、立面图一样，是建筑施工图中最重要的图纸之一，主要用来表示建筑物内部的结构形式、分层情况、各部分的竖向联系、材料及高度等。

5.5.2 剖面图的图示内容与规定画法

5.5.2.1 图示内容

二维码 5.7

建筑剖面图表达的内容主要有：

(1) 图名、比例、定位轴线

剖面图的比例、定位轴线及编号应同平面图一致。通过图名的编号，在底层平面图中可以找到对应的剖切位置和投射方向。

(2) 反映房屋内部的分层、分隔情况

剖面图可以清晰地反映建筑物内部分层情况、建筑物的层高、房间的进深、内墙分隔以及走道宽度等。

(3) 反映被剖切到的部位的断面情况

包括被剖切到的房间、墙体、门窗、地面、屋顶、阳台以及各种梁、板等的断面情况。

(4) 表达未剖到的可见部分

在剖面图中，除应画出被剖切到的建筑构配件的断面外，还应画出未被剖切到但能看得见的部分，包括墙、柱等构件。

(5) 索引符号

剖面图中不能详细表示清楚的部位，应画出详图索引符号。

5.5.2.2 规定画法

建筑剖面图的命名一般采用标注在±0.000平面图上剖切符号一致的数字或字母来命令，如图5-9的1—1剖面图。

常用的绘图比例有 1∶50、1∶100、1∶150、1∶200、1∶300，一般同平面图、立面图保持一致。

此外，凡是被剖切到的墙、柱及剖面图两端的定位轴线均需要绘制出来。

建筑剖面图中凡是被剖切到的部位需要用相应的材料图例进行填充。例如，剖切到的砌体可使用普通砖的图例进行填充且混凝土结构中剖切到的梁、板、承重墙柱等可采用钢筋混凝土的图例进行填充。如果填充区域较小，也可采用实心的图例进行填充。各种填充图例的表达方式可见前文中剖面图、断面图单元的相关讲解。

◆ 5.5.3 尺寸及标高标注

5.5.3.1 尺寸标注

剖面图中的尺寸包括外部尺寸和内部尺寸两种。

(1) 外部尺寸

剖面图中外部高度方向的尺寸的标注方法同立面图一致，也有三道尺寸，标注内容同立面图。

(2) 内部尺寸

内部尺寸用来表示地坑深度和隔断、隔板、平台、墙裙及室内门、窗等高度。

5.5.3.2 标高标注

剖面图中标高主要表示室内外地面、各层楼面与楼梯平台、檐口或女儿墙顶面，高出屋面的水箱间顶面、烟囱顶面、楼梯间顶面、电梯间顶面等处的相对标高。

某建筑剖面图如图 5-9 所示。

◆ 5.5.4 建筑剖面图的绘制

5.5.4.1 线型

粗实线一般用来绘制剖面图中被剖切的主要建筑构件的轮廓线；中实线一般用来绘制被剖切的次要建筑构件的轮廓线；细实线一般用来绘制尺寸线、尺寸界线、图例线、索引符号、标高符号等。

【提示】 剖面图的线型要求如下：

被剖切到的主要构配件轮廓线采用粗实线绘制；被剖切到的次要构配件采用中实线绘制；楼屋面面层线、墙上装饰线以及固定设备构配件的轮廓线采用细实线绘制。

5.5.4.2 绘图步骤

(1) 画室内外地坪线、被剖切到的和首尾定位轴线以及各层楼面、屋面等。

(2) 根据房屋的高度尺寸，画被剖切到的墙体断面及未剖切到的墙体等轮廓。

(3) 画被剖切到的门窗洞口、阳台、楼梯平台、屋面女儿墙、檐口、各种梁（如门窗洞口上面的过梁、可见的或剖切到的承重梁等）的轮廓或断面及其他可见轮廓。

(4) 画楼梯、室内固定设备、室外台阶、花池及其他可见的细部。

(5) 布置标注：尺寸标注包括水平向被剖切到的墙、柱的轴线间距以及外部高度方向的总高、定位、细部三道尺寸；标高标注包括室外地坪、楼地面、阳台、檐口、女儿墙、台阶、平台等处的标高，标注索引符号等。

(6) 检查无误后整理图面，按要求加深、加粗图线。

(7) 书写数字、图名等文字。

建筑剖面图绘图步骤可见图 5-21。

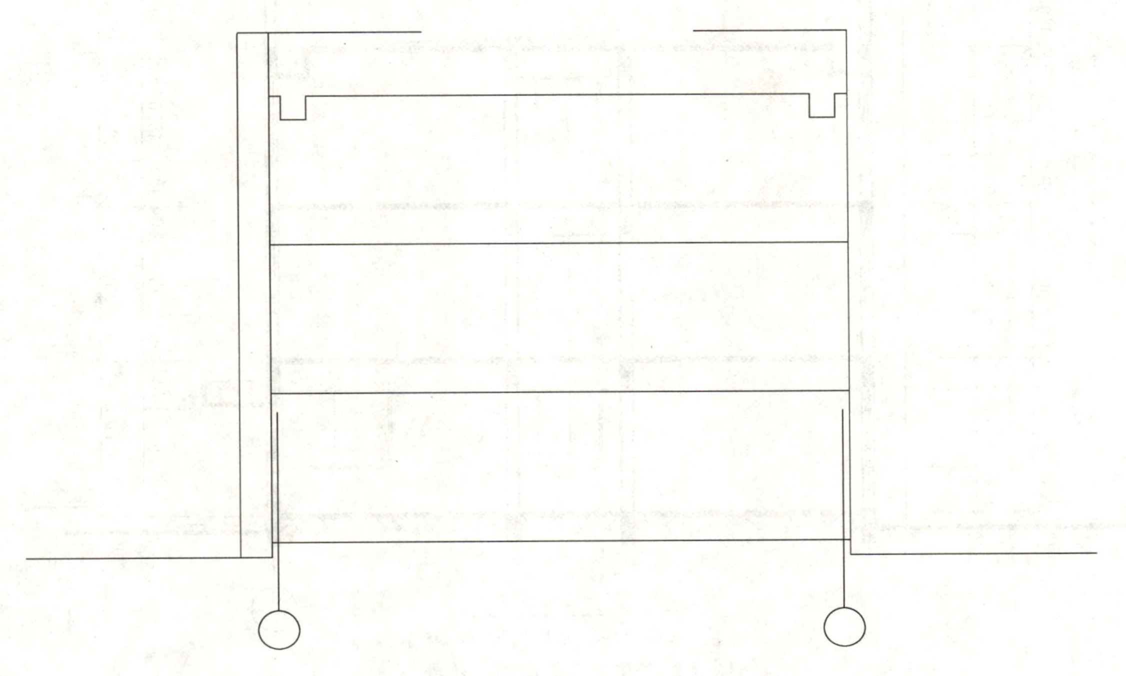

(a) 画室内外地坪线、首尾定位轴线以及各层楼面、屋面等

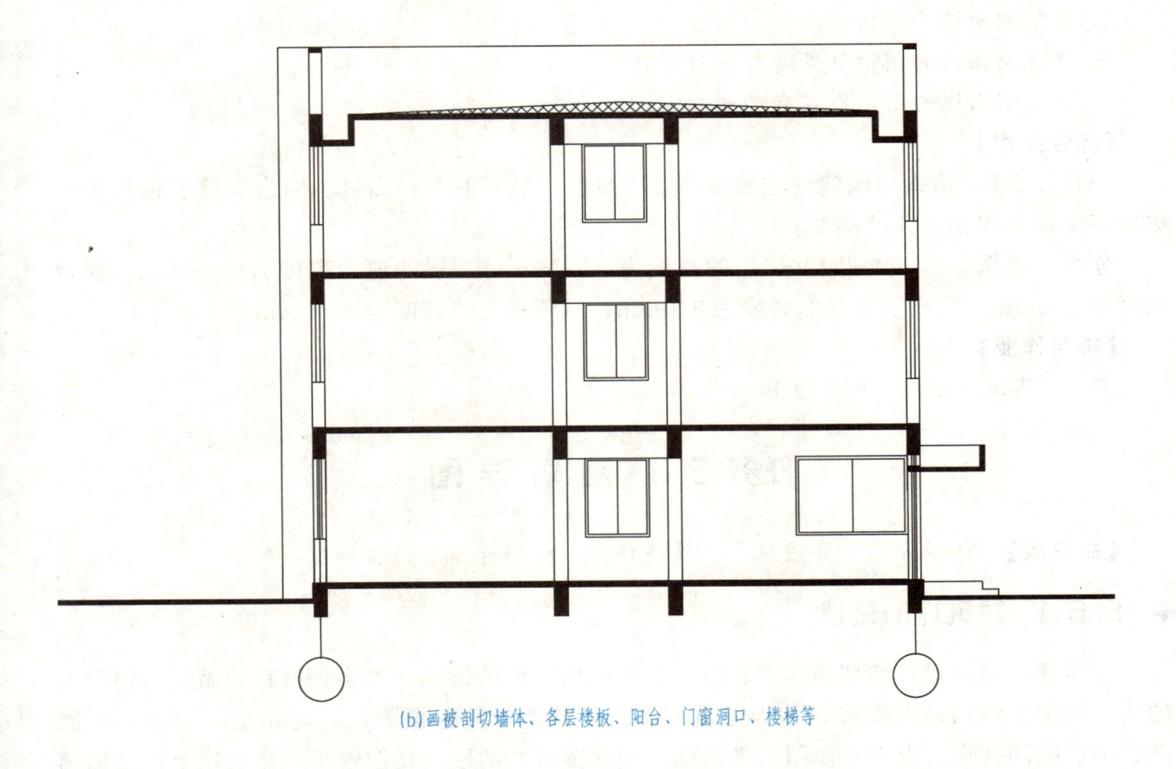

(b) 画被剖切墙体、各层楼板、阳台、门窗洞口、楼梯等

图 5-21

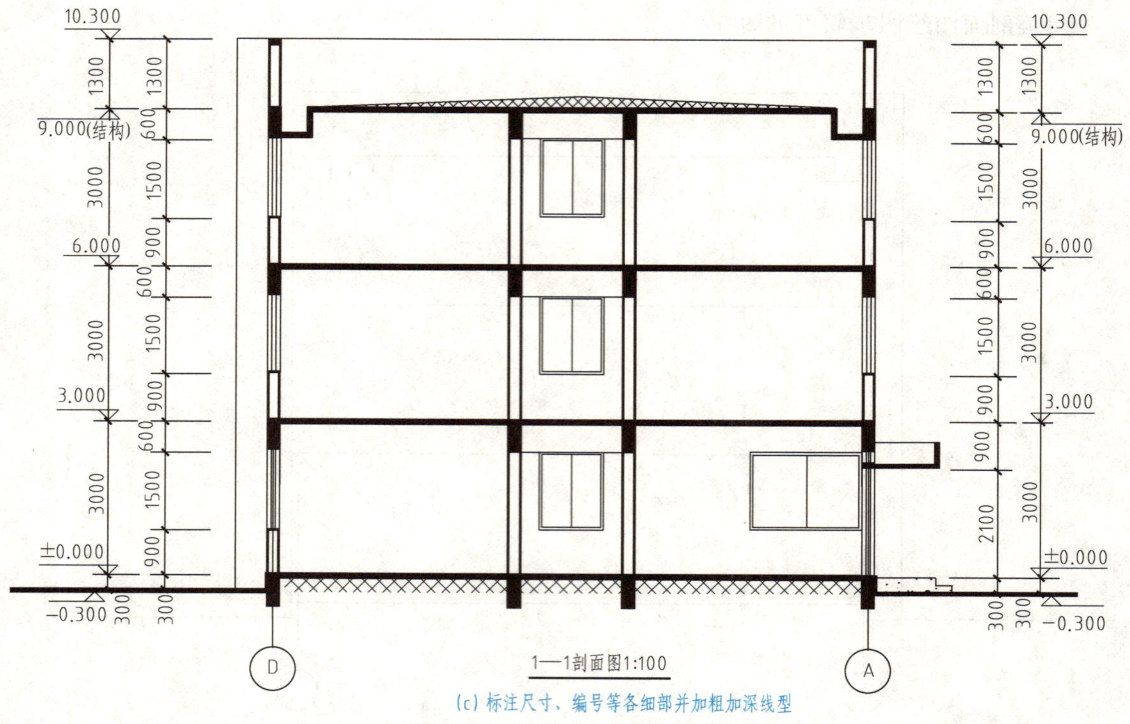

(c) 标注尺寸、编号等各细部并加粗加深线型

图 5-21　建筑剖面图绘图步骤

【随堂讨论】

1. 建筑剖面图是如何形成？

2. 建筑剖面图的剖切位置通常如何选取？

3. 建筑剖面图的图示内容有哪些？

【综合应用】

识读图 5-9，请指出该建筑Ⓐ轴墙首层门高度、二层的窗户高度、窗台高度、窗户上方梁的高度以及屋顶女儿墙高度。

分析　读图 5-9，Ⓐ轴墙首层门的高度为 2100mm；二层的窗户高度为 1500mm，窗台高度为 900mm，窗户上方梁的高度为 600mm；屋顶女儿墙高度为 1300mm。

【实习作业】

用 A3 图纸抄绘图 5-9 中的 1—1 剖面图。

任务 5.6　建筑详图

【知识点】　详图分类　详图符号　外墙详图　楼梯详图　门窗详图

◆ 5.6.1　建筑详图概述

建筑详图是将建筑细部的局部、节点及建筑构配件的形状、大小、材料和做法等用较大的比例详细表示出来的图样，称为建筑详图或大样图，简称详图，它是建筑平面图、立面图、剖面图的补充。由于立面图、平面图、剖面图常用的绘图比例较小，建筑物上许多细部构造无法表示清楚，根据施工需要，可以另外绘制比例较大的图样更能够表达清楚。

5.6.1.1 详图的分类

详图分为三类：节点详图、房间详图和构配件详图，具体如下：

(1) 节点详图

节点详图是将房屋构造的局部需要体现清楚的细节用较大的比例将其断面形状、尺寸、相互关系和建筑材料等绘制出来，并注明详图编号。一般用来表达某一节点部位的构造、尺寸做法、材料、施工需要等。

(2) 房间详图

将需要绘制详图的房间用更大的比例绘制出来的图样，如楼梯详图（图 5-10）、单元详图、厨厕详图等，这些房间的构造或固定设施相对比较复杂。

(3) 构配件详图

表达某一构配件的形式、构造、尺寸、材料、做法的图样，如门窗详图、雨篷详图、阳台详图等。部分详图可采用国家和某地区编制的建筑构造和构配件的标准图集。

详图的数量一般视需要而定，以能表达清楚为原则。

5.6.1.2 详图特点

(1) 大比例

为图示清晰详细，详图所采用的比例通常较大，常用的比例有 1∶1、1∶2、1∶5、1∶10、1∶20、1∶50 等，在详图上建筑材料图例符号及各层次构造均应画出，如抹灰线等。

(2) 全尺寸

图中所画出的各构造，除用文字注写或索引外，都需详细标注出尺寸。

(3) 详图说明

因详图是建筑施工的重要依据，不仅要用大比例绘制，还需要借助图例和文字详尽清楚，必要时还可以引用标准图。

5.6.1.3 索引符号与详图符号

在施工图中，有时会因为比例问题而无法表达清楚某一局部，为方便施工需另画详图。一般用索引符号注明画出详图的位置、详图的编号以及详图所在的图纸编号。索引符号和详图符号内的详图编号与图纸编号两者对应一致。

(1) 索引符号

索引符号的圆和引出线均应以细实线绘制，圆直径为 10mm，引出线应对准圆心。索引符号应按下列规定编号：

① 如果详图与被索引的图样在同一张图纸内，应在索引符号的上半圆中间用阿拉伯数字注明该详图的编号，在下半圆中间画一水平细实线，如图 5-22（a）所示。

② 如果详图与被索引的图样不在同一张图纸内，应在索引符号的上半圆中间用阿拉伯数字注明该详图的编号，下半圆中间用阿拉伯数字注明该详图所在图纸的图纸号，如图 5-22（b）所示。

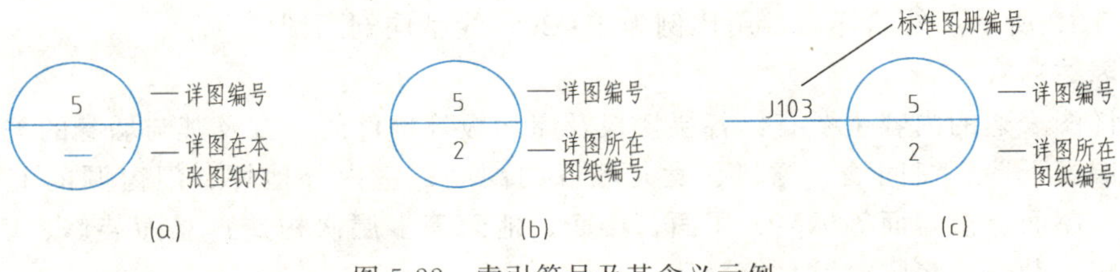

图 5-22　索引符号及其含义示例

③ 索引出的详图，如采用标准图，应在索引符号水平直径的延长线上加注该标准图册的编号，如图 5-22（c）所示。

当索引符号用于索引剖面详图时，应在被剖切的部位画出剖切位置线（粗短画线），并用引出线引出索引符号，引出线所在一侧为剖视方向。索引符号的编号与上述相同，如图 5-23 所示。

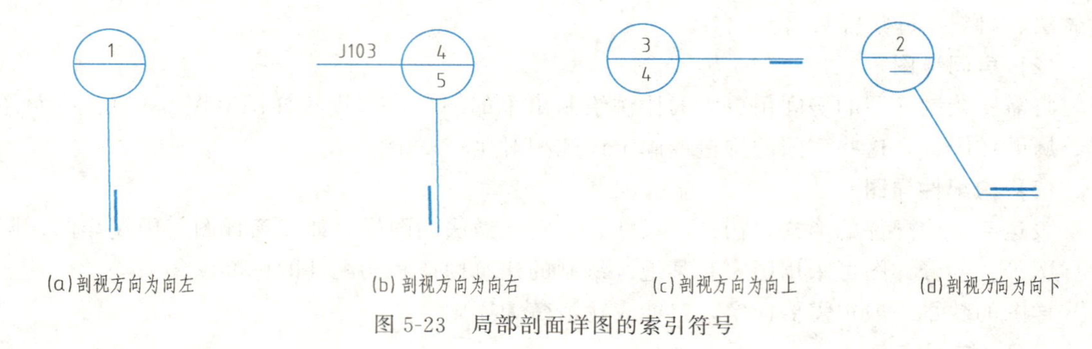

图 5-23 局部剖面详图的索引符号

(2) 详图符号

索引出的详图画好之后，应在详图下方进行编号，称为详图符号。详图符号的圆应以粗实线绘制，直径为 14mm，详图符号分为两种情况：

① 当详图与被索引的图在同一张图纸上时，详图符号如图 5-24（a）所示。

② 当详图与被索引的图不在同一张图纸上时，详图符号如图 5-24（b）所示。

图 5-24 详图符号

③ 对于多层构造可采用多层构造索引，多层构造共同引出线应通过被引出各层。说明文字顺序与被说明的层次一致。若层次为横向顺序，则由上至下的说明顺序与从左到右的层次一致。多层索引可见图 5-25 所示。

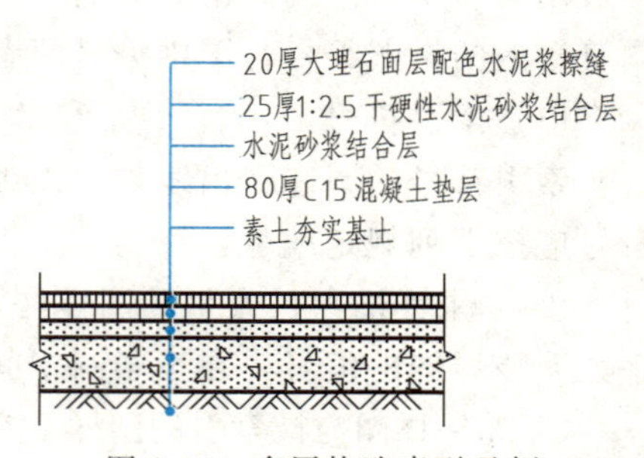

图 5-25 多层构造索引示例

5.6.2 建筑外墙详图

(1) 形成

用假想剖切面将房屋外墙从上到下剖切开，并用较大比例画出其剖面图，实际上就是房屋剖面图的局部放大，如图 5-12 所示。外墙详图常用比例为 1∶20，线型同剖面图。

(2) 表达内容

外墙详图表达的内容主要有：各层楼板及屋面板等构件的位置及其与墙身的关系；门窗洞口、底层窗下墙、窗间墙、檐口、女儿墙等的高度；室内外地坪、门窗洞的上下口、檐口、墙顶、屋面、楼地面等标高；屋面、楼面、地面等多层次构造；立面装修、墙身防潮、窗台、窗楣、勒脚、踢脚、散水等尺寸。

多层房屋中，当各层情况相同时，可只画底层、顶层、标准层来表示。画图时，往往在窗洞中间处断开，成为几个节点详图的组合。有的也可不画整个墙身详图，而是把各个节点的详图分别单独绘制。

某建筑外墙详图如图 5-26 所示。

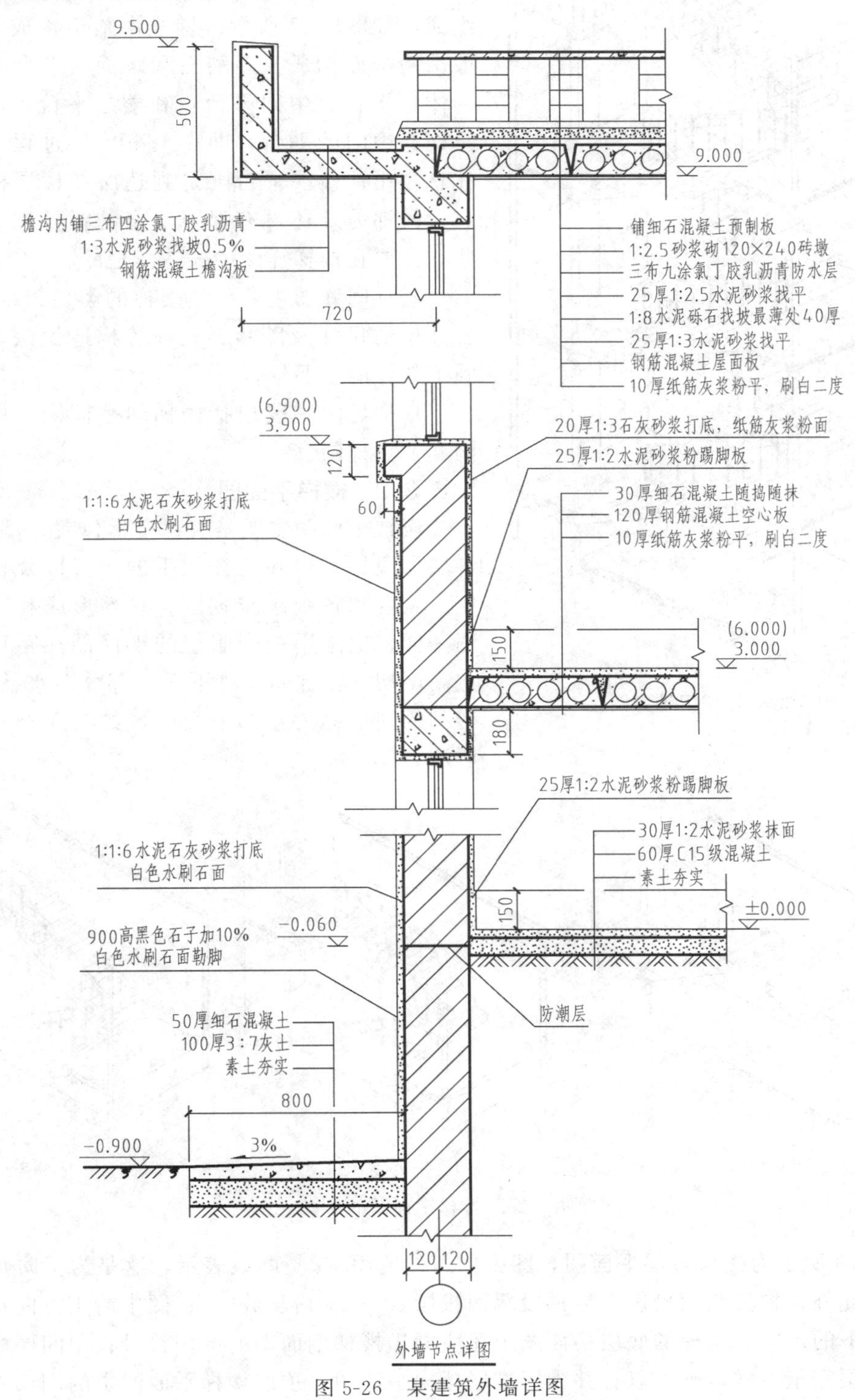

图 5-26 某建筑外墙详图

◆ 5.6.3 楼梯详图

5.6.3.1 楼梯及楼梯详图的组成

楼梯通常由梯段、平台、栏杆、扶手几部分组成，如图 5-27 所示。梯段由踏步构成，踏步一般由两个面构成，即踏面和踢面。平台则一般分为休息平台（中间平台）和楼层平台，休息平台是楼梯中间的平台，即在上下楼梯过程中转折和休息之用；楼层平台则是到达所在楼层标高的平台。楼梯另外还设有保障安全的栏杆和扶手，这些均需要在楼梯详图中表达清楚的。

楼梯间详图主要反映楼梯的类型、结构形式、各部位的尺寸及踏步、栏杆等构造做法，是楼梯施工放样的主要依据。

楼梯详图一般包括楼梯间平面图、楼梯剖面图和节点详图。

图 5-27 楼梯间轴测图

5.6.3.2 楼梯平面图

楼梯平面图主要是表达楼梯位置、墙身厚度、各层梯段、平台和栏杆扶手的布置以及梯段的长度、宽度和各级踏步宽度。它的形成和建筑平面图一样，也是用一个假想的平面图在距离楼层一定高度切开楼梯间，将下面一部分向水平面投影，得到的图形称为楼梯平面图，如图 5-28、图 5-29 所示。

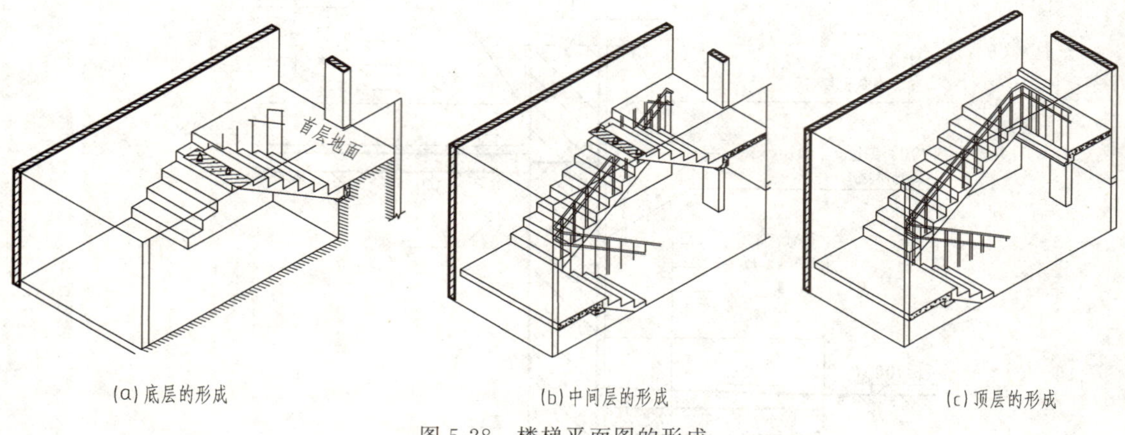

(a) 底层的形成　(b) 中间层的形成　(c) 顶层的形成

图 5-28 楼梯平面图的形成

图 5-10 所示为楼梯各层平面图，图中剖切位置用 45°折断线表示，这是为了防止和踏步线混淆；此外，梯段踏面投影数＝梯段踢面投影数－1＝踏步数－1；图中箭头方向指明了楼梯的上、下的走向。楼梯的底层平面图中还应画出楼梯剖面图的剖切符号；中间层楼梯平面图如果各层完全一样，则可以合并为标准层楼梯平面图；顶层楼梯平面图中的剖切平面位于

楼梯栏杆（栏板）以上，梯段未被假想平面切到，故顶层楼梯平面图中无折断线，顶层楼梯平面图中表示的是下一层的两个梯段和休息平台，且箭头只指向下楼的方向。

5.6.3.3　楼梯剖面图

楼梯的剖面图主要表达楼梯的形式、结构类型、楼梯间的梯段数、各梯段的步级数、楼梯段的形状、踏步和栏杆扶手（或栏板）的形式、高度及各配件之间的连接等构造做法。

剖面图的剖切位置最好通过上行第一梯段和楼梯间的门窗洞剖切，投射方向则是向未剖切到的梯段投射，作出来楼梯剖面图如图 5-11 所示，楼梯剖面图的画法与一般建筑剖面图的画法一致，尺寸标注时剖面图中水平方向的踏面数要比竖向踢面数多一个，此外还需注意楼梯剖面图与平面图的尺寸对应关系。

5.6.3.4　楼梯详图的绘制

楼梯平面图的绘图步骤如下：

（1）将各层平面图对齐，根据楼梯间的开间、进深画定位轴线。

（2）画墙身、门窗洞位置线及门的开启线。

（3）画楼梯平台宽度、梯段长度及梯井宽度等位置线。

（4）用等分平行线间距的几何作图方法，画楼梯的踏面线：楼梯步级数为 n，$(n-1)$ 等分梯段长度；画出踏面，踏面数为 $(n-1)$；并画出上下行箭头线。

（5）画出梯井：注意底层平面、标准层平面、顶层平面中的区别。

（6）检查底稿并布置标注：尺寸标注及标高标注。

（7）加深及加粗图线，标注剖切位置符号及名称。

（8）书写图上所有的文字，完成全图。

楼梯平面图的绘图步骤如图 5-29 所示，楼梯剖面图的画法根据与平面图的对应关系，按照建筑剖面图的画法画出。

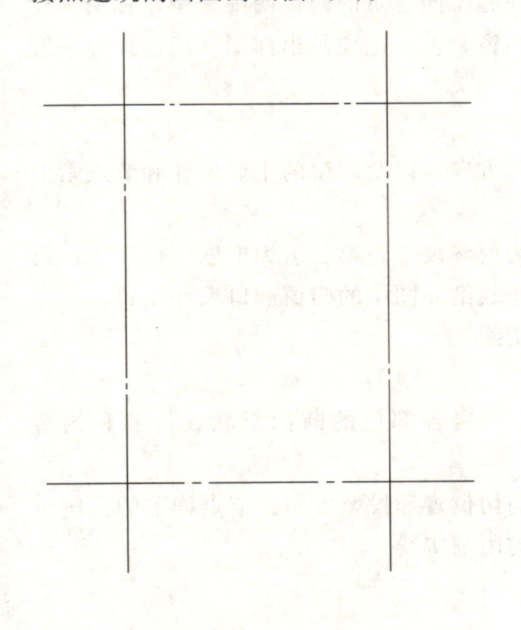

(a) 画轴线

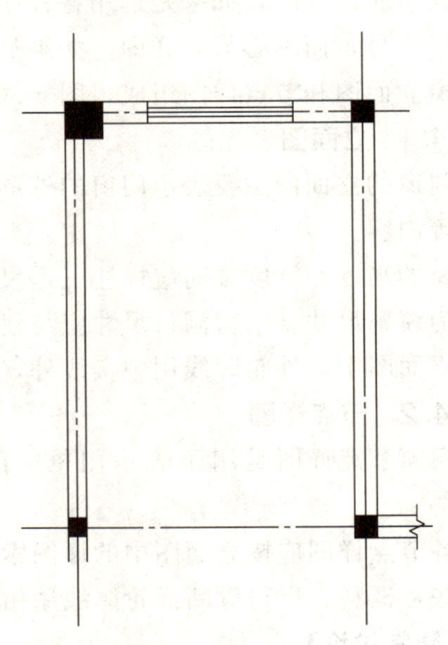

(b) 画墙身、门窗等

图 5-29

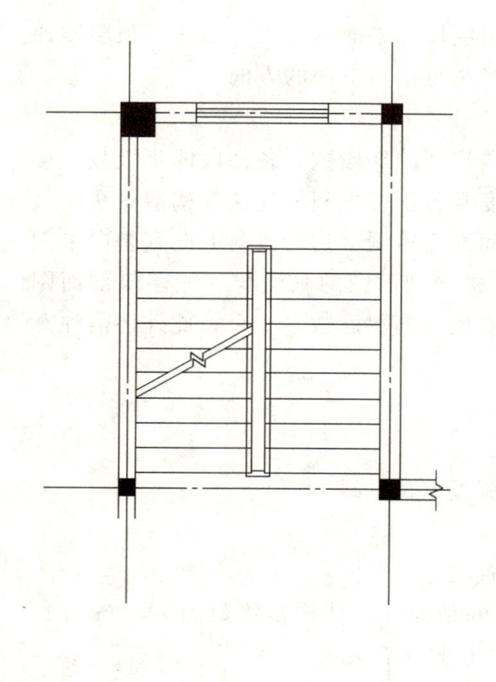

(c) 画平台、梯段、梯井等

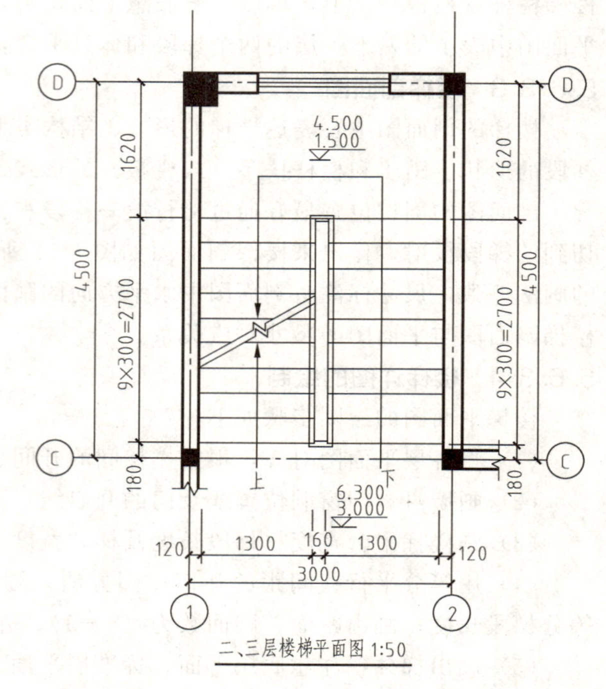

(d) 标注尺寸、标高、文字等细部并加深图线

图 5-29　楼梯平面图绘图步骤

◆ 5.6.4　门窗详图

在房屋设计时，如果是选用各种标准门窗，可在施工图首页的门窗明细表中，标明其标准图集代号，而不必另画详图，如果是属于非标准门窗，就一定要画出详图。门窗详图一般由门窗立面图和节点详图组成，图 5-30 是木窗详图。

5.6.4.1　立面图

门窗的立面图主要表示门窗的外形、开启方式和方向，以及门窗的主要尺寸和节点索引符号等内容。

窗的高度和宽度方向应标注三道尺寸：第一道为窗洞尺寸；第二道为窗框外包尺寸；第三道为窗扇尺寸。门窗洞口尺寸应与建筑平面图、建筑剖面图中的门窗洞口尺寸一致。

立面图中除外轮廓线用中实线外，其余均为细实线。

5.6.4.2　节点详图

门窗节点详图是用于表示门框、门扇、窗框、窗扇各部位的断面形状、材料和构造关系。

各节点详图应按立面图中的详图索引符号确定剖切位置和投影方向。节点详图的比例应大一些，框料、扇料等断面轮廓线用粗实线，其余均用细实线。

【随堂讨论】

1. 什么是建筑详图？为什么要绘制建筑详图？
2. 建筑详图有哪些类型？
3. 楼梯详图通常包括哪几部分？

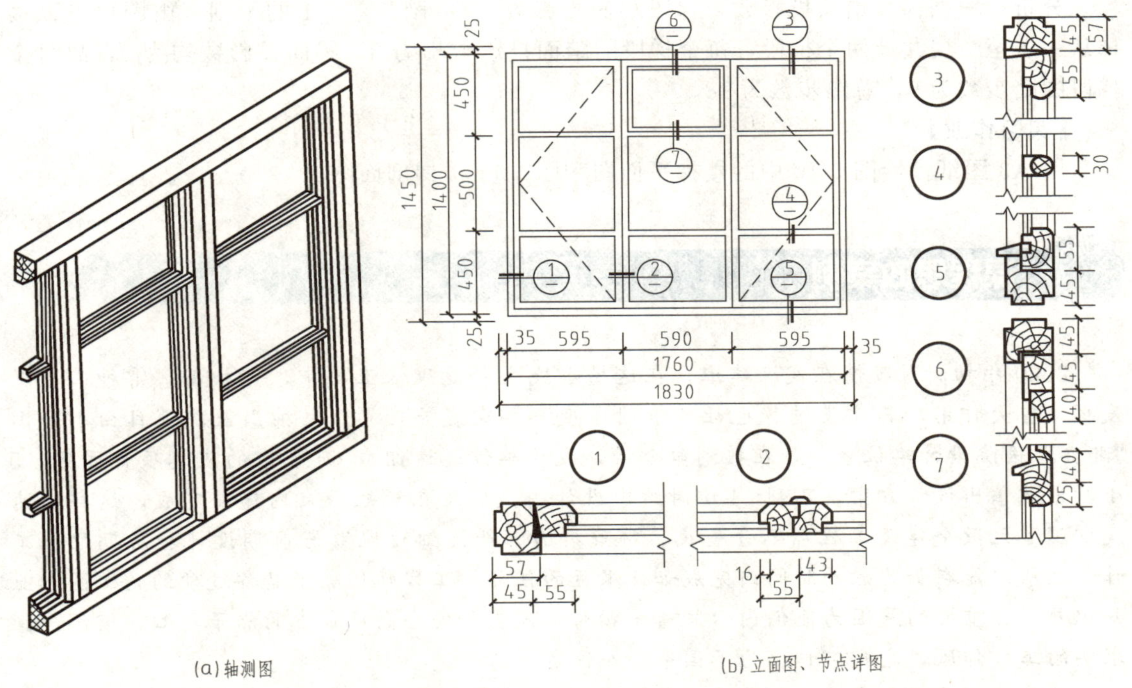

图 5-30　木窗详图

4. 外墙详图通常要表示哪些内容?

【综合应用】

如图 5-31 所示为某建筑楼梯的局部剖面图，请由该图计算该楼梯一层至二层楼梯的踏步总数。

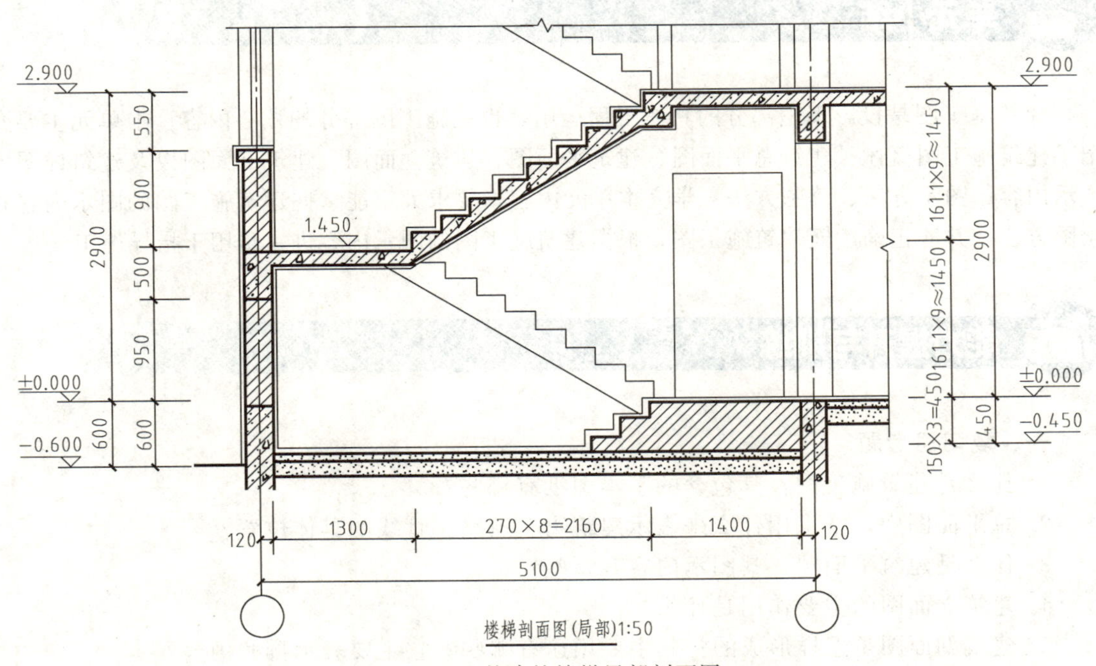

图 5-31　某建筑楼梯局部剖面图

分析 根据梯段踏面投影数＝梯段踢面投影数－1＝踏步数－1 的原则，由图可见该楼梯从一层至二层共计两个梯段，每个梯段的踏面投影数均为 8，踢面投影数均为 9，故每个梯段的踏步数为 9，总踏步数为 18。

【实习作业】

用 A3 图纸抄绘图 5-10 中的楼梯平面图和图 5-11 楼梯剖面图。

课程思政案例

2020 年初新冠疫情在武汉肆虐，在这场人民生命健康保卫战中，火神山、雷神山医院发挥了重大作用，其建设过程也让“中国速度”再次震惊世界！火神山医院项目由小汤山“非典”医院设计单位参与，在接到命令后，设计单位迅速组成 60 多人的应急项目团队，5 小时内就拿出设计方案，不到 24 小时绘出设计图，后又在短短十天内建设完成。这样的速度少不了无数个建筑工程师不分昼夜、群策群力、严谨细致地做好前期设计和后期配合工作。之所以能在如此短的时间内完成如此艰巨的任务，工程师们除了具备过硬的施工图专业知识外，更重要的是因为他们内心装着一颗对人民生命安全高度负责的赤子之心，秉承严谨求实的工作作风，忘我工作，为了国家和人民负重前行。

作为建筑工程专业的从业人员，学好建筑施工图的识读与绘制，掌握相关专业知识固然重要。但走上工作岗位后，除了顾好小我，更不能忘记大我，在国家遇到困难需要我们的时候，应当挺身而出，同学们应把火神山医院的设计团队、建设人员作为学习的榜样，做一个有家国情怀的工程人！

单元小结

建筑施工图是投影理论部分的具体工程运用，也是施工图部分的核心内容。本单元主要介绍了建筑施工图概述、建筑总平面图、建筑平面图、建筑立面图、建筑剖面图以及建筑详图的图示内容、图示方法、读图方法。学完本单元内容，要求大家能掌握建筑施工图的图示内容和绘图方法，并能正确读懂建筑施工图，根据建筑施工图的图示内容进一步用于指导施工。

能力提升与训练

一、复习思考题

1. 什么是建筑施工图？其包含的基本图纸有哪些？
2. 总平面图中，常采用什么来表示建筑物、道路、管线的具体位置？
3. 什么是建筑平面图，其图示内容有哪些？
4. 建筑立面图的主要作用是什么？
5. 建筑剖面图是怎样形成的？其主要用途有哪些？它主要表示哪些内容？
6. 建筑详图的作用和特点有哪些？

二、技能训练

条件：根据本单元图 5-3 的建筑施工图，利用所学知识，绘制该建筑的 2—2 剖面图，剖切位置如图 5-32 所示。

要求：用一张 A3 纸绘制，图面整洁美观，比例 1∶100，相关线型、线宽、比例以及图示内容等需符合制图标准。

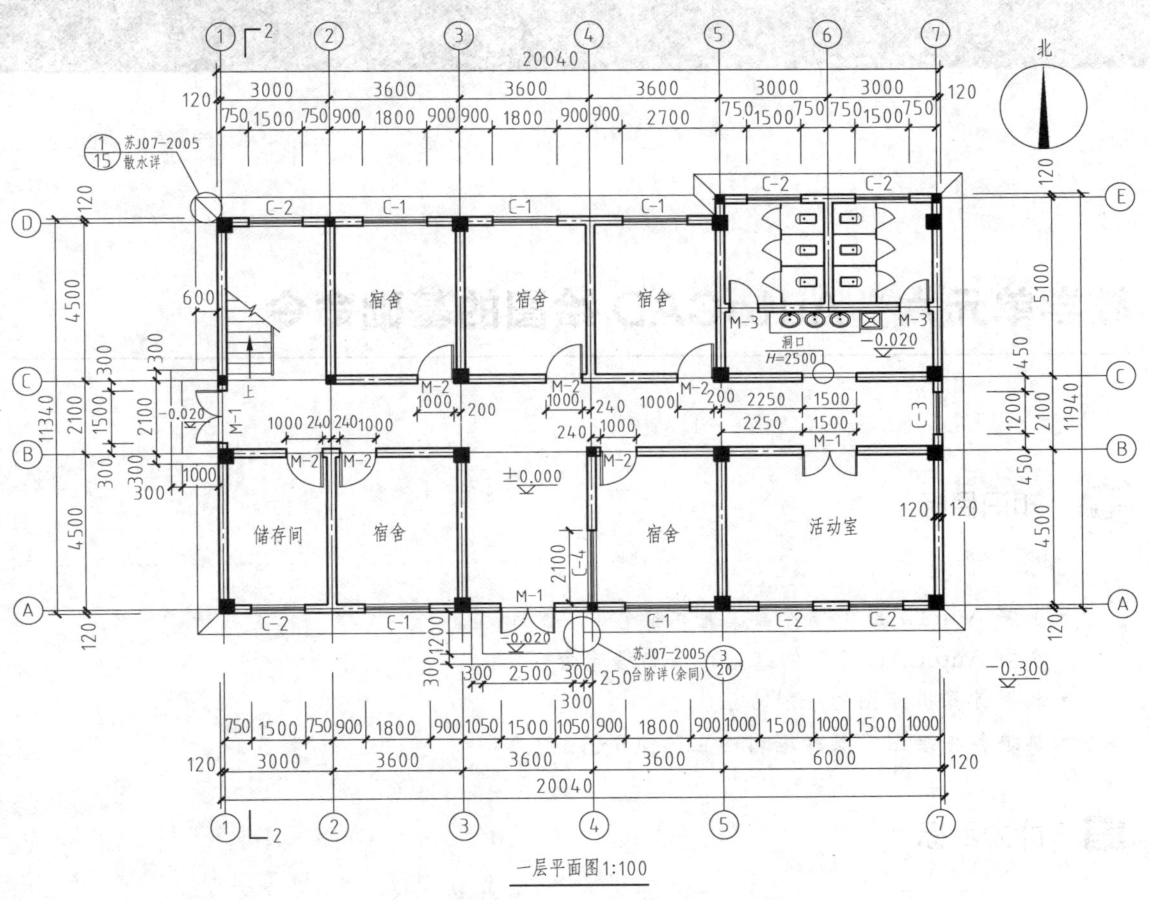

一层平面图1:100

图 5-32　2—2 剖切位置示意图

模块三 建筑施工图绘制

教学单元六 AutoCAD 绘图的基础命令

知识目标

- 了解 AutoCAD 工作界面、基本操作和文件管理。
- 掌握 AutoCAD 绘图的基础命令和编辑命令。
- 掌握计算机绘图的一般方法。
- 熟悉各种绘图工具和编辑的正确使用。

能力目标

- 能够利用各种绘图命令进行简单图形的绘制。
- 能够利用编辑命令对图形进行编辑修改。
- 能够对所绘图形进行正确的尺寸标注。
- 能够进行文字的正确书写。

任务 6.1 AutoCAD 界面与图形管理

【知识点】 AutoCAD 绘图界面　图形管理

AutoCAD 是由美国 Autodesk 公司开发的一款计算机辅助设计软件，可以辅助二维图形和三维图形绘制，是目前国际上应用最为广泛的绘图工具软件之一。目前，AutoCAD 在建筑、机械、设计等许多领域都有着广泛的应用，它具有工作界面多样化、交互菜单操作简便以及使用灵活方便等特点。AutoCAD 提供丰富的绘图命令、编辑命令和多种标注图形尺寸的功能，允许将所绘制的图形以不同样式通过绘图仪或打印机输出，提供了多种图形输出与打印的方式。本任务主要介绍 AutoCAD 界面和图形管理的基本操作。

6.1.1 AutoCAD 的工作界面

启动 AutoCAD 程序后，即进入 AutoCAD 绘图环境下的显示界面，其主要分为：标题栏、菜单栏、工具栏、绘图区、命令窗口、滚动条、状态栏等，如图 6-1 所示。

(1) 标题栏

AutoCAD 的标题栏位于窗口顶部。软件在第一次打开时会自动创建一个名为“Drawing. dwg”的文件，其中“. dwg”是 CAD 的扩展名。第一次保存后显示保存的位置及命名的图形名称。右上角为应用程序控制按钮，可以点击实现窗口的最大化、最小化和关闭操作，如图 6-1 所示。

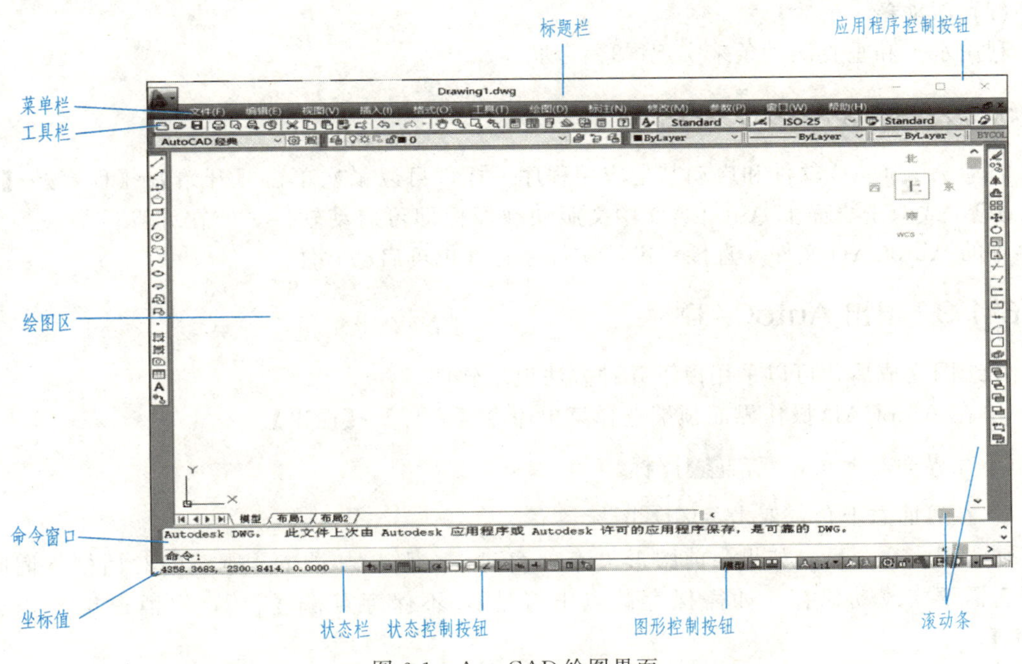

图 6-1 AutoCAD 绘图界面

(2) 菜单栏

菜单栏在屏幕的第二行，位于标题栏下方，以下拉的方式逐级显示，这里汇集了 CAD 的大部分操作命令，软件用户可以通过移动鼠标单击相应命令实现调用。在菜单项右侧有三角形图示的表示还有下一级子菜单。

(3) 工具栏

工具栏是由形象化的图标按钮组成，使用户可以方便快捷地访问常用命令并进行操作。常用工具栏包括以下几种：标准工具栏、特性工具栏、样式工具栏、绘图工具栏和修改工具栏等。

(4) 绘图区

绘图区是用户进行图形绘制的区域，位于屏幕中央，是用户进行绘图编辑等操作的主要区域。AutoCAD 绘图区支持多文档编辑，在绘图区左下角有模型空间和布局空间，可以通过单击实现空间的切换。通常默认的是模型空间，布局空间通常用来对图纸进行打印输出和页面设置。

(5) 命令窗口

命令窗口位于绘图区下方，可以通过文字输入操作命令并实现操作。通常显示三行命令，包括历史命令和当前命令，可以通过功能键【F2】打开 AutoCAD 文本窗口，或通过拖动改变窗口大小，显示更多历史命令。

(6) 状态栏

状态栏位于 AutoCAD 界面最下方，显示坐标信息和一系列控制按钮，其中包括：捕捉、栅格、正交、极轴、对象捕捉、三维对象捕捉、追踪、动态 UCS、线宽、透明度、快捷特性等。用户可以通过单击实现打开或关闭，当命令按钮凹下时命令是打开，凸起时命令是关闭状态。

(7) 滚动条

利用水平和垂直滚动条来实现屏幕移动。

6.1.2 启动 AutoCAD

启动 AutoCAD 软件和启动其他应用程序一样，可以依次单击【开始】→【程序】→【AutoCAD】，或双击桌面上 AutoCAD 中文版快捷图标即可启动软件，或在计算机中找到已经保存好的 AutoCAD 文件，直接双击该文件名打开也可启动软件。

6.1.3 退出 AutoCAD

在绘图完成后，可以采用以下几种方法退出软件。

① 在 AutoCAD 操作界面顶端选择菜单命令【文件】→【退出】。

② 在界面左上角，双击 图标。

③ 在界面右上角，双击关闭 图标。

输入退出命令后，如果当前图形没有保存过，会弹出如图 6-2 所示的对话框，询问用户是否需要将改动保存。如需保存就点击【是】，不保存点击【否】，取消退出操作点击【取消】。

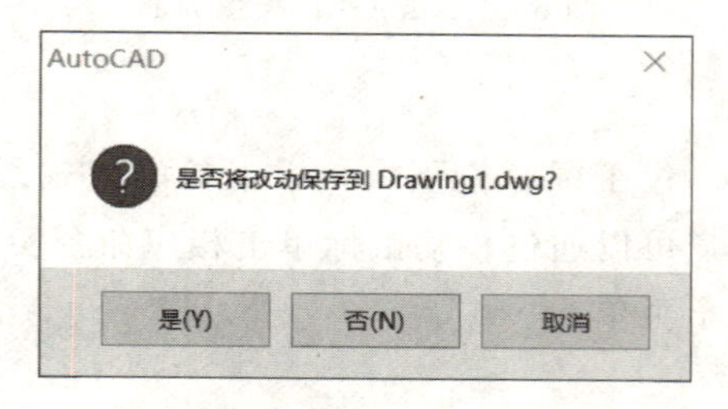

图 6-2　系统退出对话框

6.1.4 建立新图形文件

在 AutoCAD 中，用户可以采用以下几种方法新建图形文件。

• 菜单栏：单击【文件】→【新建】菜单。
• 工具栏：单击“标准”工具栏→“新建”按钮。

- 命令：new 或 qnew。
- 组合键：【Ctrl】+N。

执行命令后，系统弹出如图 6-3 所示的对话框，利用该对话框选择所需要的图纸样板。

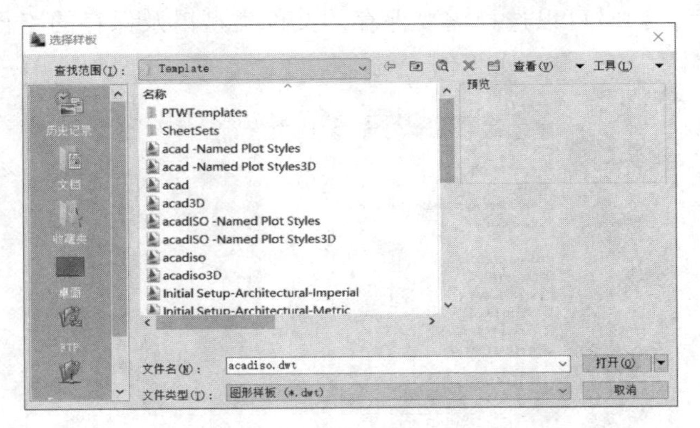

图 6-3 “选择样板”对话框

6.1.5 打开图形文件

在 AutoCAD 中，用户可以采用以下几种方法打开图形文件。

- 菜单栏：单击【文件】→【打开】菜单。
- 工具栏：单击“标准”工具栏→“打开”按钮。
- 命令：open。
- 组合键：【Ctrl】+O。

执行命令后系统弹出如图 6-4 所示的对话框，在该对话框中，可以直接输入文件名打开已有图形，也可以在文本框中双击要打开的文件或选中文件后单击【打开】即可打开文件。

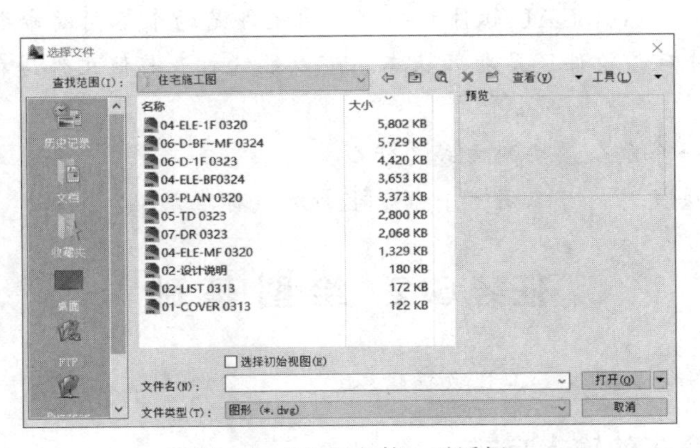

图 6-4 “选择文件”对话框

6.1.6 保存当前的图形文件

在 AutoCAD 中，用户可以用以下几种方法保存当前图形。

- 菜单栏：单击【文件】→【保存】或【另存为】菜单。
- 工具栏：单击“标准”工具栏→“保存”按钮。

• 命令：qsave 或 save。

• 组合键：【Ctrl】＋S。

如果当前文件还未命名时，系统会弹出如图 6-5 所示对话框，使用该对话框可以对当前文件名进行命名保存，同时可以选择需要保存的文件类型以及保存的路径。

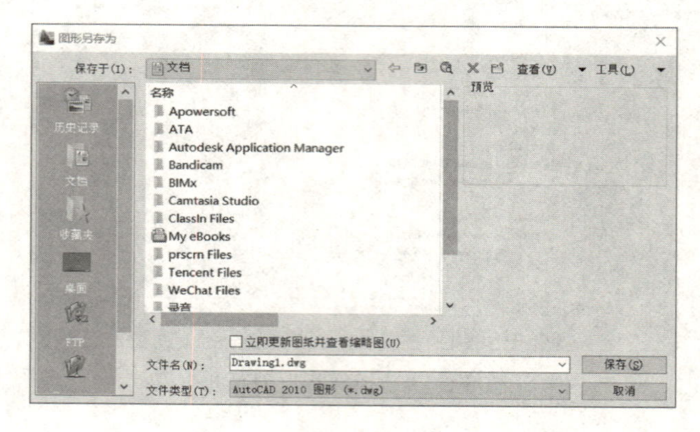

图 6-5 “图形另存为”对话框

◆ 6.1.7 关闭和退出文件

关闭和退出图形文件有以下四种方法：

• 菜单栏：单击【文件】→【关闭】或【退出】菜单。

• 工具栏：单击 AutoCAD 当前文件窗口右上角的关闭按钮，关闭文件，利用应用程序按钮的快捷菜单关闭文件或退出文件。

• 命令：close 或 exit/quit。

• 组合键：【Ctrl】＋Q

【提示】 关闭退出 AutoCAD 软件和关闭退出文件是两个不同的命令，它们都在图形右上角。关闭退出文件后，软件还是打开状态，可以继续打开其他文件进行操作。

【随堂讨论】

1. 重复执行上一个命令最快的方式是什么？

2. 当下拉菜单丢失时，可以用哪个命令重新加载标准菜单？

任务 6.2 绘图基础

【知识点】 绘图命令输入 工程数据输入

◆ 6.2.1 绘图命令的输入方式

AutoCAD 的命令可采用以下几种不同的输入方式。

(1) 下拉菜单

下拉菜单是一种 AutoCAD 命令操作的方式，许多命令都通过下拉菜单来实现。

(2) 工具栏

工具栏分类汇总大部分 AutoCAD 的命令，方便用户调取、打开、关闭相应命令。

(3) 命令行

命令行是最常用的调取操作命令的方式，可以有效地提高 AutoCAD 绘图速度。

(4) 鼠标右键快捷方式

鼠标右键快捷方式的内容会随着光标位置的变化有不同的内容，使用起来较为方便。

◆ 6.2.2 工程数据的输入

在建筑工程图中，用户常需要输入一些工程数据，比如线段的起点、端点，矩形的第一角点和另一个角点，正多边形的中心点，圆的圆心、半径的端点，圆弧的起点、第二点、端点，图块的插入点等。

① 鼠标拾取：使用鼠标左键单击相应位置。

② 捕捉特殊点：利用绘图辅助工具捕捉一些特殊点，如线段的中点、圆弧的中点等。

③ 指定方向距离输入点：当命令行提示输入下一点的时候，可以通过鼠标给十字光标指定方向，并在命令行输入指定的距离。在建筑工程图中是非常常见的绘制方式。

④ 命令行输入坐标点：在绘制建筑工程图时，常需要指定起点或第一点，可以通过在命令行输入坐标点的方式实现。

【提示】 在输入坐标点时，使用（100，200）的方式，其中 100 表示 X 轴方向的坐标，200 是 Y 轴的坐标，向右、向上输入正数，向左、向下输入负数。

◆ 6.2.3 命令的重复

重复执行命令的三种方式：空格键、回车键、鼠标右键。

【提示】 重复命令仅可以重复上一步的操作。

◆ 6.2.4 放弃上一个操作命令

在使用 AutoCAD 软件绘制建筑工程图过程中，如果操作有误，用户可以取消已进行的操作。放弃上一个操作可以使用三种方式：按键【Esc】、键盘输入“undo”和“redo”。

◆ 6.2.5 图形的观察

① 鼠标中键可以实现图纸放大或缩小，向前滚动是放大，向后是缩小。这也是 CAD 中最常用的图形观察方式。

② 利用 ZOOM 命令实现视图缩放。ZOOM 命令可以放大或缩小图形显示范围。如果在图形编辑过程中超出了绘图区域，可以通过输入“zoom”→输入“A”→回车，这样会显示全部图形界限内的内容。

③ 使用工具栏缩放、移动图纸。使用工具栏上的 （实时平移）命令，可以移动图纸；单击 （窗口缩放）命令，可以放大或缩小显示当前视口中对象的外观尺寸；使用 （实时缩放）命令，可以放大或缩小显示当前窗口中对象的外观尺寸；使用 （缩放上一个）命令，可以退回到上一次的缩放大小。

【随堂讨论】

1. 取消命令执行的按键有哪些？

2. 工程数据的输入有哪些方式？

任务 6.3　设置绘图环境

【知识点】 图形界限设置　绘图单位设置　图层设置与管理

◆ 6.3.1　设置图形界限

二维码 6.1

- 命令：limits。
- 菜单栏：【格式】→【图形界限】。

◆ 6.3.2　设置绘图单位

- 命令：units 或快捷键 UN。
- 菜单栏：【格式】→【单位】。

执行命令后系统弹出如图 6-6 所示“图形单位”对话框，利用该对话框可以设置长度、角度、顺时针、方向等命令。

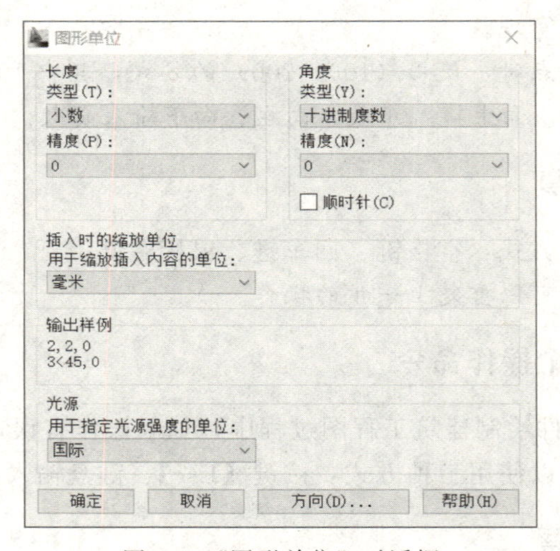

图 6-6　“图形单位”对话框

• 长度：设定长度单位计数类型和精度。点取“类型（T）”下面的小三角，可以选择计数类型，绘制建筑图样时通常选“小数”；点取“精度（P）”下面的小三角，可以选择计数精度，通常精确到“0”。

• 角度：设定角度单位计数类型和精度。点取“类型（Y）”下面的小三角，可以选择类型，绘建筑图时通常选“度/分/秒”，点取“精度（N）”下面的小三角，可以选择精度，通常精确到“0”。

• 顺时针：设定角度正方向，通常不选此项，即以默认的逆时针方向为正。

• 确定：单击“确定”按钮，系统接受用户的设定。

• 取消：单击“取消”按钮则之前的设定不生效，并退出图形单位设定对话框。

• 方向：设定基准角度方向，单击“方向”按钮后弹出如图 6-7 所示的“方向控制”对话框，通过该对话框进行角度方向设定。通常选择“东（E）”，即以水平向右为 0 度的方向。

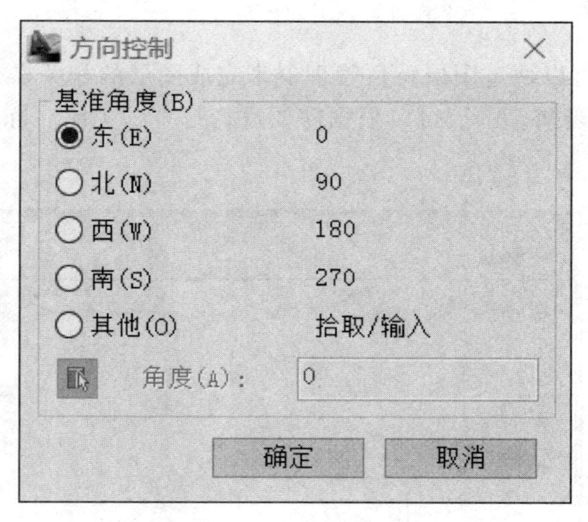

图 6-7 “方向控制对”话框

6.3.3 设置常用辅助工具

启动命令：【工具】→【选项】→【草图设置】”，可以设置栅格（F7）、捕捉（F9）、正交（F8）、对象捕捉（F3）、极轴（F10）等常用辅助工具，如图 6-8 所示。

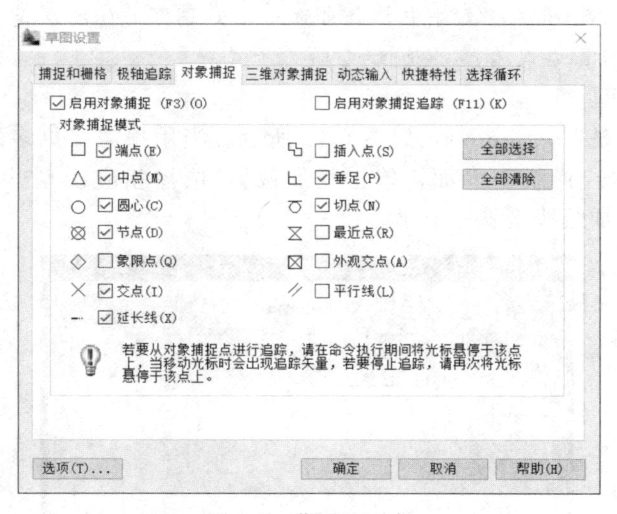

图 6-8 草图选项卡

6.3.4 设置图层

AutoCAD 中的图层有两个作用，一是图形的组织管理，二是图形属性管理，属性管理包括：线型、线宽和颜色。

图层命令的启动方式：

- 命令：layer 或快捷键 LA。
- 菜单栏：【格式】→【图层】。
- 工具栏：打开“格式”→弹出“图层特性管理器”。
- 工具条：对象特性工具栏。

6.3.4.1 图层的特性

在 AutoCAD 中，可以通过图层特性管理器来完成图层的相关操作，图层的操作主要包括：新建、删除和置为当前。图层可以根据需要进行打开与关闭、冻结与解冻、锁定与解锁等操作，如图 6-9 所示。

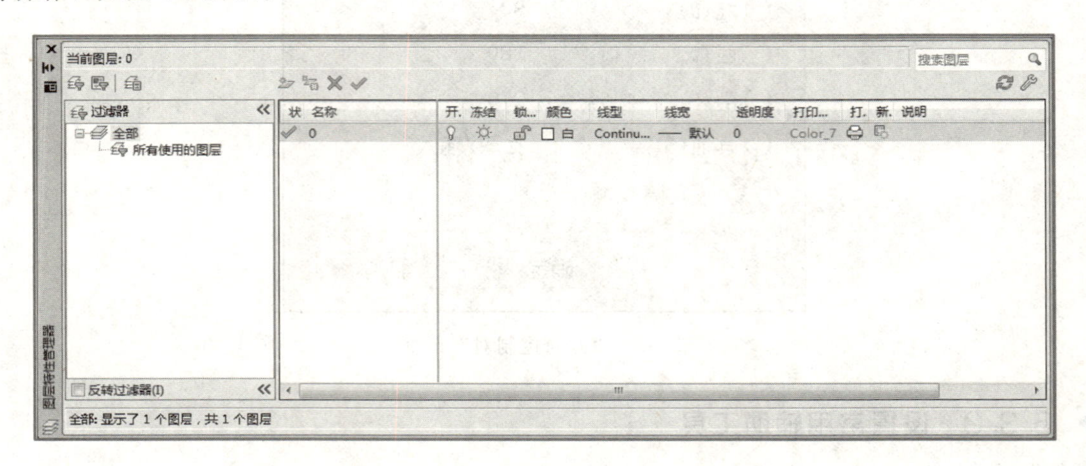

图 6-9 图层特性管理器

【提示】 在新建 AutoCAD 文件中都会自带一个 0 图层，0 图层是系统图层，不能删除但是可以更改特性，0 图层具有随层属性。

6.3.4.2 图层的线型

图层默认的线型是 Continuous，如图 6-10 所示。当用户需要更多的线型，就需要加载线型，单击线型名称选择线型界面，单击【加载】，选择相应线型（图 6-11），单击【确定】，单击【加载】，加载线型就完成了。

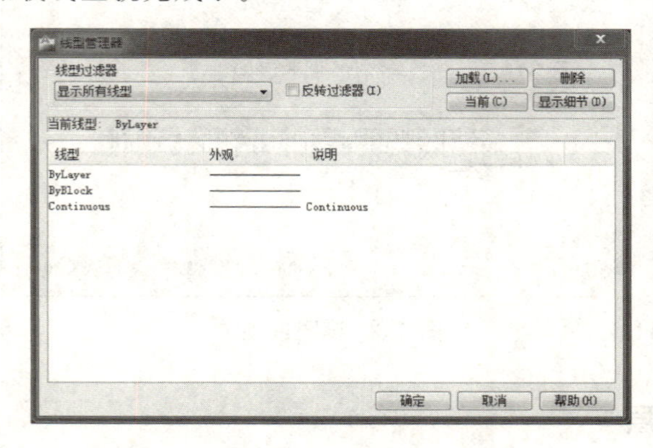

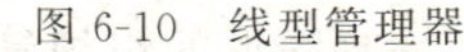

图 6-10 线型管理器

二维码 6.2

6.3.4.3 图层的颜色

图层的颜色是指在图层上绘制图形时所指定的颜色，用色号 1～255 来表示，每个图层的颜色根据需要设置，各个图层都有一个颜色，可以相同也可以不同。单击下拉菜单【格式】→【颜色】，系统弹出如图 6-12 所示“选择颜色”对话框，可以选择相应图层颜色，绘图时可以使用图层选定的颜色，也可以单独选定颜色。

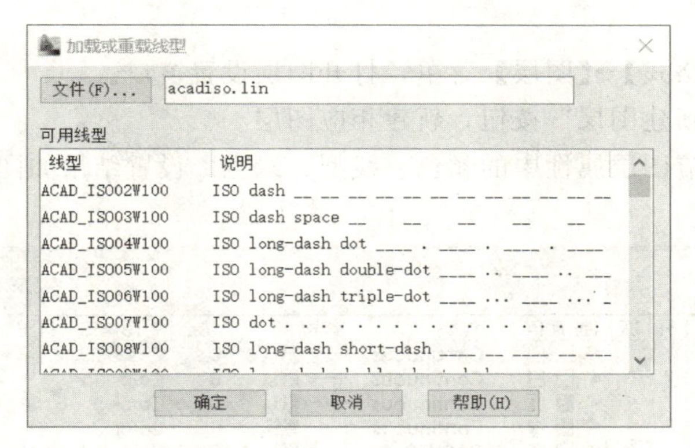

图 6-11　加载或重载线型管理器

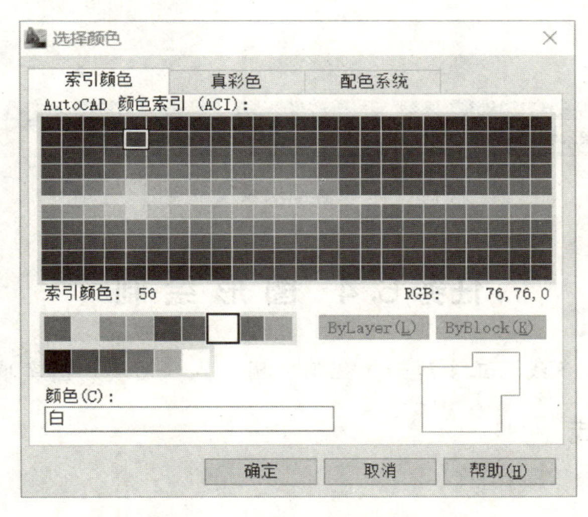

图 6-12　选择颜色管理器

【提示】 每个图层都可以指定一个颜色，图层里也可以有其他的颜色，随层的颜色就是在图层管理器里指定的颜色。

【随堂讨论】

1. 在 AutoCAD 文件中哪些图层不能删除？

2. 在 AutoCAD 中，默认图形界限的尺寸界线右上角坐标是什么？

【综合应用】

按照表 6-1 规定设置图层及线型。

表 6-1　常用图层及线型设置规定

图层名称	颜色	颜色号	线型	线宽
粗实线	白	7	Continuous	0.6
中实线	蓝	5	Continuous	0.3
细实线	绿	3	Continuous	0.15
虚线	黄	2	Dashed	0.3
点划线	红	1	Center	0.15

分析

第一步：单击【格式】→【图层】菜单，打开图层设置窗口。

第二步：单击“新建图层”按钮，新建相应图层。

第三步：修改相应图层属性中的颜色、线型、线宽。设置结果如图 6-13 所示。

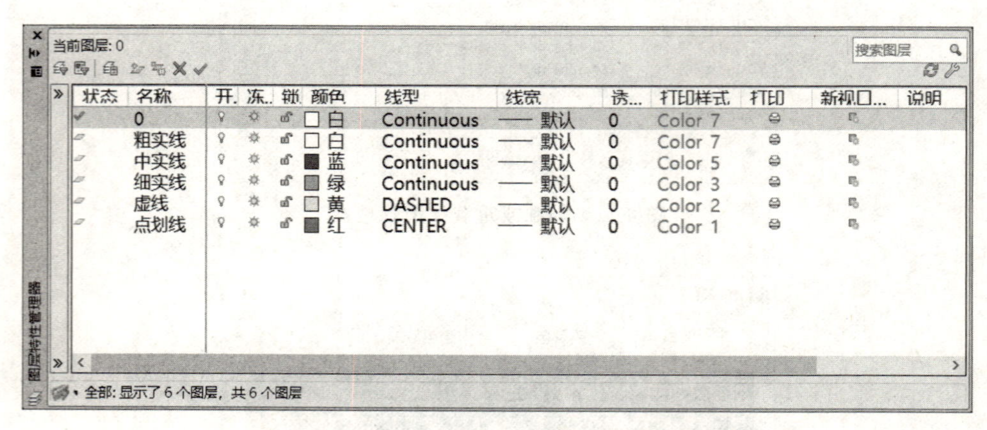

图 6-13　设置图层及线型实例

任务 6.4　图 形 绘 制

【知识点】 直线　多线　正多边形　矩形　圆　点　图块　图案填充

6.4.1　绘制直线

(1) 功能

使用直线（LINE）命令，可以创建一系列连续的直线段，每条线段都是可以单独进行编辑的。直线是图形最简单的构成要素，用户可以调用直线命令绘制建筑图纸中各类实线和虚线。

(2) 命令调用方式

- 菜单栏：【绘图】→【直线】；
- 工具栏：从“绘图”工具栏中选择“直线”按钮；
- 命令：line 或快捷键 L。

(3) 应用实例

绘制如图 6-14 所示的图形。

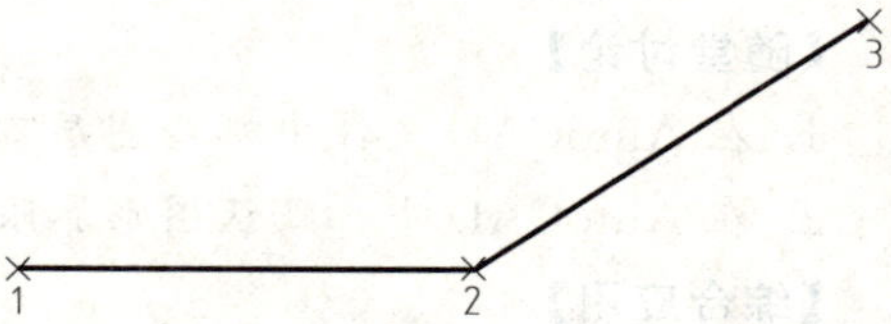

图 6-14　直线

6.4.2　绘制多线

(1) 功能

多线可以绘制多条平行线。在建筑工程图中常用来绘制平面图上的墙体和窗户。在使用多线命令之前，需要进行多线样式的设置，然后进行绘制，绘制完成后需要对多线进行编辑。

(2) 命令调用方式

- 菜单栏：【格式】→【多线】；
- 命令：mlstyle 或快捷键 ML；

(3) 应用实例

绘制如图 6-15 所示的图形。

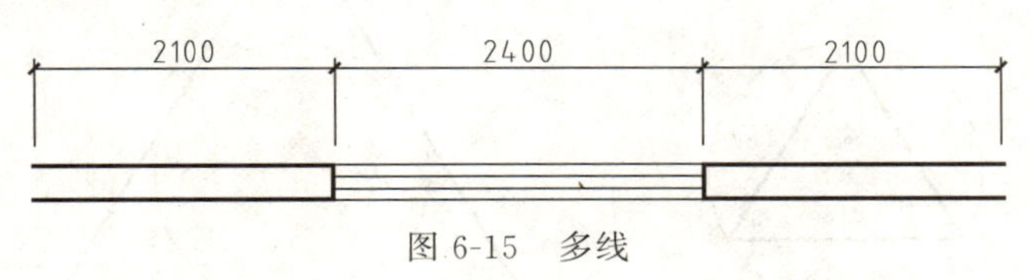

图 6-15 多线

6.4.3 绘制多段线

(1) 功能

多段线是由直线和曲线灵活交替出现在一个对象中的图形对象。绘制完成的图形是一个整体，当需要将具有线宽的直线和曲线组合在一起显示的时候，就可以使用多段线命令。

(2) 命令调用方式

二维码 6.3

- 菜单栏：【绘图】→【多段线】。
- 工具栏：从工具栏中单击“多线”按钮进行调用。
- 命令：pline 或快捷键 PL。

(3) 应用实例

绘制如图 6-16 所示的图形。

无论用哪种方式调用多段线命令，当调用多段线命令之后，命令行会弹出提示，让用户选择多段线的起点，按照要求，在屏幕上方指定多段线的起点，指定完起点后，命令行提示可以指定它的下一个点，如果直接指定下一个点，它的宽度是一致的，并且线宽始终为 0，只是一种可见的线宽。

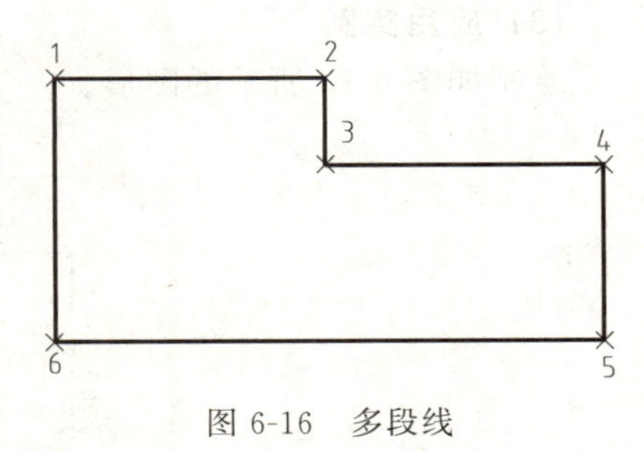

图 6-16 多段线

设置多段线的宽度：输入“w”→按【Enter】键，设置线段起点宽度和端点宽度，这样绘制的直线就是具有指定的宽度。

【提示】 多段线可以绘制有宽度的线段或有宽度的曲线。在绘制时，可以指定起点和端点相同的线宽，也可以指定不同的线宽。

6.4.4 绘制正多边形

(1) 功能

创建等边闭合多段线。默认边数为 4 边，可以通过命令行输入更改需要的边数。多边形包括“内切”“外切”“边”等方式。

(2) 命令调用方式

- 菜单栏：【绘图】→【多边形】。
- 工具栏：从工具栏中单击“多边形”按钮进行调用。

• 命令：polygon 或快捷键 POL。

(3) 应用实例

绘制如图 6-17 所示的内接和外切正多边形图形。

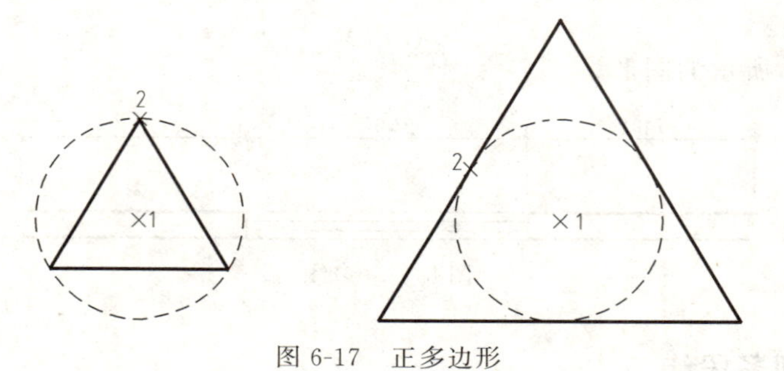

图 6-17　正多边形

6.4.5　绘制矩形

(1) 功能

矩形是常见的几何图形之一，通过指定角点、长度、宽度、方向等参数设置创建矩形闭合多段线。

(2) 矩形命令的调用方式

• 菜单栏：【绘图】→【矩形】。
• 工具栏：从工具栏中单击 “矩形” 按钮进行调用。
• 命令：rectangle 或快捷键 REC。

(3) 应用实例

绘制如图 6-18 所示的图形。

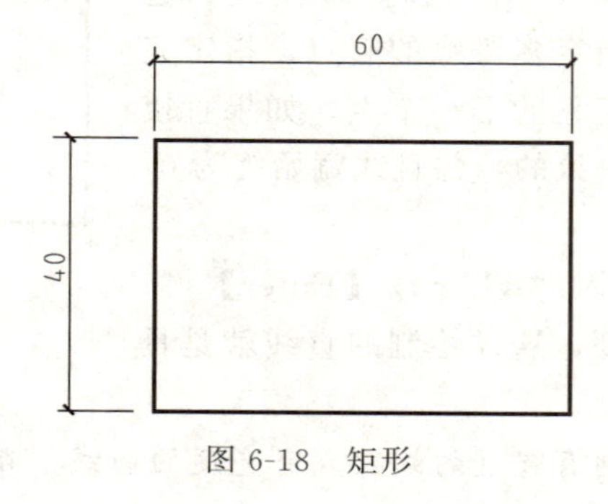

图 6-18　矩形

6.4.6　绘制圆

(1) 功能

默认用指定圆心和半径的方法绘制圆，也可以用圆心和直径、两点画圆、三点画圆的方式来绘制圆。

(2) 圆命令的调用方式

• 菜单栏：【绘图】→【圆】。
• 工具栏：单击 “绘图” 工具栏→ “圆” 菜单。

• 命令：circle 或快捷键 C。

(3) 应用实例

绘制如图 6-19 所示的圆，圆心坐标（0，0），半径为 30mm。

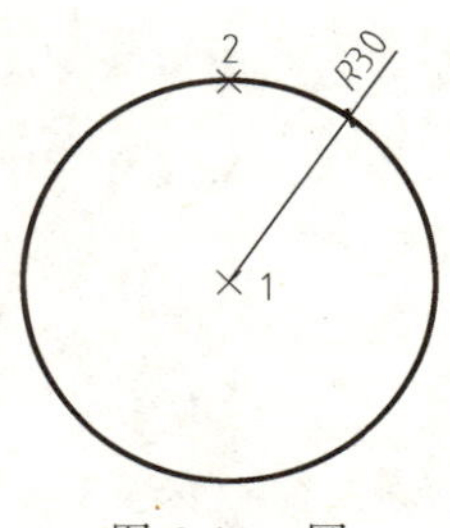

图 6-19　圆

【知识链接】 定位轴线是表示柱网、墙体位置的符号。定位轴线一般应编号，编号应注写在轴线端部的圆内。圆应用细实线绘制，直径为 8～10mm。定位轴线圆的圆心，应在定位轴线的延长线上或延长线的折线上。平面图上的定位轴线编号，横向编号应使用阿拉伯数字，从左至右编写，竖向编号应使用大写字母，从下至上顺序编写。

◆ 6.4.7　绘制点

(1) 功能

点是组成图形的基本元素，可以作为捕捉和偏移对象的节点或参考点。在 AutoCAD 中可以通过单点、多点、定数等分、定距等分的方法来创建点对象，如图 6-20 所示。

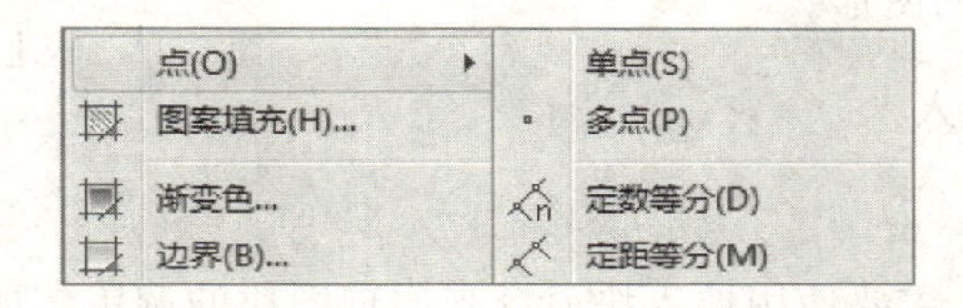

图 6-20　点命令的功能

(2) 命令调用方式

• 菜单栏：【绘图】→【点】→【单点】、【多点】。

• 工具栏：单击“绘图”工具栏→ “点”菜单。

• 命令：point 或快捷键 PO。

【提示】 在 AutoCAD 中常用点来进行定数等分和定距等分，定数等分指的是对指定对象进行指定数目的等分。定距等分指的是指定对象按照指定距离插入点。

(3) 应用实例

使用定数等分的命令，对如图 6-21 所示的直线进行等分。

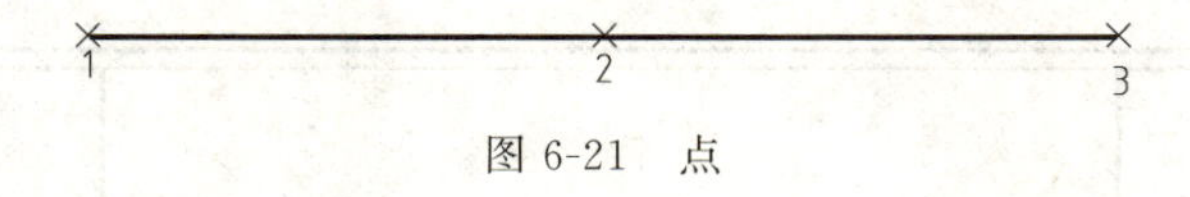

图 6-21　点

◆ 6.4.8　创建图块

(1) 功能

AutoCAD 中图块是一个或多个图形组成的集合，常用于定义重复使用或复杂的图形。图块可以帮助用户提高绘图速度，减小图形文件大小，是建筑工程中常用的绘图命令，如图 6-22 所示。

(2) 命令调用方式

• 菜单栏：【绘图】→【块】→【创建】、【基点】、【定义属性】。

• 工具栏：单击“绘图”工具栏→ “创建块”菜单。

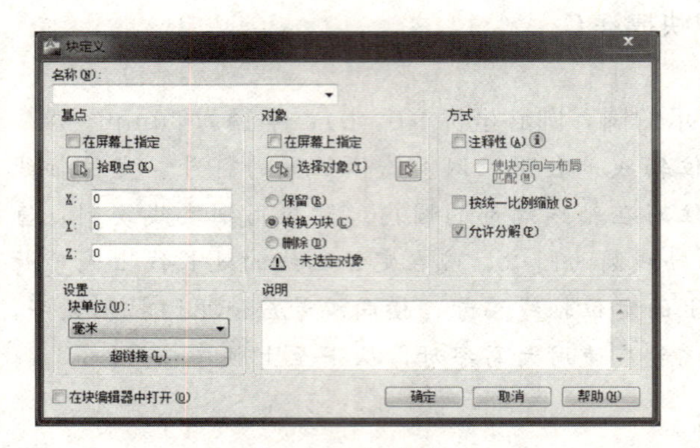

图 6-22　块定义

二维码 6.4

• 命令：block 或快捷键 B。

(3) 应用实例

绘制如图 6-23 所示的图形。

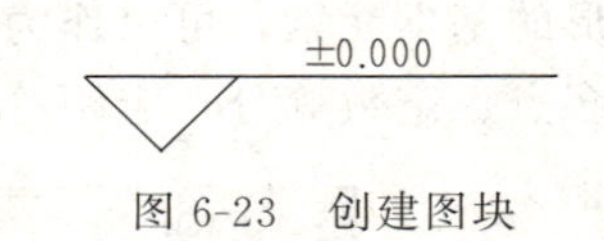

图 6-23　创建图块

6.4.9　图块的插入

(1) 功能

图块在创建好之后，需要使用插入块命令来实现图块的调用，插入图块时需要指定被插入图块的名称、位置、比例和方向。

(2) 命令调用方式

• 菜单栏：【插入】→【块】。

• 工具栏：单击“绘图”工具栏→“插入块”按钮。

• 命令：insert 或快捷键 I。

【提示】 图块可以在当前图形中创建并调用，也可以调用其他图形中创建的图块。通常在 0 图层创建图块，使得图块在调用时就具有随层属性。

(3) 应用实例

任务：绘制标高图块，并将其插入适当位置，如图 6-24 所示。

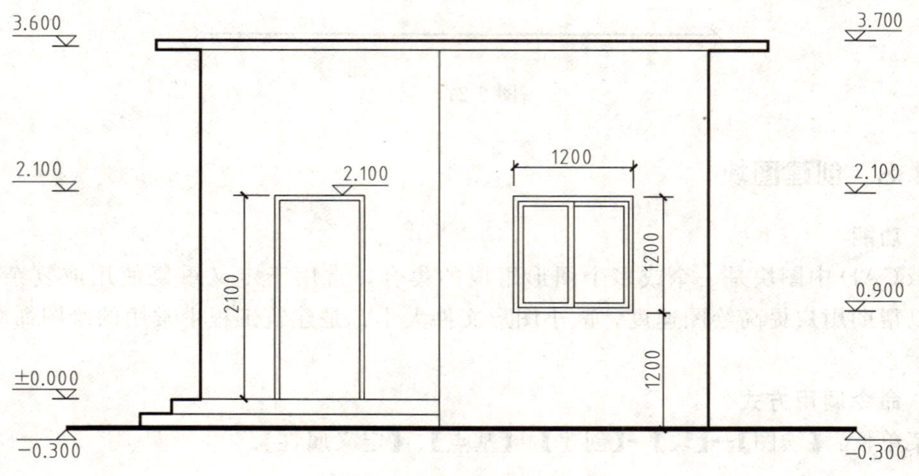

图 6-24　插入图块

◆ 6.4.10 图案填充

(1) 功能

在建筑工程绘图时，常用某一种图例代表相应位置的建筑材料，在 AutoCAD 中将某一种或几种图案填入指定封闭区域，这就是图案填充。

(2) 命令调用方式

- 菜单栏：【插入】→【块】。
- 工具栏：单击“绘图”工具栏→ “插入块”按钮。
- 命令：hatch 或快捷键 BH、H。

(3) 应用实例

绘制如图 6-25 所示的图形。

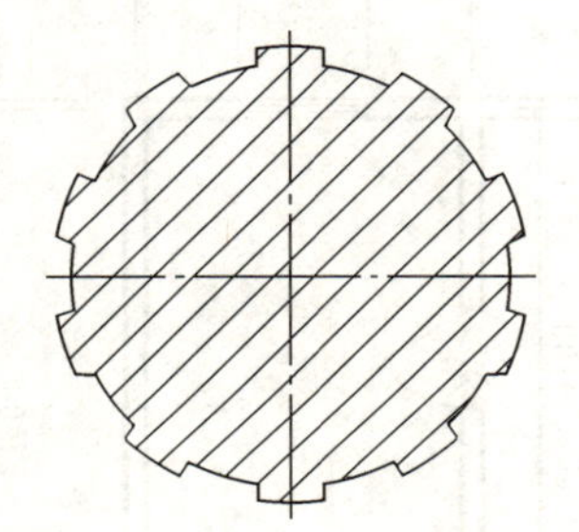
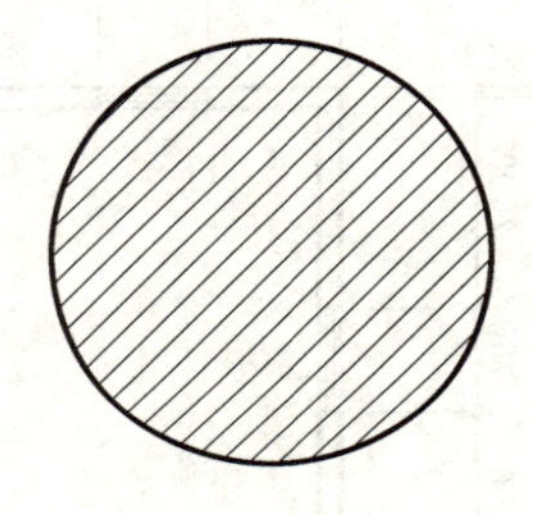

图 6-25 图案填充

【随堂讨论】

1. 在 AutoCAD 中，绘制直线的快捷键是________。
2. 在 AutoCAD 中，绘制圆的快捷键是__________。
3. 在 AutoCAD 中，绘制矩形的快捷键是________。
4. 在 AutoCAD 中，移动命令的快捷键是________。
5. 在 AutoCAD 中，绘制圆的默认方式是________。

【综合应用一】

使用 1∶1 比例绘制标题栏，尺寸及规格如图 6-26 所示。

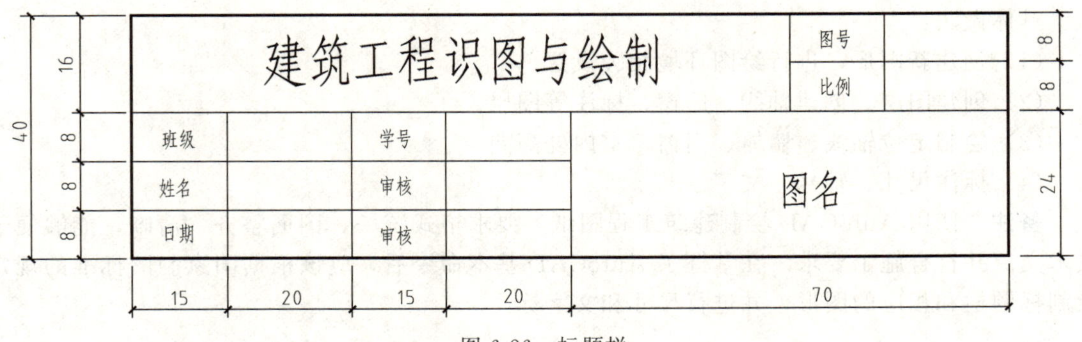

图 6-26 标题栏

具体做法：

(1) 创建新图形，进行相关设置。

（2）创建图层。创建尺寸标注、图框、文字、文字标注等图层。

（3）设置文字样式。文字样式设为“仿宋_GB2312”，字高如图 6-26 所示。

（4）设置标注样式。

（5）绘制内外图框。

（6）绘制标题栏线段。

（7）添加标题栏文字。

【综合应用二】

使用 AutoCAD 绘制建筑平面图，尺寸及规格如图 6-27 所示。

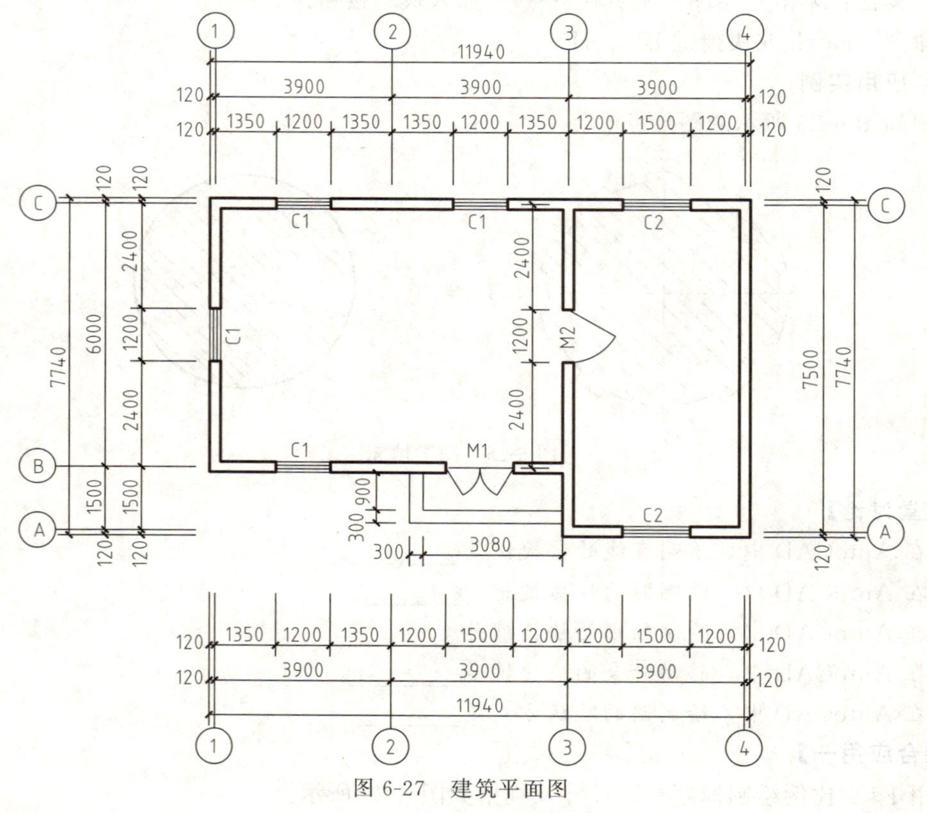

图 6-27　建筑平面图

具体做法：

（1）创建新图形，进行绘图环境相关设置。

（2）创建图层。创建轴线、门窗、标注等图层。

（3）绘制定位轴线、墙体、门窗、室内外高差。

（4）标注尺寸、轴号、文字。

备注　使用 AutoCAD 绘制建筑工程图纸，要求格式统一、图面整齐、清晰，能够便于技术交流并符合施工要求。在掌握了 AutoCAD 基本命令后，应该根据国家制图标准的规定绘制标题栏和相应的图形，并进行尺寸和文字标注。

任务 6.5　图形编辑命令

【知识点】　删除　复制　镜像　偏移　阵列　移动　旋转　缩放　拉伸　修剪　延伸

打断　倒角　圆角

6.5.1 删除命令

(1) 功能

从图形中删除对象，用户使用删除命令就可以实现删除选定对象的操作。

(2) 删除命令的调用方法

- 菜单栏：【修改】→【删除】。
- 工具栏：单击“修改”工具栏→ “删除”按钮。
- 命令：erase 或快捷键 E。

【提示】 无需选择要删除的对象，也可以执行删除命令，例如，输入“l”删除绘制的上一个对象，输入“p”删除前一个选择集，或者输入“all”删除所有对象。选中要删除的图形，也可以用键盘上 Delete 键直接删除。

6.5.2 复制命令

(1) 功能

复制是将对象复制到指定方向上的指定距离处。使用 COPYMODE 系统变量，可以控制是否自动创建多个副本。

(2) 复制命令的调用方法

- 菜单栏 ：【修改】→【复制】。
- 工具栏：单击“修改”工具栏→ “复制”按钮。
- 命令：copy 或快捷键 CO。

(3) 应用实例

绘制如图 6-28 所示的图形。

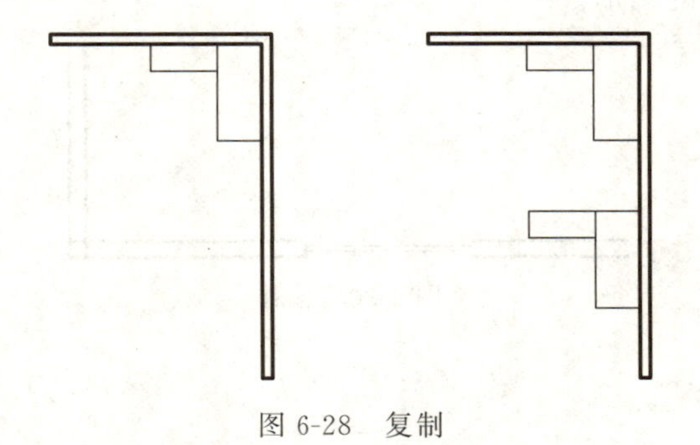

图 6-28　复制

6.5.3 镜像命令

(1) 功能

创建选定对象的镜像副本。可以创建表示半个图形的对象，选择这些对象并沿指定的线进行镜像可以创建另一半。

(2) 命令的调用方法

- 菜单栏：【修改】→【镜像】。

• 工具栏：单击“修改”工具栏→ “镜像”按钮。
• 命令：mirror 或快捷键 MI。

(3) 应用实例

绘制如图 6-29 所示的图形。

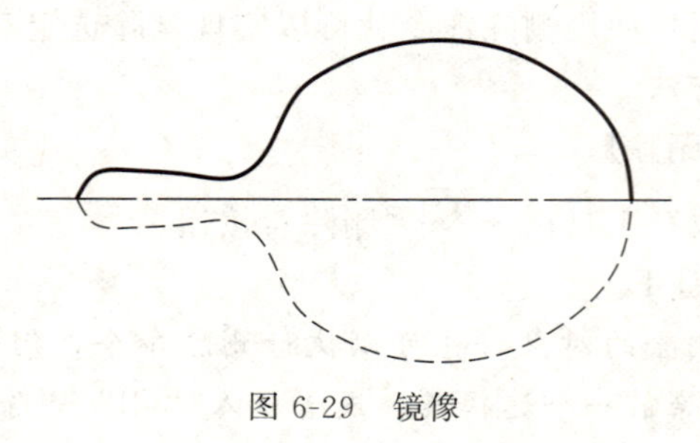

图 6-29 镜像

6.5.4 偏移命令

(1) 功能

偏移可以创建同心圆、平行线和等距曲线。用户可以在指定距离或通过一个点偏移对象。偏移对象后，可以使用修剪和延伸这种有效的方式来创建包含多条平行线和曲线的图形。

(2) 命令的调用方法

• 菜单栏：【修改】→【偏移】命令。
• 工具栏：单击“修改”工具栏→ “偏移”按钮。
• 命令：offset 或快捷键 O。

(3) 应用实例

绘制如图 6-30 所示的图形。

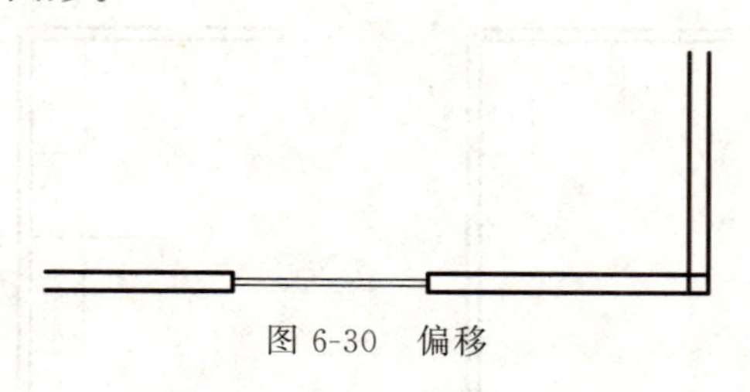

图 6-30 偏移

6.5.5 阵列命令

(1) 功能

阵列指的是创建按指定方式排列的多个对象副本。用户可以使用矩形阵列或环形阵列的方式创建对象副本。矩形阵列需要指定行数、列数、行偏移和列偏移；环形阵列需要指定中心点、项目总数、填充角度，并需要选择阵列的对象。

(2) 命令调用方法

• 菜单栏：【修改】→【阵列】。
• 工具栏：单击“修改”工具栏→ “阵列”按钮。

• 命令：array 或快捷键 AR。

(3) 应用实例

绘制如图 6-31 所示的图形。

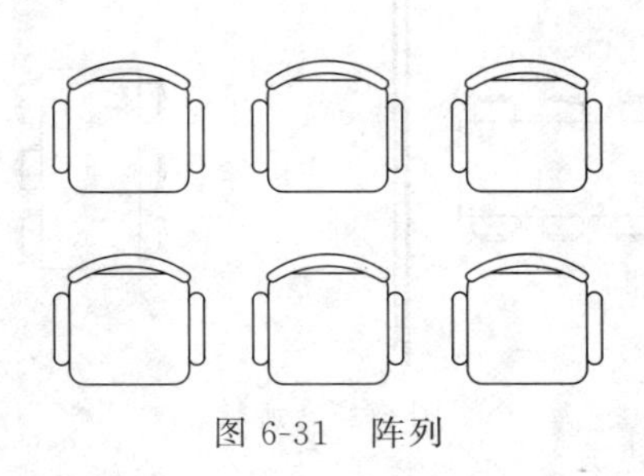

图 6-31　阵列

6.5.6　移动命令

(1) 功能

移动指的是将对象在指定方向上移动指定距离。使用坐标、栅格捕捉、对象捕捉和其他工具可以精确移动对象。

(2) 命令的调用方法

• 菜单栏：【修改】→【移动】。

• 工具栏：单击“修改”工具栏→ “移动”按钮。

• 命令：move 或快捷键 M。

(3) 应用实例

绘制如图 6-32 所示的图形。

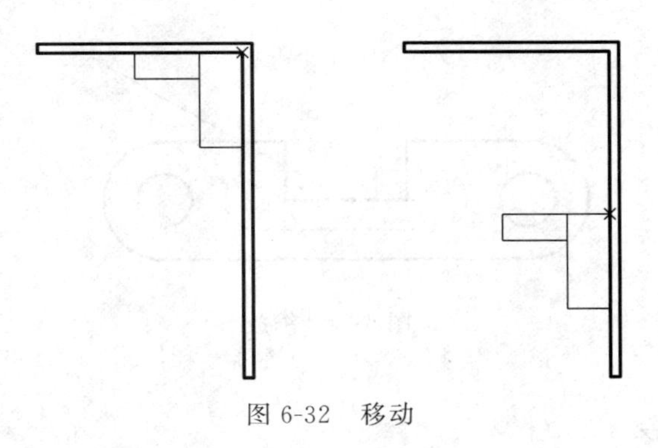

图 6-32　移动

6.5.7　旋转命令

(1) 功能

旋转指的是绕基点旋转对象。可以围绕基点将选定的对象旋转到一定的角度。

(2) 命令调用方法

• 菜单栏：【修改】→【旋转】。

• 工具栏：单击“修改”工具栏→ “旋转”按钮。

• 命令：rotate 或快捷键 RO。

（3）应用实例

绘制如图 6-33 所示的图形。

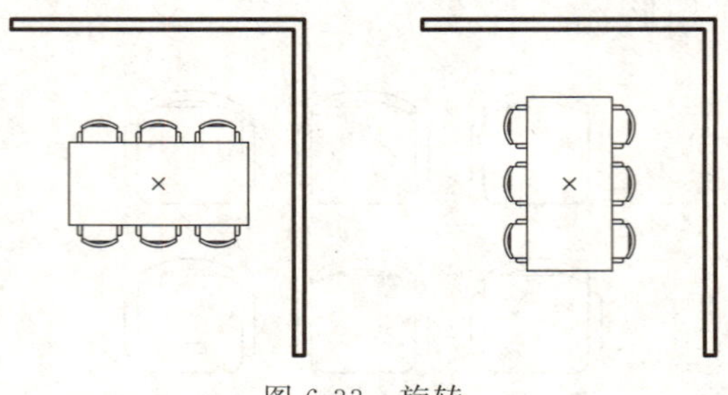

图 6-33　旋转

6.5.8　缩放命令

（1）功能

放大或缩小选定对象，缩放后保持对象的比例不变。要缩放对象，请指定基点和比例因子。基点将作为缩放操作的中心，并保持静止。比例因子介于 0 和 1 之间将缩小对象。

（2）命令调用方法

- 菜单栏：【修改】→【缩放】。
- 工具栏：单击“修改”工具栏→ “缩放”按钮。
- 命令：scale 或快捷键 SC。

（3）应用实例

绘制如图 6-34 所示的图形。

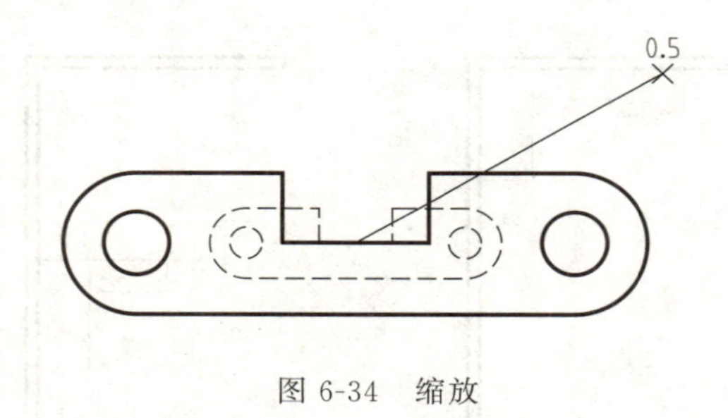

图 6-34　缩放

6.5.9　拉伸命令

（1）功能

通过窗选或多边形框选的方式拉伸对象。将拉伸窗交窗口部分包围的对象。将移动（而不是拉伸）完全包含在窗交窗口中的对象或单独选定的对象。有的对象如圆、椭圆和块无法拉伸。

（2）命令调用方法

- 菜单栏：【修改】→【拉伸】。
- 工具栏：单击“修改”工具栏→ “拉伸”按钮。
- 命令：stretch 或快捷键 S。

二维码 6.5

(3) **应用实例**

绘制如图 6-35 所示的图形。

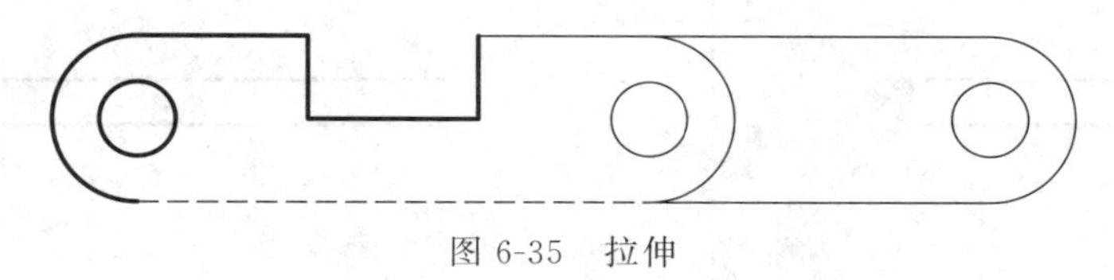

图 6-35　拉伸

6.5.10　修剪命令

(1) **功能**

修剪对象以适合其他对象的边。要修剪对象需要先选择边界，然后按【Enter】键并选择要修剪的对象。要将所有对象用作边界，需要首次出现“选择对象”时按【Enter】键。

(2) **命令调用方法**

- 菜单栏：【修改】→【修剪】。
- 工具栏：单击“修改”工具栏→ “修剪”按钮。
- 命令：trim 或快捷键 TR。

(3) **应用实例**

绘制如图 6-36 所示的图形。

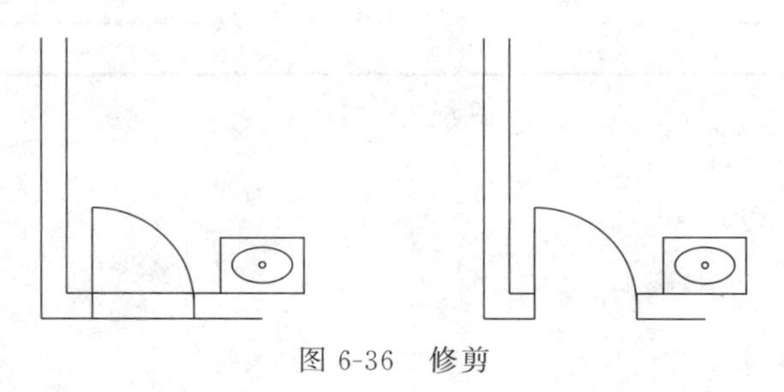

图 6-36　修剪

6.5.11　延伸命令

(1) **功能**

延伸是将图形对象延伸到指定位置的命令。要延伸对象，首先要选择边界，然后按【Enter】键并选择要延伸的对象。

(2) **命令调用方法**

- 菜单栏：【修改】→【延伸】。
- 工具栏：单击“修改”工具栏→ “延伸”按钮。
- 命令：extend 或快捷键 EX。

(3) **应用实例**

绘制如图 6-37 所示的图形。

6.5.12　打断命令

(1) **功能**

在两点之间打断所选的对象。可以在对象上的两个指定点之间创建间隔，从而将对象打

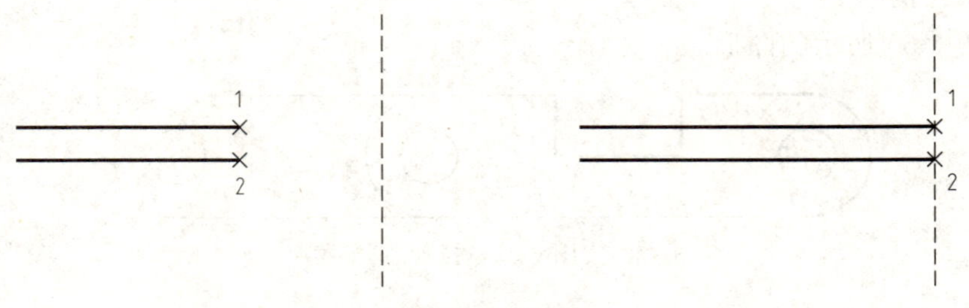

图 6-37　延伸

断为两个对象。如果这些点不在对象上，则会自动投影到该对象上。Break 通常用于为块或文字创建空间。

(2) 命令调用方法

- 菜单栏：【修改】→【打断】。
- 工具栏：单击“修改”工具栏→ “打断”按钮。
- 命令：break 或快捷键 BR。

(3) 应用实例

绘制如图 6-38 所示的图形。

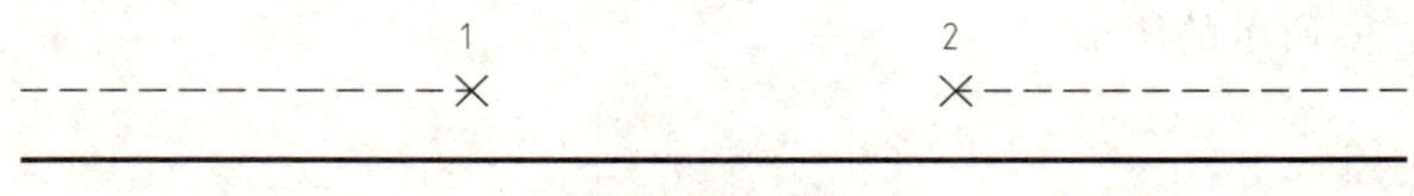

图 6-38　打断

6.5.13　倒角命令

(1) 功能

对图形对象加倒角。

(2) 命令调用方法

- 菜单栏：【修改】→【倒角】。
- 工具栏：单击“修改”工具栏→ “倒角”按钮。
- 命令：chamfer 或快捷键 CHA。

(3) 应用实例

绘制如图 6-39 所示的图形。

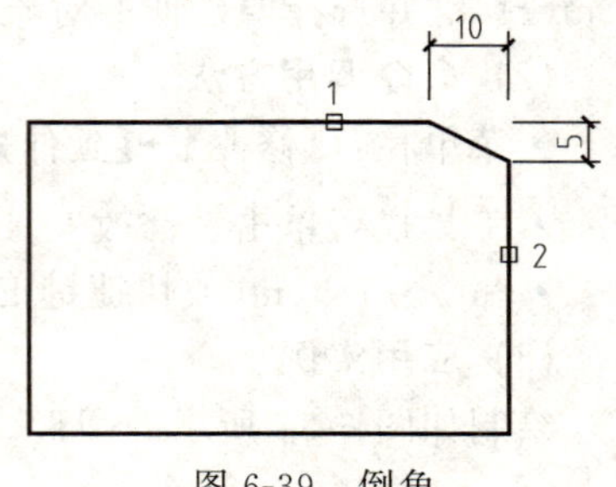

图 6-39　倒角

6.5.14　圆角命令

(1) 功能

给对象加圆角。

(2) 命令调用方法

- 菜单栏：【修改】→【圆角】。
- 工具栏：单击“修改”工具栏→ “圆角”按钮。
- 命令：fillet 或快捷键 FIL。

(3) 应用实例

绘制如图 6-40 所示的图形。

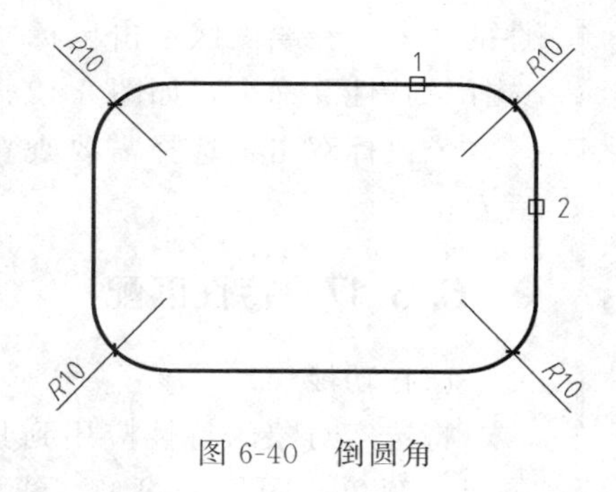

图 6-40 倒圆角

6.5.15 分解命令

(1) 功能

将复合对象分解为其部件对象。在需要单独修改复合对象的部件时，可分解复合对象，可以分解的对象包括块、多段线及面域等。

(2) 命令调用方法

- 菜单栏：【修改】→【分解】。
- 工具栏：单击“修改”工具栏→ “分解”按钮。
- 命令：explode 或快捷键 X。

(3) 应用实例

绘制如图 6-41 所示的图形。

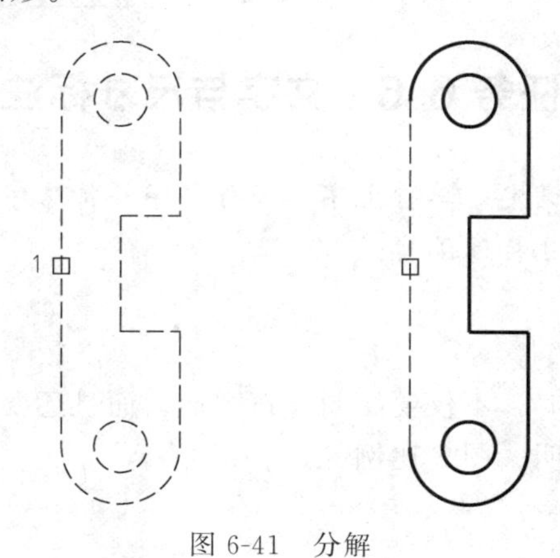

图 6-41 分解

6.5.16 特性选择

(1) 功能

控制现有对象的特性。

(2) 特性选择的调用方法

- 菜单栏：【修改】→【特性】。
- 工具栏：单击“修改”工具栏→“特性”按钮。

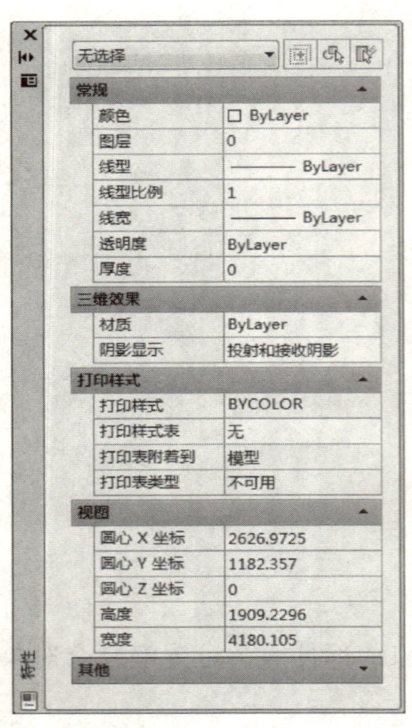

图 6-42　特性选项板

- 命令：properties 或快捷键 Ctrl 键+1。
- 鼠标右键快捷方式：选择需要查看其特性或修改特性的对象，在绘图区单击鼠标右键，在弹出的快捷菜单中选择“特性”命令，如图 6-42 所示。
- 鼠标双击：选择需要查看其特性或修改特性的对象后双击鼠标。

6.5.17　特性匹配

(1) 功能

将选定对象的特性应用到其他对象。可以匹配的特性包括：颜色、图层、线型、线型比例、线宽、打印样式、文字样式、标注样式、透明度、图案填充等其他指定的特性。

(2) 特性匹配的调用方法

- 菜单栏：【修改】→【特性匹配】。
- 工具栏：单击“修改”工具栏→“特性匹配”按钮。
- 命令：matchprop 或 painter 或快捷键 MA。

【提示】 特性匹配是一个非常有用的命令，可以快捷地匹配特性。

【随堂讨论】

1. ＿＿＿＿＿命令需要指定中心点、项目总数和填充角度。
2. 删除可以使用＿＿＿＿＿和＿＿＿＿＿命令来实现。
3. 修改是否可以自动创建多个副本？需要更改＿＿＿＿＿的属性。

任务 6.6　文字与尺寸标注

【知识点】 文字标注的设定　单行文字　多行文字　特殊字符　文字编辑　尺寸标注样式设置　尺寸标注方法　尺寸标注编辑

6.6.1　文字标注

在进行建筑工程图绘制时，不仅要绘制建筑图形，而且还要在一些需要说明的地方标注文字，如材料做法、图例说明、图名比例等。

6.6.1.1　文字样式的设定

文字样式设定调用方式：

- 菜单栏：【格式】→【文字样式】。
- 命令：style。

输入命令后如图 6-43 所示，可以进行文字样式设置。

常用设置：“字体”下拉框可以选择所需要的字体；“高度”下部框内可以输入字体高度；“宽度因子”用来设置输出字体的宽高比；对话框左下角是当前选中字体样式的预览形式；确认设置无误后单击“置为当前”就可以进行文字输入。

【提示】 默认的“Standard”文字样式和已经使用的文字样式不能删除。

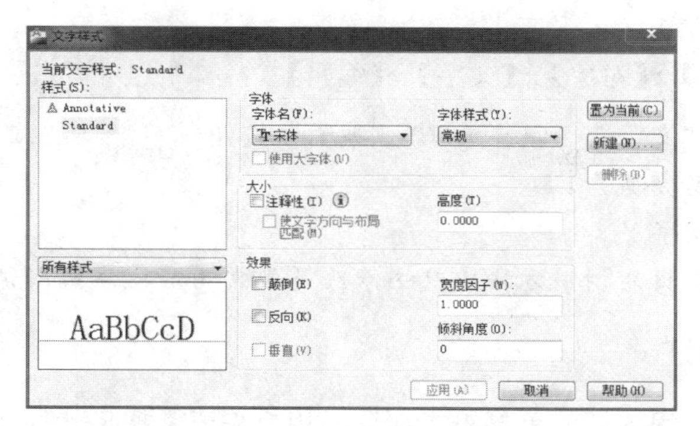

图 6-43 “文字样式”对话框

6.6.1.2 单行文字

单行文字的调用方式：

- 菜单栏：“绘图”→“文字”→“单行文字”。
- 命令：dtext 或快捷键 DT。

执行命令指定第一角点和对角点后，弹出“文字格式”对话框，如图 6-44 所示。

图 6-44 “文字格式”对话框

6.6.1.3 多行文字

多行文字命令可以创建多行文字对象。可以将若干文字段落创建为单个多行文字对象。使用内置编辑器，可以格式化文字外观、列和边界。

多行文字的调用方式：

- 菜单栏：【绘图】→【文字】→【多行文字】。
- 命令：mtext 或快捷键 MT。

6.6.1.4 特殊字符

建筑工程图绘制时常常需要输入一些特殊字符，如角度（°）、正负号（±）、直径（ϕ）等。

角度（°）需要在命令行输入“%%D”；正负号（±）需要在命令行输入“%%P”；直径（ϕ）需要在命令行输入“%%C”，如表 6-2 所示。

表 6-2 特殊字符的命令行输入说明

特殊字符	代码输入	说明
±	%%P	公差符号
°	%%D	角度
ϕ	%%C	直径

◆ 6.6.2 文字编辑

文字编辑指的是编辑文字、标注文字和属性定义。

文字编辑的调用方法：

- 菜单栏：【修改】→【对象】→【文字】→【编辑】。
- 工具栏：单击“文字”工具栏→ “编辑”按钮。
- 命令：ddedit 或快捷键 ED。
- 双击要修改的文字。

【提示】 在文字编辑的调用方法中双击修改是最常用的文字编辑调用方式。

◆ 6.6.3 尺寸标注

尺寸标注是建筑工程图纸的重要组成部分，用户需要掌握尺寸标注的创建方法，结合建筑行业规范要求，在建筑工程施工图中添加尺寸标注。

6.6.3.1 尺寸标注样式设置

标注样式命令用来创建和修改标注样式，是标注设置的命名集合，用于控制标注的外观。用户可以创建标注样式，以快速指定标注的格式，并确保标注符合标准。

标注样式的调用方法：

- 菜单栏：【格式】→【标注样式】。
- 工具栏：单击“标注”工具栏→ “标注样式”按钮。
- 命令：ddim 或快捷键 D。

执行命令后，系统弹出如图 6-45 所示的对话框，可以新建标注样式，绘制建筑图时，设置相应参数。

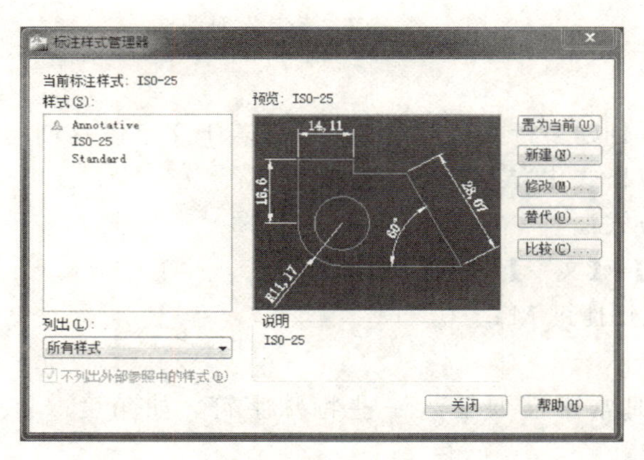

图 6-45 标注样式管理器对话框

二维码 6.6

6.6.3.2 尺寸标注方法

AutoCAD 中尺寸标注包括：快速标注、线性标注、弧长标注、坐标标注、折弯标注、半径标注、直径标注、角度标注、引线和公差标注等。

尺寸标注的调用方法：

- 菜单栏：【标注】→选择所需的标注按钮。
- 工具栏：单击“标注”工具栏，选择所需的标注工具按钮。
- 命令：dim。

线性标注，指的是使用水平、竖直或旋转的尺寸线创建标注；对齐标注，指的是创建与尺寸界线的原点对齐的标注样式；快速标注，指的是从选定对象中快捷创建一组标注，或创建系列基线连续标注，或者为一系列圆或圆弧创建标注。

6.6.3.3 尺寸标注编辑

尺寸标注编辑的调用方法：

- 菜单栏：【标注】→选择所需的标注按钮。
- 工具栏："标注"工具栏→按钮。
- 命令：dimedit。

【提示】 Defpoints 图层是系统图层，和 0 图层一样，不可以更改图层名称，也不能够删除，但是可以更改图层特性。区别在于 0 图层可以被打印，Defpoints 图层不能被打印。建议用户不在 Defpoints 图层建立图元，即使能够绘制也不能够打印，并且不能修改打印属性。

【随堂讨论】

1. 新建文件，在图形中书写文字，字体为"仿宋-GB2312"，字高为 4，宽度比例因子为"0.7"，文字内容如表 6-3 所示。

表 6-3 文字内容

细石混凝土	1	40 厚 C20 细石混凝土	细石混凝土	4	素混凝土一道(内掺建筑胶)
	2	5 厚聚氨酯防水层(2 道)		5	100 厚 C25 混凝土垫层
	3	20 厚 1∶3 水泥砂浆找平		6	素土夯实

2. 打开文件如图 6-46 (a)，使用 Dimaligned（对齐标注）命令，标注如图 6-46 (b) 所示图形。

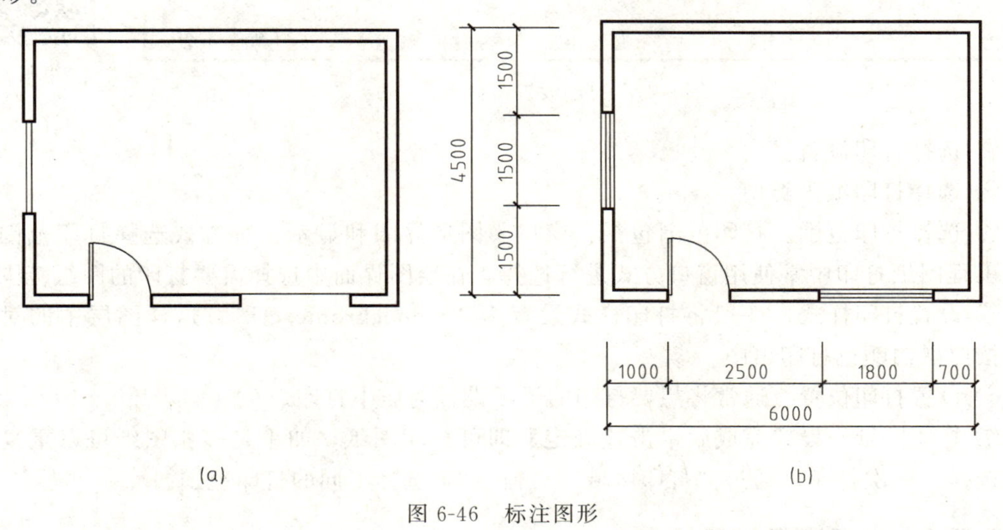

图 6-46 标注图形

任务 6.7 图形输出

【知识点】 AutoCAD 图纸打印 模型空间 布局管理

图纸的输出和打印是用户在图形完成全部编辑后进行的重要操作，用户在绘制图形时往往设置不同的图层以及图层特性，在打印前需要进行一系列的打印设置，然后 AutoCAD 图形就可以打印输出。

◆ 6.7.1　模型空间打印输出

模型指的是用户绘制好的图形，在建筑工程图纸中通常按照 1∶1 比例的实际尺寸进行绘制，模型空间就是绘制图形所在的绘图环境。布局常用来打印输出设置，可以通过创建视图实现比例调节。

① 打开图纸→下拉菜单【文件】→【打印】，弹出打印对话窗口，如图 6-47 所示。

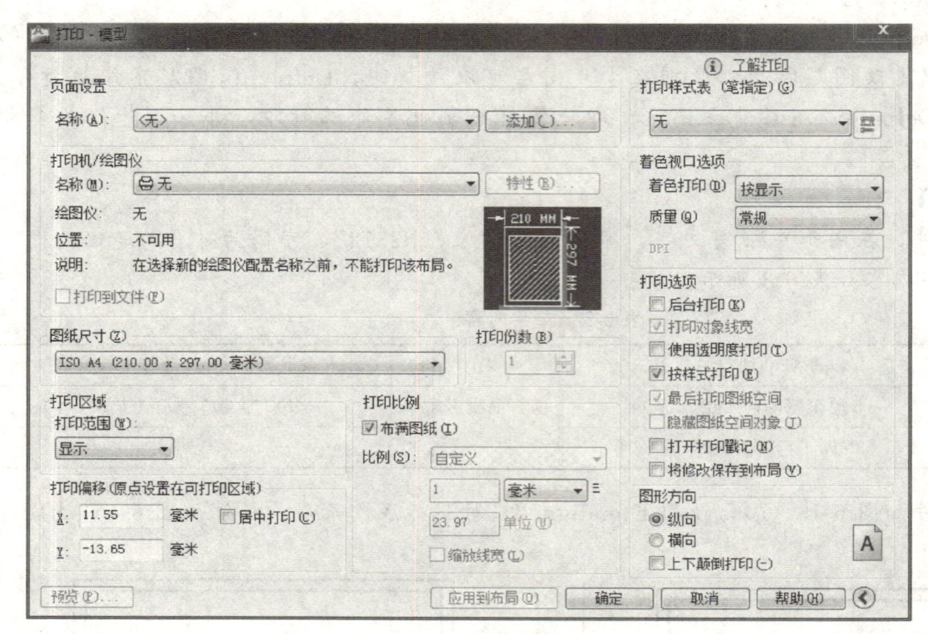

图 6-47　打印设置窗口

二维码 6.7

② 选择打印设备。

③ 选择打印纸张类型。

④ 选择打印范围。打印范围包括：窗口、图形界限和显示三种方式选择打印范围。在建筑工程图纸打印中常使用窗口方式进行选择，在绘图界面中选择需要打印的图纸范围。

⑤ 设置打印样式。一般将打印样式设置为“monochrome. ctb”，这样图层中的对象颜色都按照黑白颜色打印出图。

⑥ 设置打印位置。通常将想要打印的图纸设置为居中打印。

⑦ 打印图纸。设置完成后单击【确定】即可打印图纸，如果是多张图纸可以重复步骤①，选择上一次打印，通过“打印区域”→“窗口”，选择不同的打印范围。

◆ 6.7.2　布局空间打印输出

在 AutoCAD 中，常用布局空间进行图纸的打印输出，一个图形文件可以包括多个布局，每个布局都可以单独设置并打印输出，“模型”和“布局”空间可以在软件左下方灵活切换。

(1) 布局的创建

- 菜单栏一：【插入】→【布局】→【创建布局向导】→【创建布局】。
- 菜单栏二：【工具】→【向导】→【创建布局】。
- 右键法：在现有标签“布局 1”上单击右键→选择新建布局。

(2) 调用布局页面管理器

- 菜单栏：【文件】→【页面设置管理器】。
- 命令：pagesetup。
- 工具栏：在“布局”按钮处选择“页面设置管理器”。

6.7.3 布局打印

① 选择相关打印机直接打印图形。

② 打印为 PDF 文件。在输出设置中选择打印机为“DWG To PDF.pc3”，单击【确定】，并重命名，然后保存文件。

③ 打印为 JPG 文件。在输出设置中选择打印机为“JPG.pc3”，单击【确定】，并重命名，然后保存文件。

【提示】 AutoCAD 绘图时常用黑色作为背景色，白色是默认的对象颜色；在实际图纸输出时，通常是白底黑色图形，其他颜色就是本身的颜色。

【随堂讨论】

1. 打印图纸。打开图纸，设置打印参数，并预览图纸打印效果。

2. 布局空间打印。切换到布局空间、创建布局、调整视口、设置打印机、打印为 PDF 或 JPG 文件。

课程思政案例

建筑施工图是指导施工的主要依据，要准确地进行施工图的绘制，必须在学习建筑识图、建筑构造的基础上，熟练掌握 CAD 的基础命令，进行图形的准确绘制。建筑图形中，每一条线，每一个数字都要落实到位，“失之毫厘，谬以千里”的情况在建筑工程中常常发生，有的因尺寸数字有误，导致建筑形体发生变化，有的因图线表达不清、导致建筑物建成后不能正常使用。图形的精准绘制反映出我国的工匠精神，精益求精、追求极致，是建筑者必须具备的职业理念，静下心来画好图，夯实自己的绘图基础，养成良好的学习态度是干好工作的前提和基础。

单元小结

本单元主要介绍了 AutoCAD 工作界面与图形管理的基本知识以及各种绘图命令和编辑命令的使用方法和使用技巧。通过本教学单元的学习，要求大家熟练掌握各种绘图命令的正确使用，通过课堂练习，学会图形的正确绘制，为后续建筑施工图的绘制奠定基础。

能力提升与训练

一、复习思考题

1. 绘制起点为 (0，0)，与 X 轴正方向呈 45°、长度为 50 的直线段。

2. 根据起点（0，0）、端点（0，600）、半径（$R=500$）绘制圆弧。

3. 在使用直角坐标系时，一般以哪个点为参照点？

4. 使用定距等分可以将对象分成距离相等的图形吗？

5. 如何设置点样式的样式和大小？设置后的点的样式有哪两种显示方式？

6. 绘制矩形时，需要设置哪些参数？

7. 哪些命令可以修改对象？

8. 图纸为什么需要比例？如何使用 AutoCAD 来进行按比例出图？

9. 思考模型空间和布局空间的使用方法在建筑图纸中的应用。

10. 什么是绘图比例、图框比例、打印比例？

二、实习作业

测量并使用 AutoCAD 绘图软件绘制所在上课教室平面图，要求设置绘图环境、相应图层、标注样式、文字样式。

三、技能训练

使用 AutoCAD 软件抄绘如图 6-48 所示图形，并使用虚拟打印方式打印为 PDF 或 JPG 格式文件，命名为一层平面图。

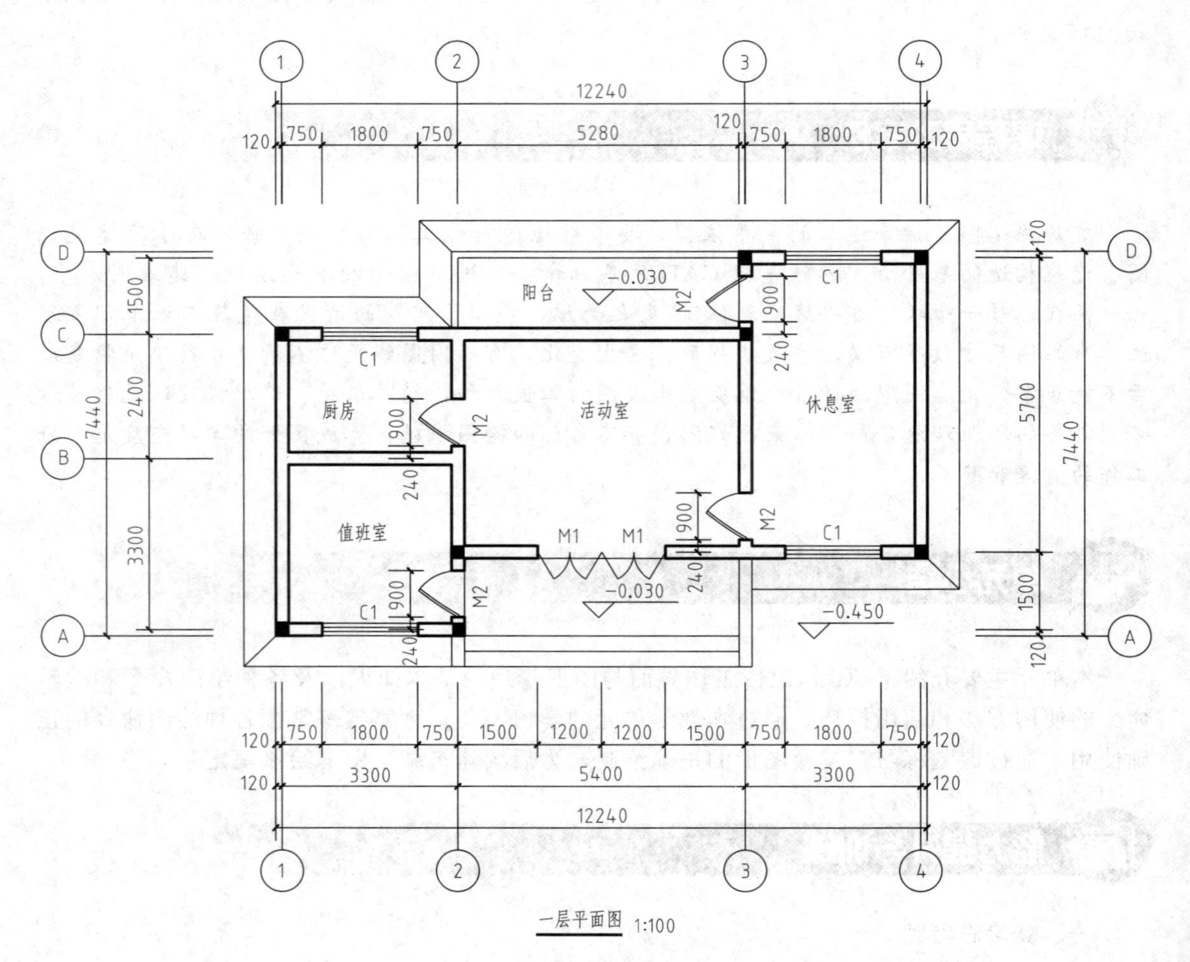

图 6-48　一层平面图

说明：

1. 建筑一层平面图由轴线、墙体、门窗、标高、标注、文字等组成，绘图时应依次建立各个图层，将图形绘制在相应图层上。

2. 绘图时不同的构配件宜采用不同的颜色进行表示。

3. 严格遵守绘图规范，注意线型正确合理地使用。

4. 图中墙厚均为240mm，散水宽度为600mm，室外台阶宽度为300mm，平台宽度为1200mm。

教学单元七　建筑施工图 AutoCAD 绘制

知识目标

- 掌握建筑施工图的绘制内容。
- 掌握建筑施工图绘制的要求。
- 理解建筑施工图专业术语的含义和内容。

能力目标

- 学会建筑施工图的 AutoCAD 表达方式。
- 能够使用 AutoCAD 绘制建筑施工图。
- 培养学生一丝不苟、爱岗敬业的职业精神。

任务 7.1　建筑平面图 AutoCAD 绘制

【知识点】 建筑平面图绘制的内容、要求、一般步骤

建筑平面图是建筑施工图的基本图形，是从建筑物某一高度水平剖切向下投影看到的水平剖面图。一般情况下，多层建筑需要绘制各个楼层各自的平面图。对于平面功能结构布置相同的楼层，可以采用标准层的平面图来示意，还需要画出底层平面图、建筑的顶层平面图和屋顶平面图。本任务通过建筑平面图实例绘制，熟练掌握建筑平面图的绘制步骤与绘制方法。

在开始绘制图形时，需要对新建文件进行相应的设置，绘图时首先确定绘图比例，再根据建筑施工图的大小确定绘图所需图幅。以×××职业技术学院学生宿舍楼图 5-3 为例，利用 AutoCAD 软件绘制一层平面图，比例为 1∶100。

7.1.1　设置绘图环境

(1) 设置绘图区域

学生宿舍楼一层平面总尺寸为长 20040mm，宽 11940mm，输出图纸尺寸为 1∶100 的 A3 图幅。图形界限的设置步骤如下：

命令:limits

重新设置空间界限：

指定左下角点或[开(ON)/关(OFF)]<0,0>:(回车为默认 0,0 位置;也可以指定任意点为起点)

指定左下右上角点＜420,297＞:42000,29700(输入右上坐标点为 42000,29700)

命令:zoom

指定窗口的角点,输入比例因子 (nX 或 nXP),或者

[全部(A)/中心(C)/动态(D)/范围(E)/上一个(P)/比例(S)/窗口(W)/对象(O)]＜实时＞:A(A 表示全部显示在绘图区域)

【提示】 在命令行输入坐标时，第一个数字表示水平方向 X 坐标，水平向右是正数，向左是负数；第二个数字表示垂直方向 Y 坐标，垂直向上是正数，向下是负数；逗号需要在英文状态下输入。

(2) 设置图层

宿舍楼平面图主要由轴线、墙体、柱子、门窗、尺寸标注、轴线符号、文字标注、设备、楼梯等构件组成，在绘制平面图形时，应建立如表 7-1、图 7-1 的图层。

表 7-1　建筑平面图的图层设置

序号	图层名	描述内容	线宽	线型	颜色	打印属性
1	轴线	定位轴线	默认	Center2	红色	不打印
2	墙体	墙体	0.50mm	Continuous	9 号色	打印
3	柱子	柱子	0.50mm	Continuous	9 号色	打印
4	门窗	门窗	0.25mm	Continuous	青色	打印
5	尺寸标注	尺寸标注	0.13mm	Continuous	绿色	打印
6	轴线符号	轴线标记、文字	0.13mm	Continuous	绿色	打印
7	文字标注	文字、标高、图名、比例	默认	Continuous	白色	打印
8	设备	楼层设置	默认	Continuous	洋红	打印
9	楼梯	楼梯、室内外台阶	0.25mm	Continuous	黄色	打印

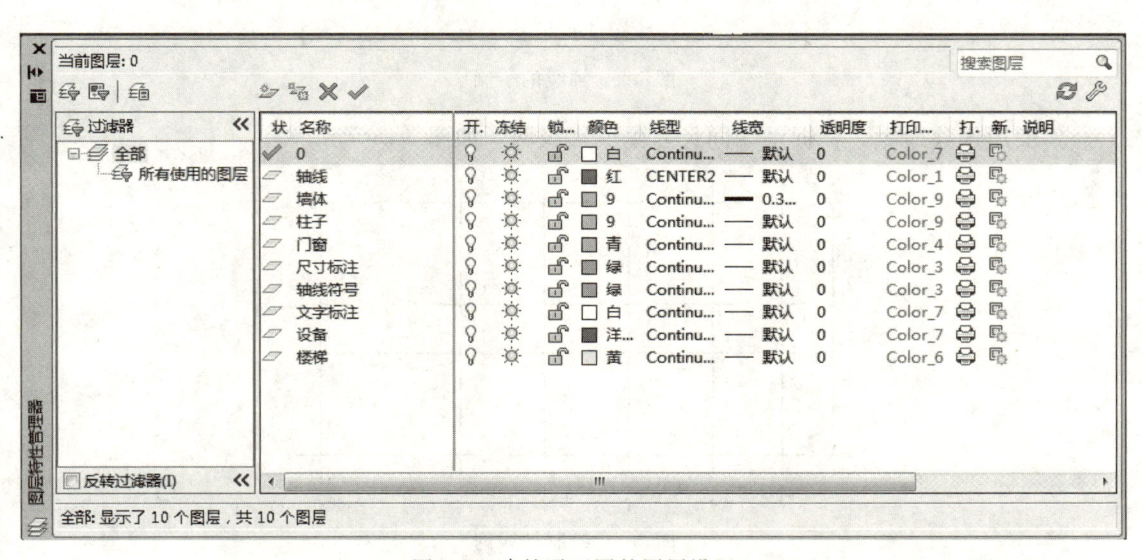

图 7-1　建筑平面图的图层设置

(3) 设置文字、标注样式

建筑平面图上的文字有尺寸文字、标高文字、图内文字、图内说明文字、剖切符号文

字、图名文字、轴线符号等，打印比例为 1∶100，文字样式中的高度应为打印到图纸上的文字高度与打印比例倒数的乘积。根据建筑制图标准，该平面图文字样式的设置见表 7-2。

表 7-2 文字样式的设置

文字样式名称	打印字高/mm	字高/mm	宽度因子	字体
图内文字	3.5	350	0.7	宋体
图名	5	500	0.7	宋体
尺寸文字	3.5	350	0.7	宋体
轴号文字	5	500	1	宋体

7.1.2 绘制定位轴线

设置好绘图环境后进行定位轴线的绘制。纵横轴线共同组成轴网，宿舍楼平面图轴线的位置位于墙体中心线，墙体、门窗等都根据轴线位置确定其位置。

① 将设置好的“轴线”层设为当前图层，属性为随层。

② 使用直线命令按照尺寸绘制水平、垂直方向的第一条和最后一条相应的轴线，如图 7-2 所示。

图 7-2 轴线的绘制

③ 使用偏移命令，根据轴线间尺寸生成轴线网，如图 7-3 所示。

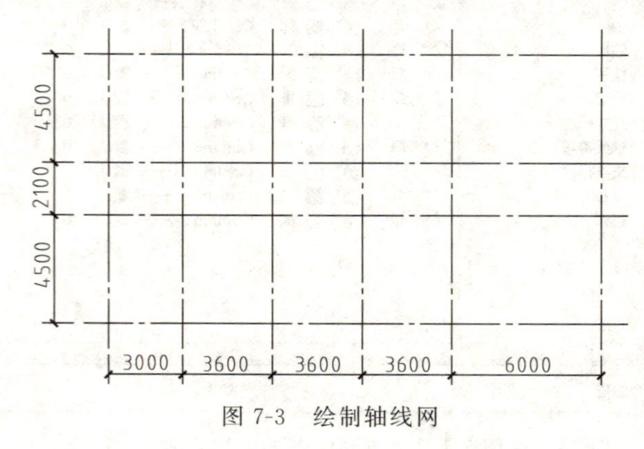

图 7-3 绘制轴线网

7.1.3 绘制墙体

建筑平面图中墙体是建筑功能区域划分的主要构件，墙体通常用粗实线来表示。

① 绘制时将设置好的“墙体”图层作为当前图层，属性随层。

② 设置多线样式，线宽为240mm，对齐方式为居中对齐，比例为1∶1，如图7-4所示。

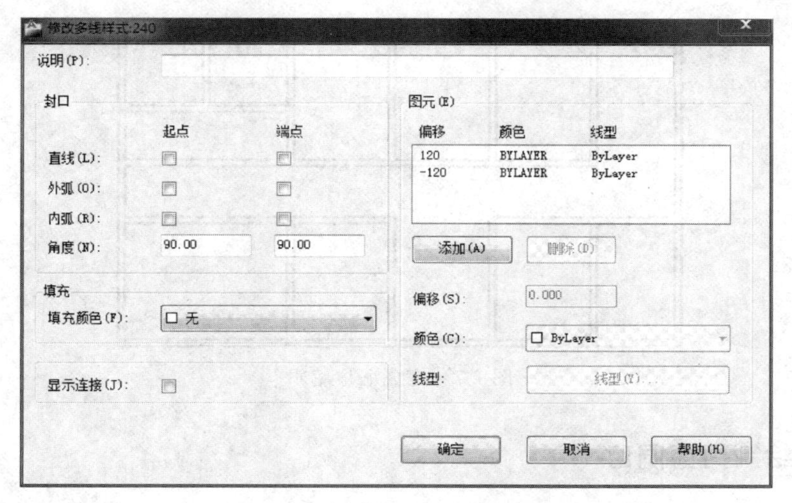

图7-4　设置多线样式

③ 使用“多线”(Mline)命令绘制墙体，如图7-5所示。

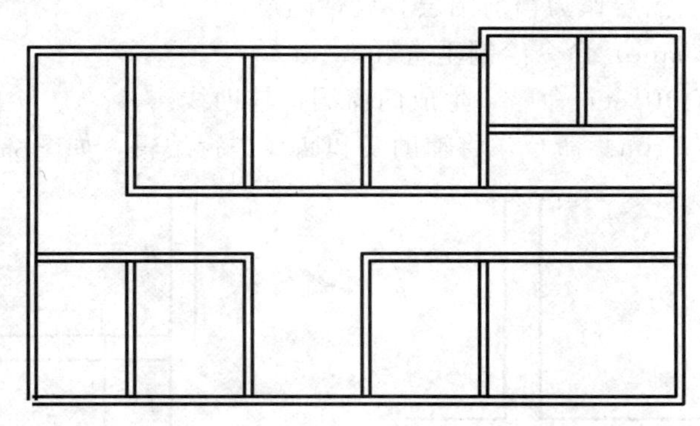

图7-5　绘制墙体

④ 调用“多线编辑”(Mledit)命令编辑多线(如图7-6)，将墙体相交部分去掉，或者

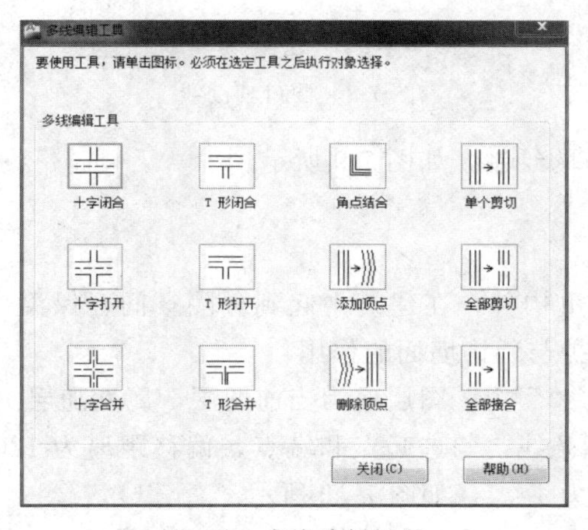

图7-6　多线编辑工具

通过“分解”（Explode）与“修剪”（Trim）命令编辑多线，完成一层平面图多线图形的编辑，如图 7-7 所示。

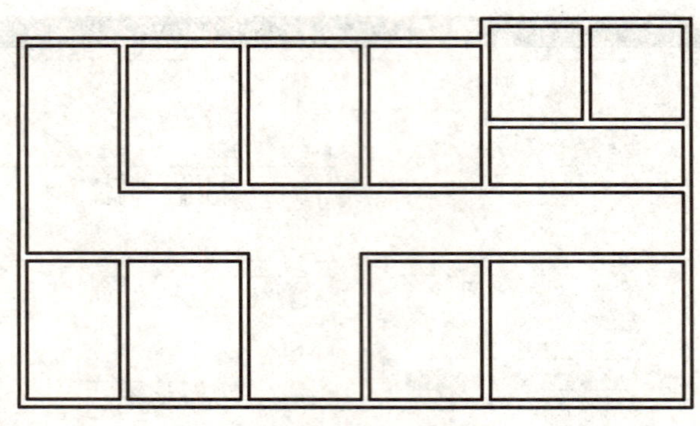

图 7-7 完成墙体编辑

◆ 7.1.4 绘制门窗洞口

在平面图绘制中剖切到的位置用粗实线，看到的位置用细实线表示。因此，需要根据图纸所示将门窗洞口的位置，通过绘制、偏移、修剪辅助线的方式绘制完成。

① 仍然将“墙体”图层作为当前图层，属性随层。

② 使用“直线”（Line）命令绘制垂直线。

③ 使用“偏移”（Offset）命令，生成门窗洞口辅助线。

④ 使用“修剪”（Trim）命令，将辅助线和墙线进行编辑，如图 7-8 所示。

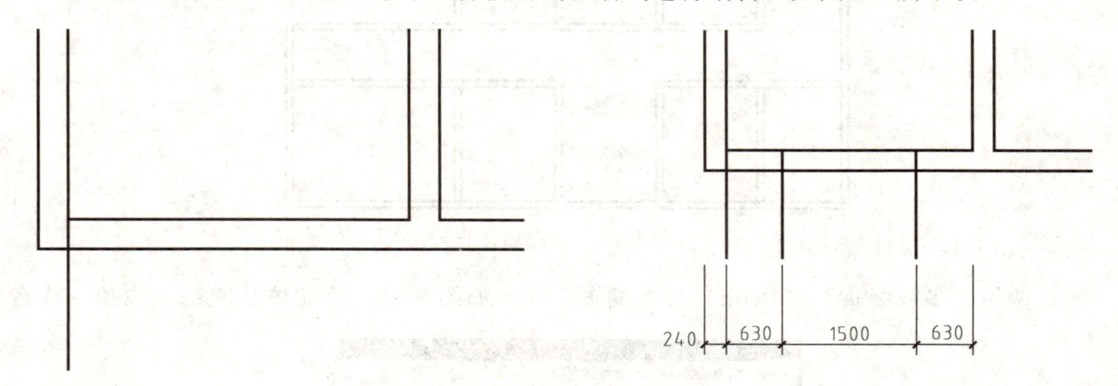

图 7-8 洞口辅助线

⑤ 完成所有门窗洞口的绘制，如图 7-9 所示。

◆ 7.1.5 绘制门窗

门窗是建筑物的非承重构件，在建筑中起到分隔空间、保温、隔热、隔声等一系列功能，在建筑造型中起到维护与装饰墙面的作用。

① 绘制时将设置好的“门窗”图层作为当前图层，属性随层。

② 设置多线样式为四条线，勾选起点和端点，偏移距离为 120、40、－40、－120，对齐方式为居中对齐，比例为 1∶1，如图 7-10 所示。

③ 使用“多线”（Mline）命令绘制墙体，如图 7-11 所示。

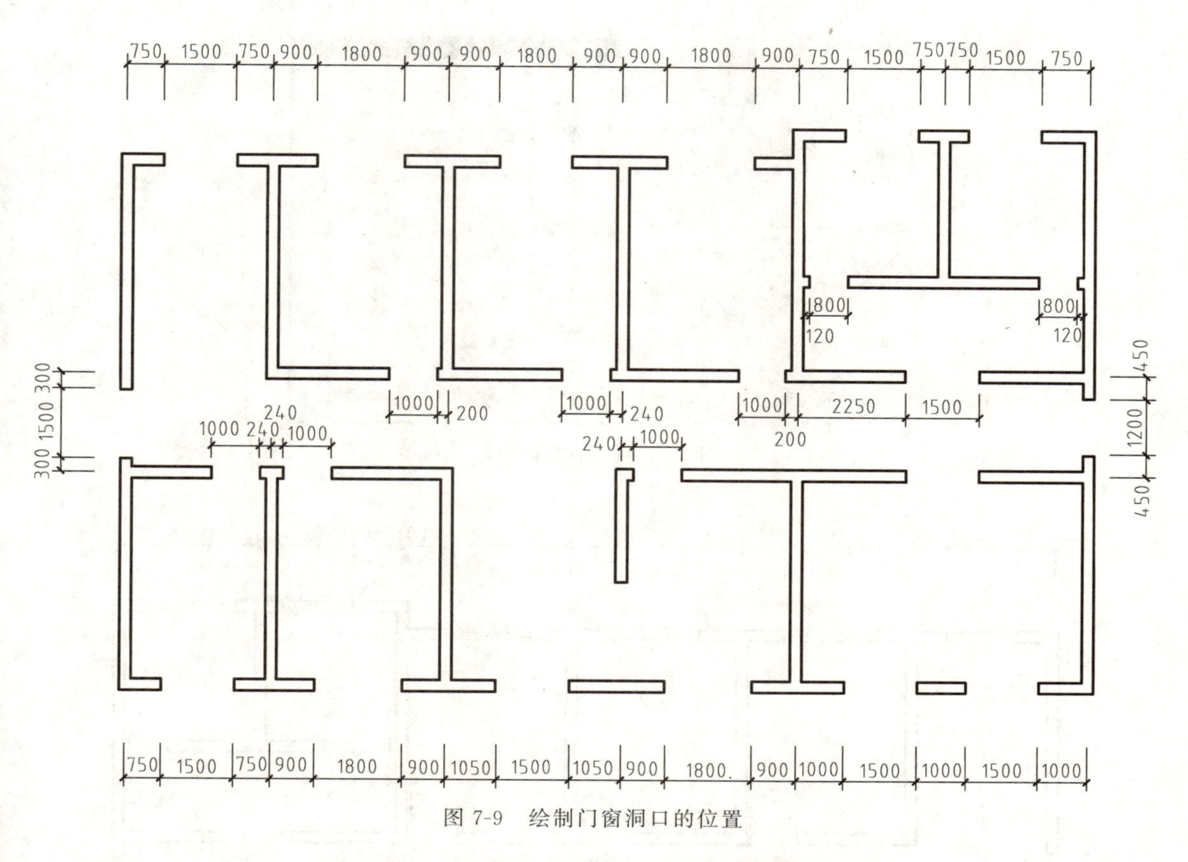

图 7-9　绘制门窗洞口的位置

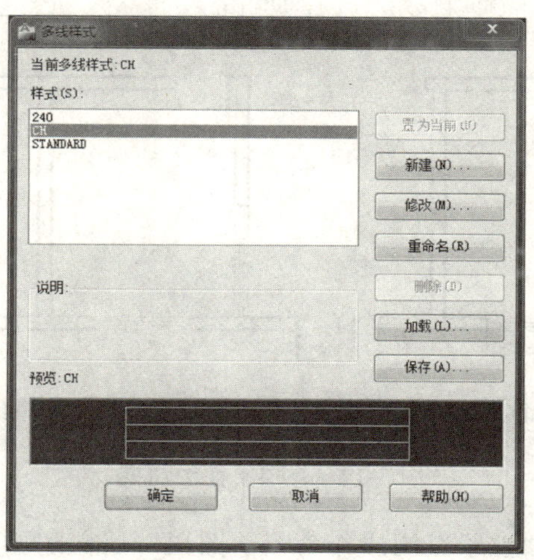

图 7-10　多线样式

④ 完成一层平面图多线图形的编辑，如图 7-12 所示。

【提示】 窗线在 AutoCAD 中常采用四条实线表示，中间两条线表示窗户，外侧的两条线表示窗台的看线。

◆ 7.1.6　绘制柱子

柱子是框架结构建筑的主要承重构件，在本建筑中起到承受上部荷载支撑结构的作用。

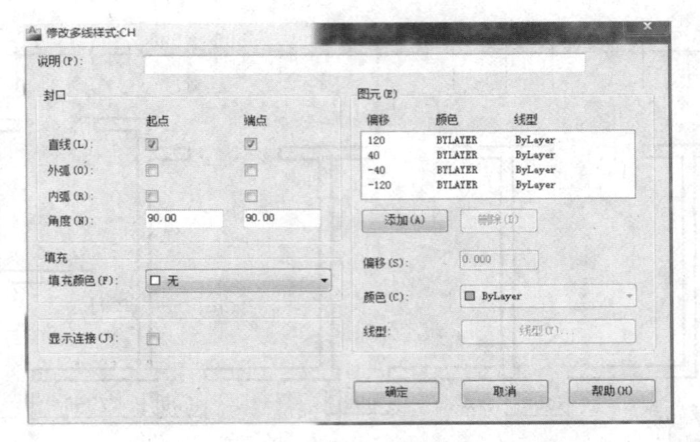

图 7-11　修改多线样式

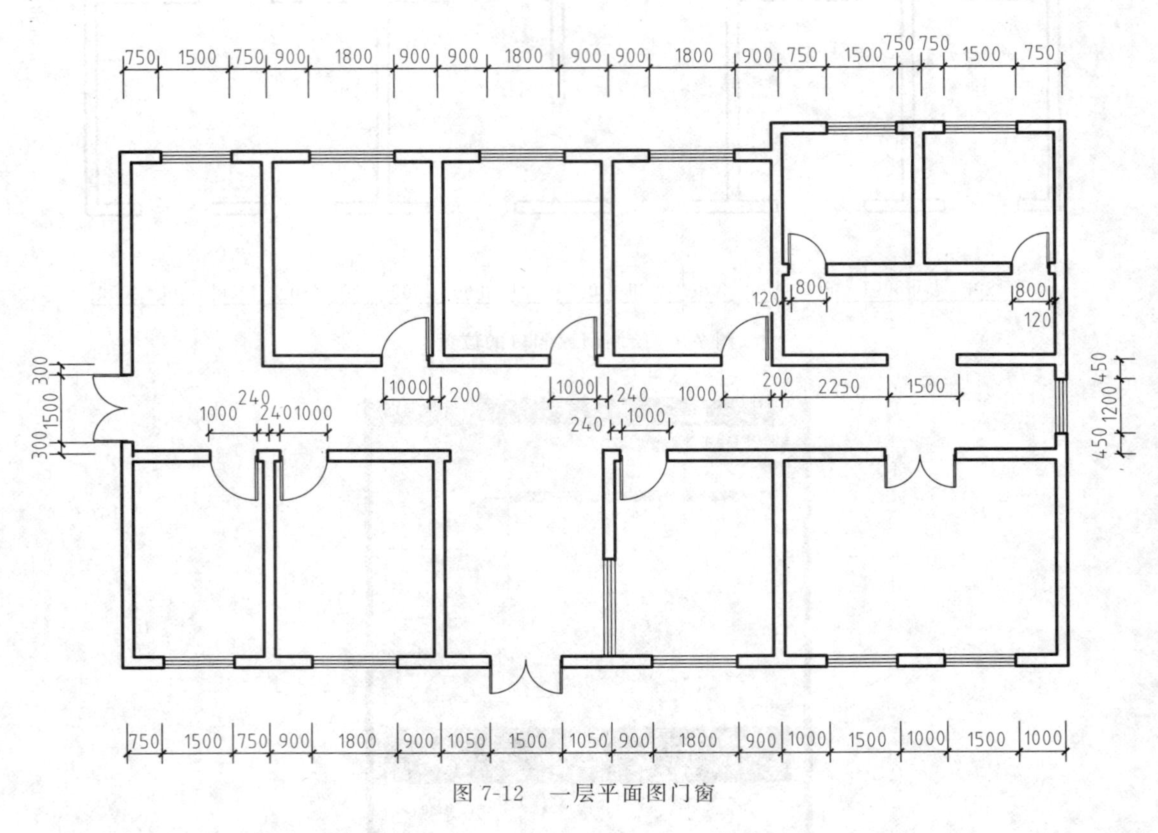

图 7-12　一层平面图门窗

① 绘制时将设置好的“柱子”图层作为当前图层，属性随层。

② 使用“矩形”(Rectang) 命令绘制柱子轮廓线，如图 7-13 所示。

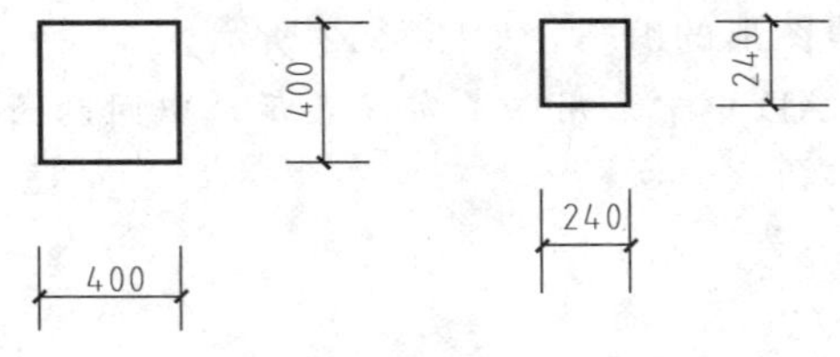

图 7-13　绘制柱子轮廓

③ 选择“图案填充”（Hatch）命令，弹出“图案填充和渐变色”对话框，如图 7-14 所示。填充图案选项板如图 7-15 所示。

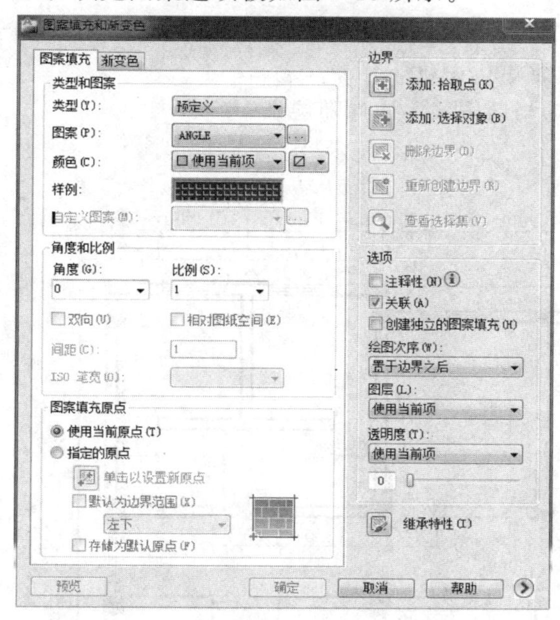

图 7-14　图案填充和渐变色

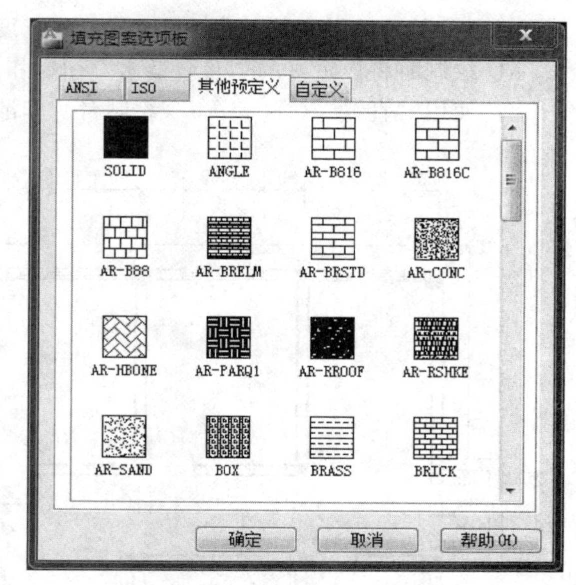

图 7-15　填充图案选项板

④ 单击“选择对象”按钮，进入绘图区，选择绘制好的柱子轮廓，完成柱子填充，如图 7-16 所示。

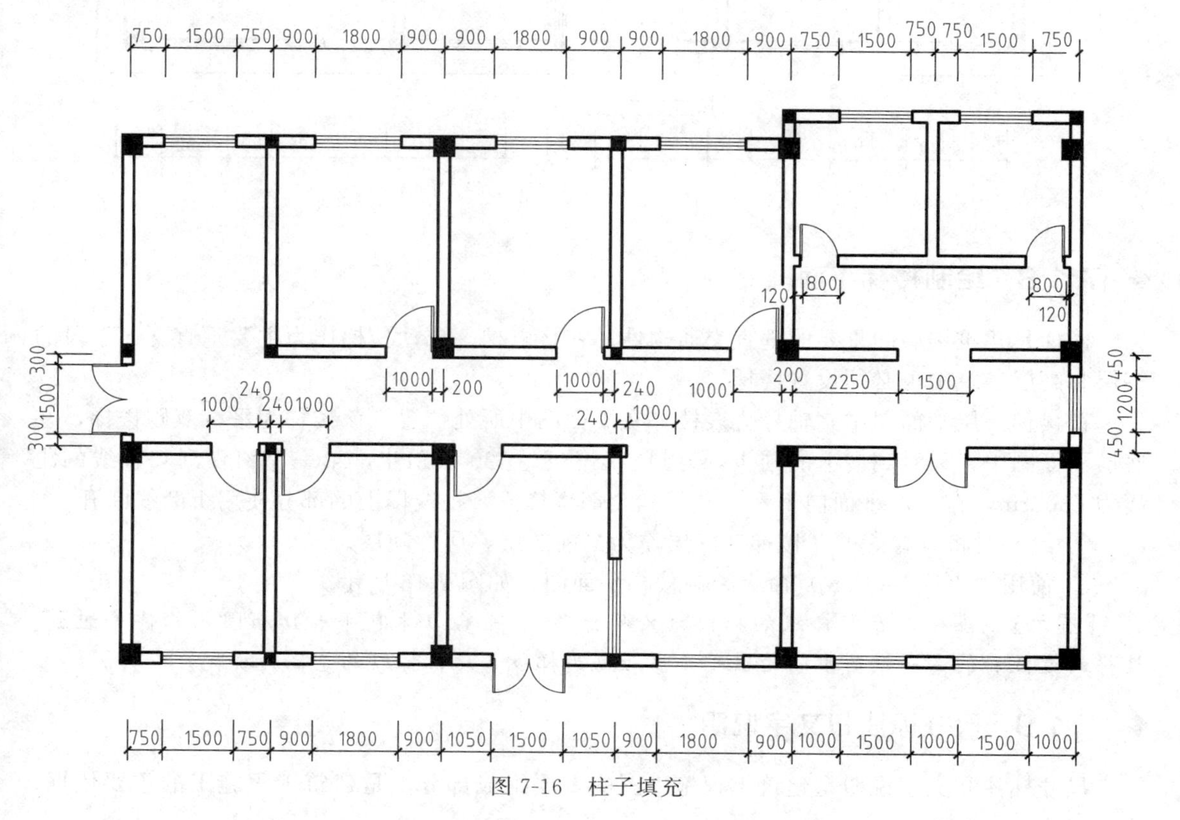

图 7-16　柱子填充

◆ 7.1.7 绘制台阶和散水

台阶是在室外或室内的地坪或楼层不同标高处设置的供人行走的阶梯。散水是房屋底部四周的排水构造，散水的坡度不小于3%，宽度为600～1000mm。

① 绘制时将设置好的“台阶散水”图层作为当前图层，属性随层。

② 使用“直线”（Line）命令绘制台阶和散水，如图7-17所示。

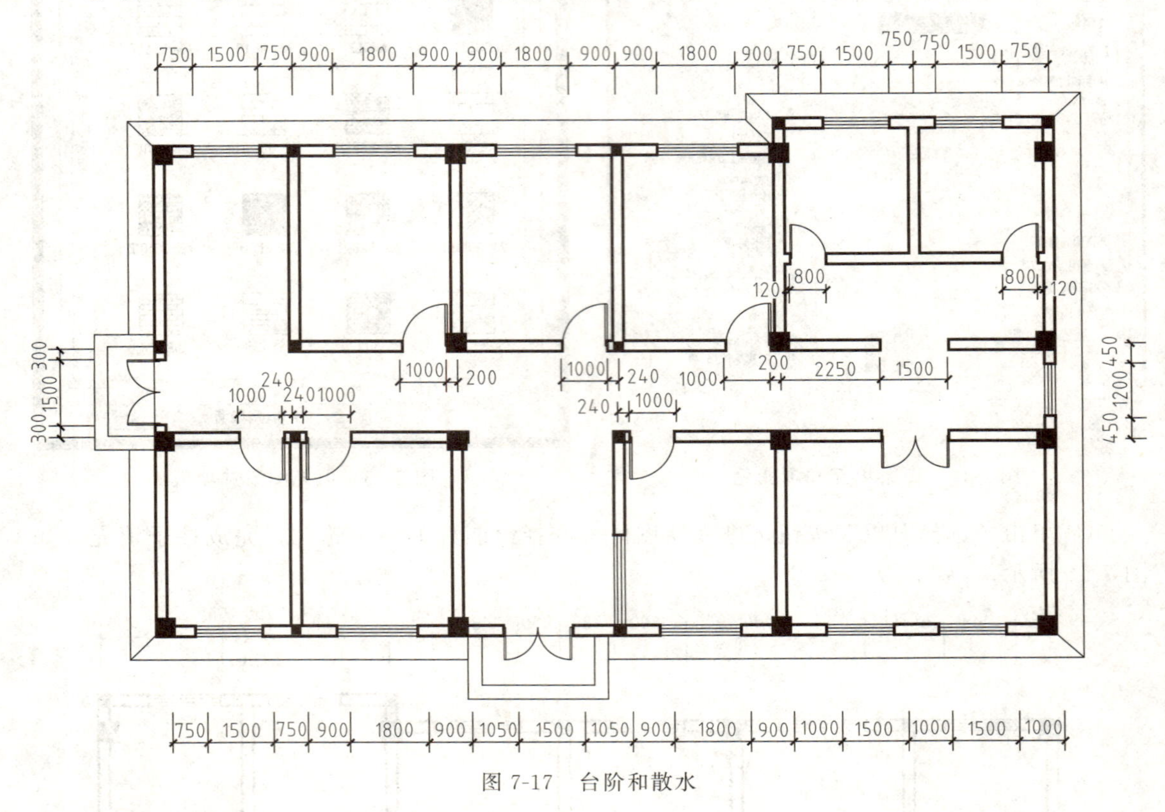

图7-17　台阶和散水

◆ 7.1.8 绘制楼梯平面图

楼梯是建筑楼层间重要的垂直交通构件，在将电梯、自动扶梯作为主要垂直交通手段的多层和高层建筑中也必须设置楼梯。

在楼梯一层平面图中，轴号代表楼梯在平面图中所处位置，该楼梯为平行双跑楼梯，在底层平面图中，只看到向上的踏步，上到二层需要上20级踏步，第一个踏步到Ⓒ轴线的距离为180mm，在一层平面向下看，看不到全部楼梯段，视线以上的部分使用折断线断开。

① 绘制时将设置好的“楼梯”图层作为当前图层，属性随层。

② 使用“直线”（Line）命令绘制楼梯平面图，如图7-18所示。

【提示】 楼梯由连续梯级的梯段（又称梯跑）、平台（休息平台）和围护构件等组成。楼梯的最低和最高一级踏步间的水平投影距离为梯段长度，梯级的总高为梯高。

◆ 7.1.9 尺寸标注和文字说明

尺寸标注和文字说明是建筑工程施工图的重要组成部分，是建筑工程施工的重要依据，

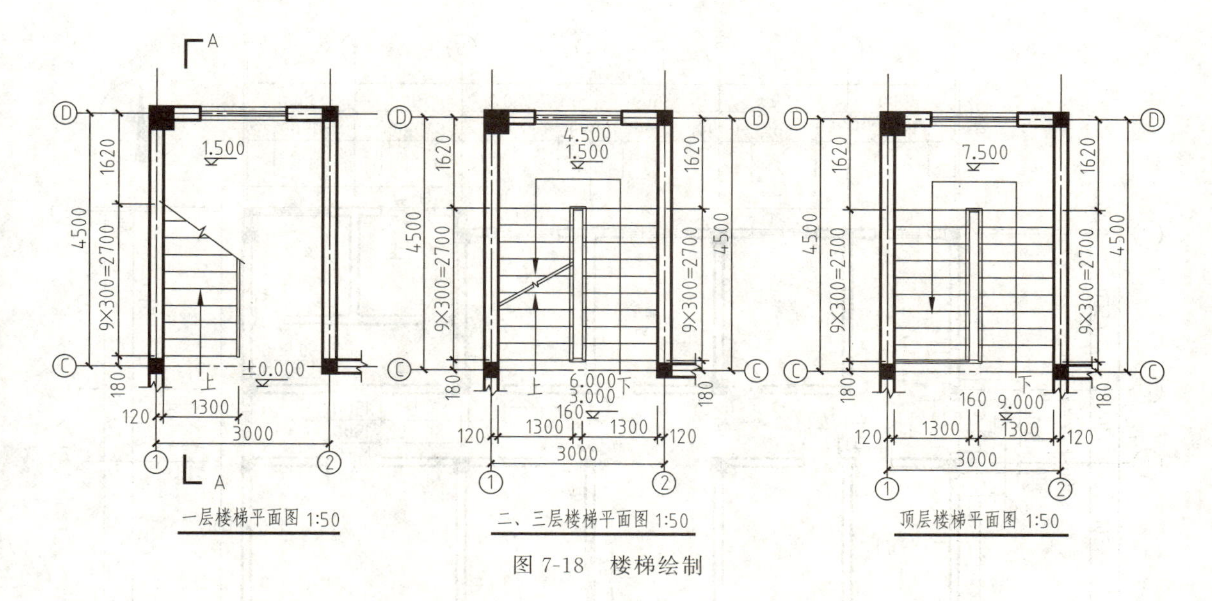

图 7-18　楼梯绘制

详细说明了建筑中各个构件的大小和构造做法。

将尺寸标注作为当前图层，对图形进行标注，添加轴号、标高、剖切符号和指北针。建筑平面图外部通常标注三道尺寸线，最内侧靠近建筑的部分为门窗尺寸线，中间为定位轴线尺寸线，最外侧为建筑总尺寸线，这部分应当包括墙体的厚度在内。

① 绘制时将设置好的“尺寸标注”图层作为当前图层，属性随层。

② 使用“线性”(Dimlinear) 命令标注三道尺寸线。添加轴号、标高等。

③ 使用“多行文字”(Mtext) 命令标注图名、比例、图框以及相关说明，如图 7-19 所示。

【随堂讨论】

1. 建筑平面图绘制的基本流程是什么？

2. 建筑平面图中，门窗洞口线一般采用什么线绘制？被剖切到的墙体采用什么线绘制？

3. 建筑平面图中定位轴线符号常常定义为带属性的图块，如何定义图块的属性？

任务 7.2　建筑立面图 AutoCAD 绘制

【知识点】 建筑立面图绘制的内容、要求、一般步骤

【知识链接】 建筑立面图是表达建筑立面造型和构造做法的图样，是建筑各个墙面在相应方向的正投影图，也是建筑施工过程中控制建筑高度、造型的重要依据。

◆ 7.2.1　设置绘图环境

本任务通过建筑立面图实例绘制，熟练掌握建筑立面图 AutoCAD 软件绘制的步骤与方法。绘制建筑立面图首先需要设置绘图环境，设置内容如下。

(1) 设置绘图区域

宿舍楼建筑立面图总尺寸为长 20040mm，高 12400mm，输出图纸比例为 1∶100，图幅选 A3。图形界限的设置步骤与平面图设置相同。

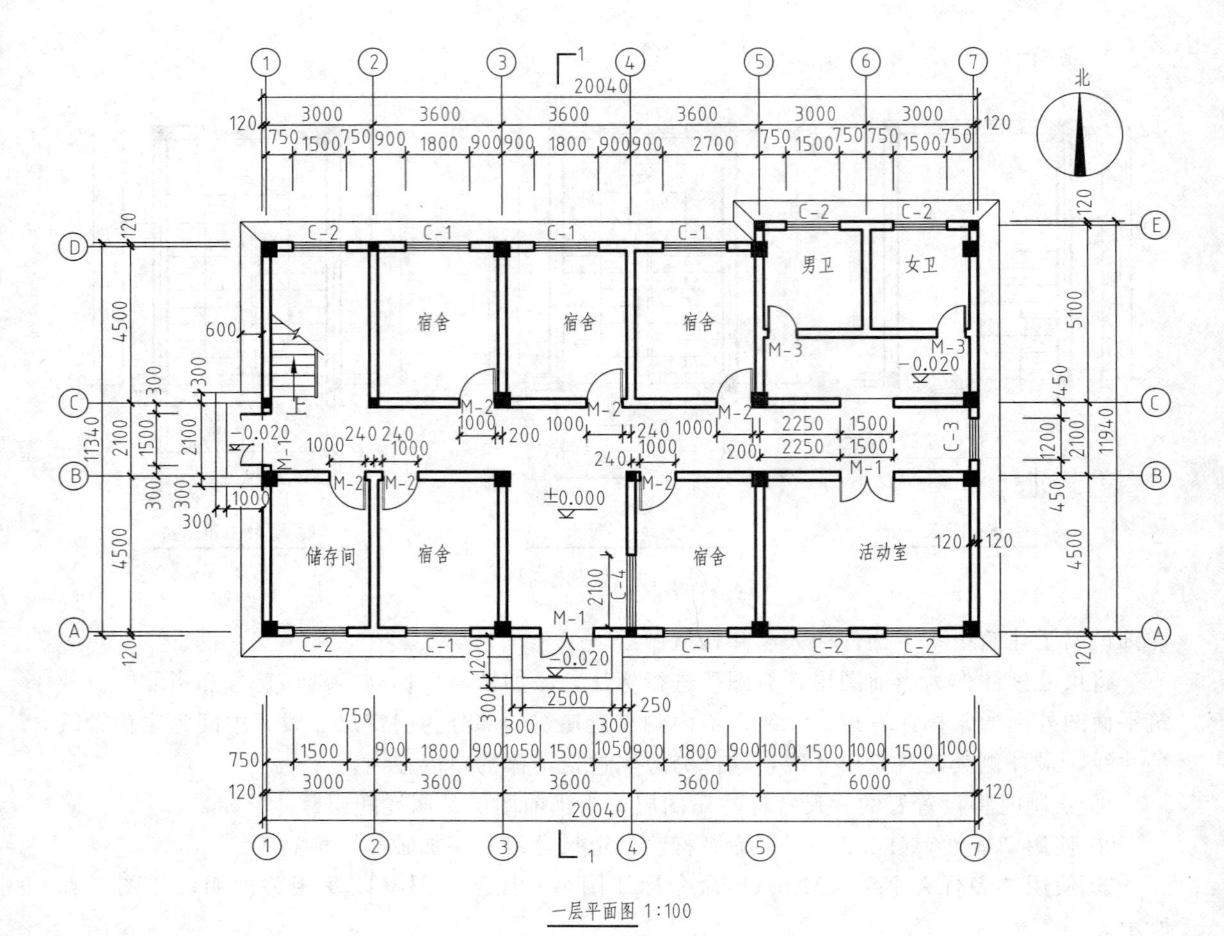

图 7-19 尺寸标注和文字说明

(2) 设置图层

宿舍楼立面图主要由轴线、轮廓线、地坪线、门窗、标高、尺寸标注、轴线符号、文字标注和其他构件组成，在绘制立面图形时，应建立如表 7-3、图 7-20 的图层。

表 7-3 建筑立面图的图层设置

序号	图层名	描述内容	线宽	线型	颜色	打印属性
1	标高	标高及符号	默认	Continuous	绿色	打印
2	尺寸标注	尺寸标注	默认	Continuous	绿色	打印
3	地坪线	室内外地坪线	0.7mm	Continuous	白色	打印
4	轮廓线	立面轮廓线	0.5mm	Continuous	白色	打印
5	门窗	门窗	默认	Continuous	青色	打印
6	文字标注	文字、标高、图名、比例	默认	Continuous	白色	打印
7	轴线	定位轴线	默认	Center	红色	不打印
8	轴线符号	轴线标记、文字	默认	Continuous	绿色	打印
9	其他	台阶、雨篷、落水管	默认	Continuous	黄色	打印

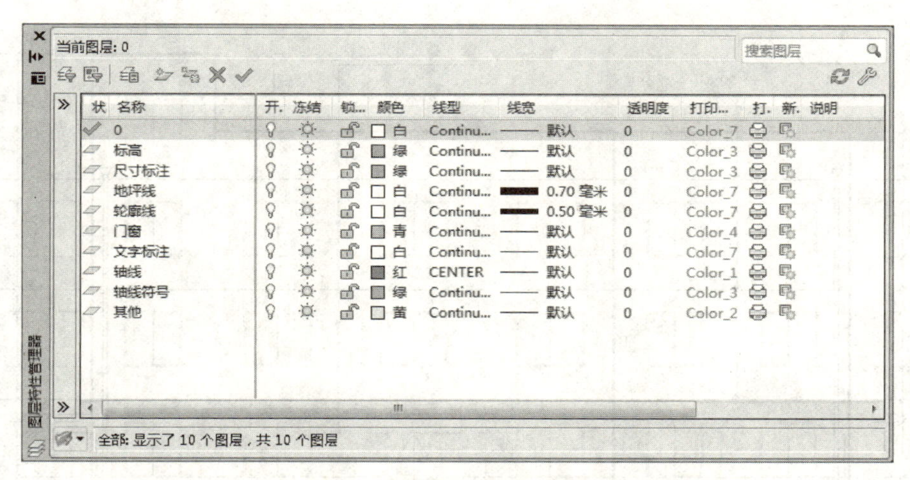

图 7-20 建筑立面图的图层设置

(3) 其他设置

文字样式以及尺寸标注样式设置与建筑平面图设置一致。

◆ 7.2.2 绘图建筑正立面图

绘图立面图时，可以在建筑平面图的基础上，采用从下往上、从左到右的方式绘制。

① 绘制轴线。将“轴线”图层作为当前图层，用“直线”（Line）命令绘制①和⑦轴线，属性随层。

② 绘制地坪线。将“地坪线”图层作为当前图层，用“直线”（Line）绘制地坪线，线宽 0.7mm。

③ 绘制层高线。宿舍楼建筑共三层，层高均为 3000mm，使用复制或偏移命令绘制各层层高线。

④ 绘制门窗。将门窗图层设置为当前图层，借助辅助线定位，使用直线、矩形、偏移、修剪等命令绘制门窗，其他窗户可以复制、阵列得到。或者将门窗制作成图块后插入到相应位置，这也是建筑工程图绘制常用的方法。

⑤ 绘制各层立面图。在一层立面图基础上绘制各层立面图。

⑥ 绘制女儿墙。屋面分为上人屋面和不上人屋面，该建筑为上人屋面，女儿墙高度 1300mm，可以使用直线（Line）绘制或偏移（Offset）层高线得到女儿墙。

⑦ 尺寸标注、标高标注。建筑立面图中尺寸标注包括高度方向总尺寸、定位尺寸和细部尺寸。也可以用标高标注配合标注各类尺寸。

【提示】 在建筑立面图中只需要标注外部尺寸，如室内外高差、门窗、阳台、女儿墙等。

⑧ 文字说明。书写数字符号、图名、立面装饰装修做法等文字内容。

⑨ 打印出图。绘制图框、标题栏，设置打印样式，打印出图，如图 7-21 所示。

【随堂讨论】

1. 建筑立面图中标高符号如何绘制？
2. 建筑立面图中地坪线应采用什么线绘制？
3. 建筑立面图中建筑外立面材料如何表示？

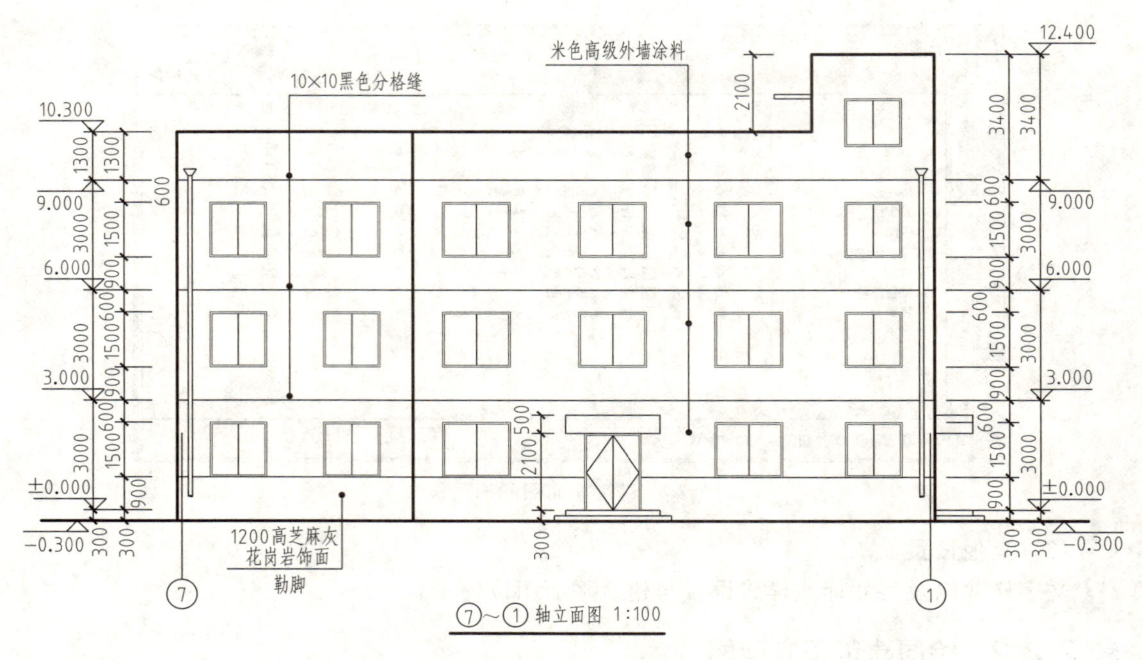

图 7-21　建筑立面图

任务 7.3　建筑剖面图 AutoCAD 绘制

【知识点】 建筑剖面图绘制的内容、要求、一般步骤

【知识链接】 建筑剖面图是为了清楚地表达建筑形体的内部结构，假想用剖切面剖开建筑，把剖切面和观察者之间的部分移去，将剩余部分向正投影面进行投射，所得到的视图称为建筑剖面图，简称剖面。

7.3.1 设置绘图环境

(1) 设置绘图区域

图形界限的设置为（42000，29700），长度单位为小数、精度为 0，输出图纸比例为 1∶100，图幅选 A3。

(2) 设置图层

按照《建筑制图标准》对剖面图每个部位线型的具体要求，设置剖面图的图层，如表 7-4、图 7-22 所示。

表 7-4　建筑剖面图的图层设置

序号	图层名	描述内容	线宽	线型	颜色	打印属性
1	轴线	定位轴线	默认	Center2	红色	不打印
2	轴线符号	轴线标记、文字	默认	Continuous	绿色	打印
3	地坪	室内外地坪线	0.7mm	Continuous	白色	打印
4	楼板	楼板	0.3mm	Continuous	8 号色	打印

续表

序号	图层名	描述内容	线宽	线型	颜色	打印属性
5	门窗	门窗	默认	Continuous	青色	打印
6	标高	标高及符号	默认	Continuous	绿色	打印
7	尺寸标注	尺寸标注	默认	Continuous	绿色	打印
8	其他	附属构件	默认	Continuous	绿色	打印

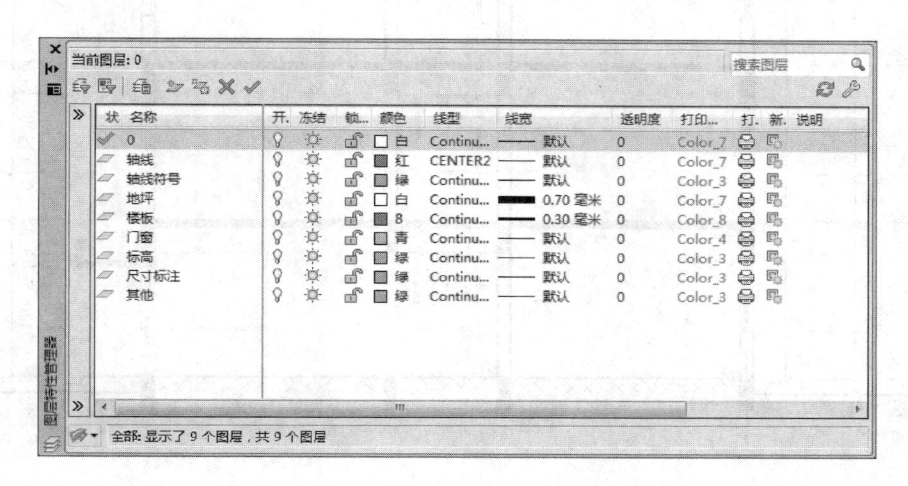

图 7-22　建筑剖面图的图层设置

(3) 其他设置

文字样式以及尺寸标注样式设置与建筑平面图设置一致。

◆ 7.3.2 绘制建筑剖面图

① 绘制轴线。将设置好的“轴线”层设为当前图层，属性随层。使用“直线”（Line）命令按照尺寸绘制垂直方向的Ⓓ和Ⓐ轴线。

② 绘制地坪线。将“地坪线”图层作为当前图层，用“直线”（Line）绘制室内外地坪线，线宽 0.7mm，室内外高差 300mm。

③ 绘制各层楼板、雨篷和梁。使用“复制”（Copy）或“偏移”（Offset）命令绘制各层楼板。楼板厚度为 120mm，梁高 600mm，雨篷板厚 100mm，反梁高 500mm。

④ 绘制墙体。用“直线”（Line）和“偏移”（Offset）命令绘制内外墙，墙厚 240mm，窗下墙高 900mm。

⑤ 绘制剖切到的门窗。使用“直线”（Line）命令绘制门窗，剖切到的门窗用四条细实线表示。

⑥ 绘制楼面线。使用“复制”（Copy）或“偏移”（Offset）命令绘制各层楼板线。楼板厚度为 120mm。

⑦ 图案填充。使用图案填充命令填充建筑剖面中的楼板、梁等位置。

⑧ 标注尺寸和文字。标注尺寸和文字同立面图。

⑨ 打印出图。绘制图框、标题栏，设置打印样式，打印出图，如图 7-23 所示。

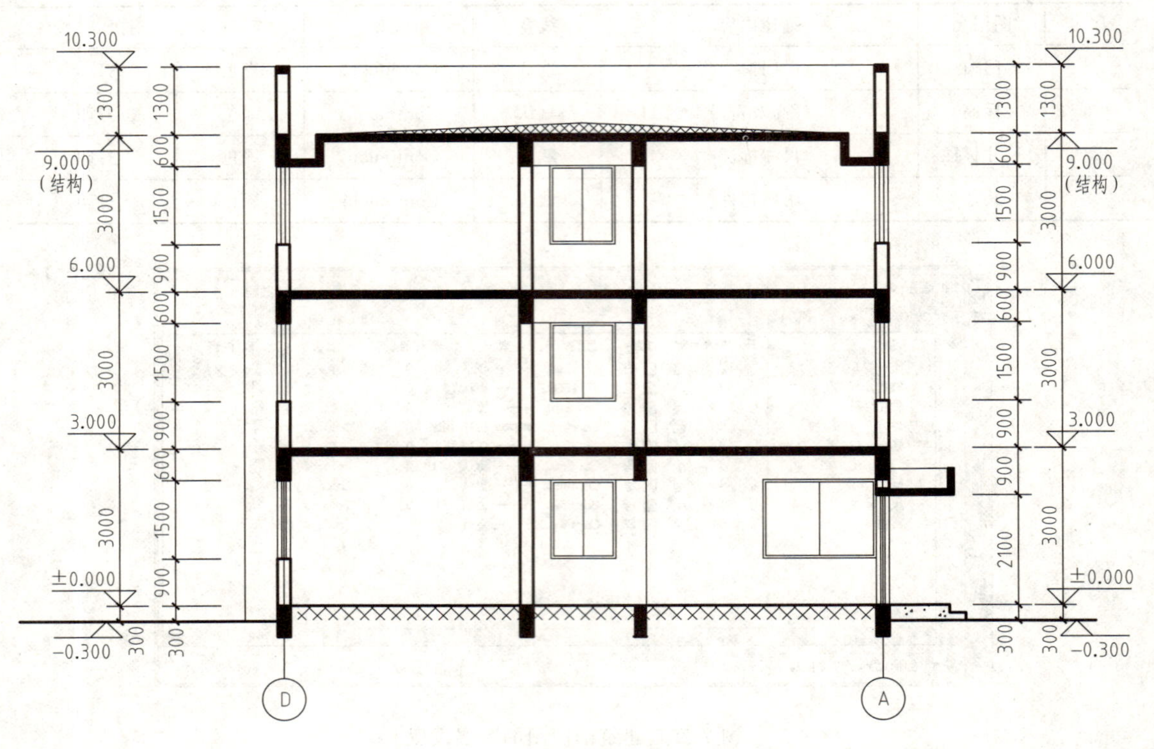

图 7-23　建筑剖面图

【随堂讨论】

1. 建筑剖面图中楼板和梁如何表示?
2. 建筑剖面图中如何表示室内地坪标高"±0.000"?
3. 建筑剖面图中素土夯实如何表示?

任务 7.4　楼梯详图 AutoCAD 绘制

【知识点】 楼梯详图绘制的内容、要求、一般步骤

【知识链接】 楼梯的剖面详图主要表达楼梯的形式、结构类型、楼梯间的梯段数、各梯段的步级数、楼梯段的形状、踏步和栏杆扶手(或栏板)的形式、高度及各配件之间的连接等构造做法。

楼梯剖面详图是按楼梯在平面图上的剖切位置及剖视方向绘制的,该学生宿舍楼建筑共三层,楼梯间局部四层,层高均为3000mm,屋面为上人屋面,女儿墙高度1300mm。图5-11中画出了©、Ⓓ定位轴线,剖切到的楼梯梁、楼梯段、楼层平台和转角平台标高、栏杆扶手以及楼梯间外墙的墙身和门窗洞口位置等。由图5-11可知,楼梯踏步高度均为150mm,踏步宽为300mm,层高3000mm,各层之间均20个踏步,最后用AutoCAD软件绘制出的楼梯剖面详图。

7.4.1 设置绘图环境

(1) 设置绘图区域

图形界限的设置为（42000，29700），长度单位为 mm、精度为 0，输出图纸比例为 1：100，图幅选 A3。

(2) 设置图层

按照《建筑制图标准》对楼梯剖面图每个部位线型的具体要求，设置楼梯剖面图的图层，如表 7-5 所示。

表 7-5 图层设置

序号	图层名	描述内容	线宽	线型	颜色	打印属性
1	轴线	定位轴线	默认	Centers	红色	不打印
2	轴线符号	轴线标记、文字	默认	Continuous	绿色	打印
3	地坪	室内外地坪线	0.7mm	Continuous	白色	打印
4	楼板	楼板	0.3mm	Continuous	8 号色	打印
5	楼梯	楼梯	默认	Continuous	洋红色	打印
6	门窗	门窗	默认	Continuous	青色	打印
7	标高	标高及符号	默认	Continuous	绿色	打印
8	尺寸标注	尺寸标注	默认	Continuous	绿色	打印
9	文字标注	文字、标高、图名、比例	默认	Continuous	白色	打印
10	其他	附属构件	默认	Continuous	白色	打印

(3) 其他设置

文字样式以及尺寸标注样式设置与建筑平面图设置一致。

7.4.2 绘制楼梯剖面详图

① 绘制定位轴线及符号。将设置好的“轴线”层设为当前图层，属性随层。使用“直线”（Line）命令按照尺寸绘制垂直方向的Ⓓ和Ⓒ轴线。

② 绘制踏步。在宿舍楼梯剖面详图中，使用“直线”（Line）绘制一层到二层共 20 个踏步，踏步高 150mm，踏步踏面宽 300mm。

③ 绘制楼梯板。使用“复制”（Copy）或“偏移”（Offset）命令绘制各层楼板。梯段板厚度为 120mm，转角平台宽为 1500mm。

④ 绘制楼梯梁。梯段梁高为 600mm，宽 240mm。

⑤ 绘制栏杆扶手。使用“直线”（Line）绘制栏杆扶手。

⑥ 图案填充。使用图案填充命令填充楼梯段、楼梯梁的位置。

⑦ 标注尺寸和文字。标注尺寸和文字同立面图。

⑧ 打印出图。绘制图框、标题栏，设置打印样式，打印出图，如图 7-24 所示。

【提示】 楼梯间的形式包括：开敞楼梯间、封闭楼梯间、防烟楼梯间，本例楼梯间为开

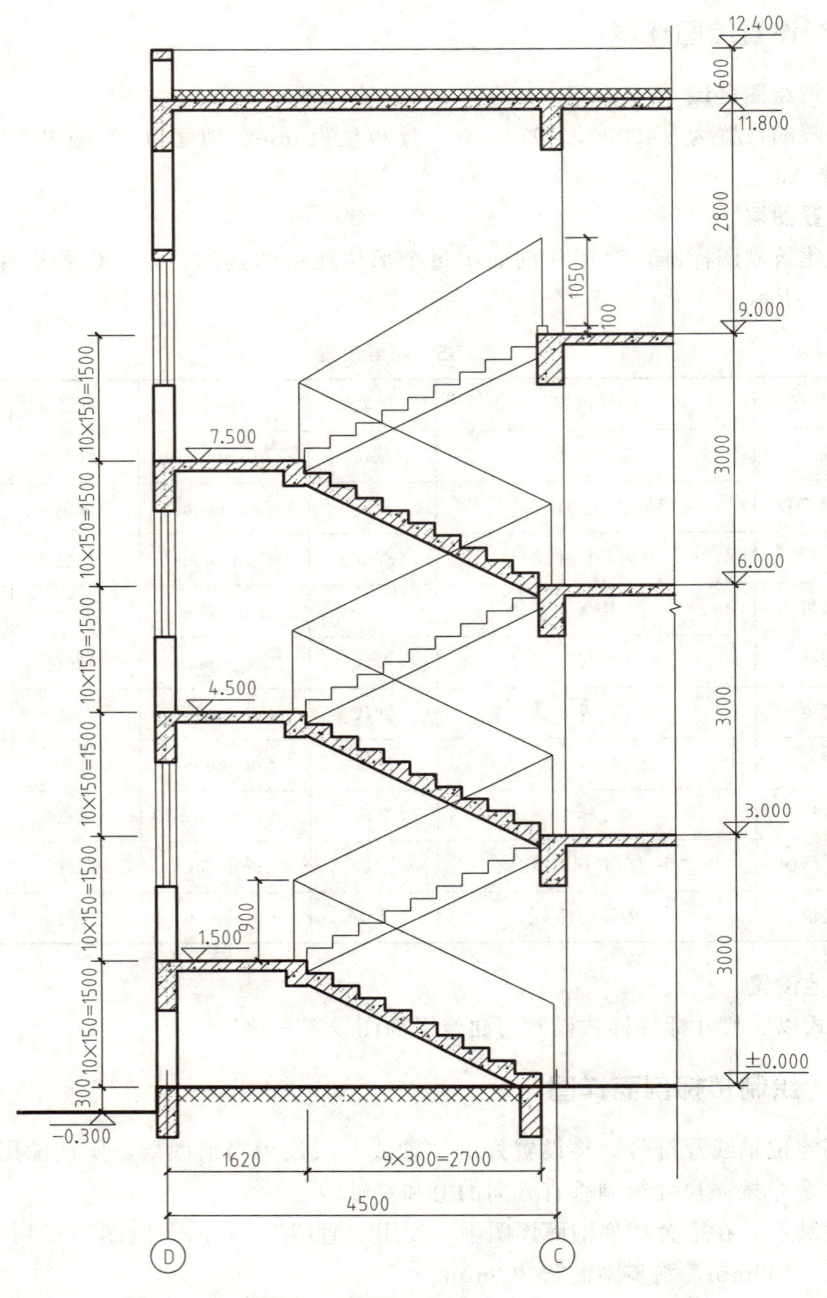

图 7-24　楼梯剖面详图

敞楼梯间。楼梯踏步宽度最小为 260mm，高度最大不超过 175mm，坡度控制在 30%左右。

【随堂讨论】

1. 楼梯剖面详图中被剖切到的部位用什么线表示？
2. 楼梯剖面详图中竖向尺寸 10×15=1500 表达的是什么含义？
3. 在楼梯踏步的绘制中，绘图用的方法有哪些？

课程思政案例

利用 AutoCAD 软件绘制建筑工程图纸是土建从业人员的基本功，通过学习本单元的主要内容，要求读者熟练掌握绘图的基本步骤和技巧，培养认真负责、一丝不苟的工作作风。在绘图过程中，同学们一定要注重细节，认真绘制好每一个点、每一根线，从而形成完整的工程图样，最后才能正确地绘制出施工图纸。从建立轴网、绘制图形到尺寸标注、出图打印等方面都要严格遵守绘图规范，力求做到精益求精，绘制出的工程图样既要美观，又要表达正确。坚决避免因粗枝大叶而造成的字体多变、线型混乱、缺少层次感等问题。正如从事建筑工程技术几十年的“西湖工匠”张迪军说的那样：“通过我们的工作，在老百姓看不见的地方，我们把好质量关，给人民群众一个满意的、合格的、安心的工程!”，这不仅仅是工匠精神的呼唤，更是每一个土建工程技术人员的心声。

单元小结

本单元主要学习了建筑平面图、建筑立面图、建筑剖面图以及建筑详图的绘制。通过本教学单元的学习，要求大家熟练掌握 AutoCAD 的运用，通过课程深化练习，掌握建筑施工图的准确绘制，培养正确的绘图方法和严谨端正的学习态度。

能力提升与训练

一、技能训练

使用 AutoCAD 软件抄绘如图 7-25 所示图形，并使用虚拟打印方式打印为 PDF 或 JPG 格式文件，命名为一层原始平面图。

说明：

1. 建筑一层平面图由轴线、墙体、门窗、标高、标注、文字等组成，绘图时应依次建立各个图层，将图形绘制在相应图层上。

2. 绘图时不同的构配件宜采用不同的颜色进行表示。

3. 严格遵守绘图规范，注意线型正确合理地使用。

4. 图中墙厚均为 240mm，散水宽度为 600mm，室外台阶宽度为 300mm，平台宽度为 1200mm。

二、实习作业

测量并使用 AutoCAD 绘图软件绘制学校教学楼各个平面和各个方向立面，要求设置绘图环境、相应图层、标注样式、文字样式。

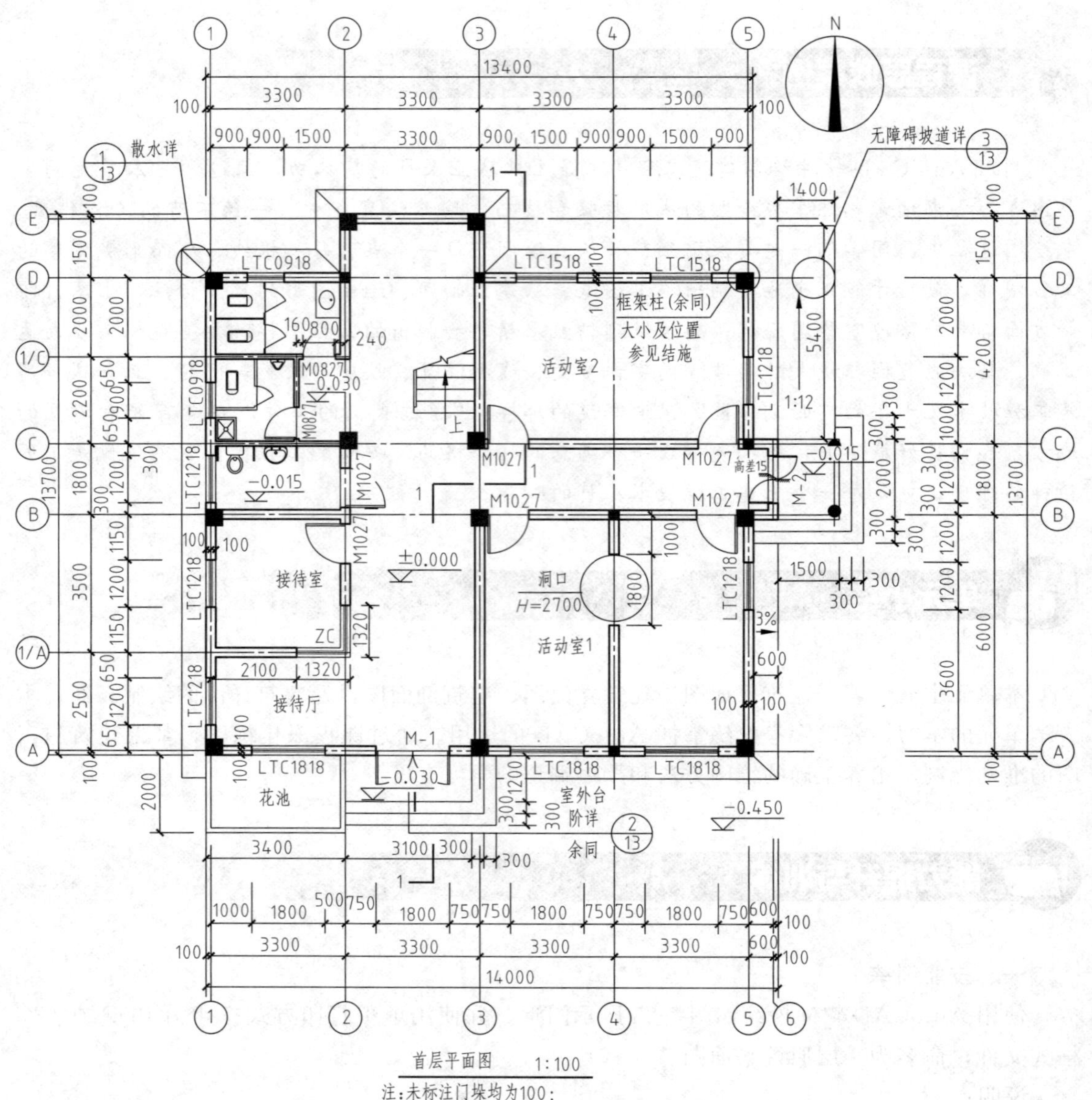

N
13400
3300
3300
3300
3300
散水详
1/13
无障碍坡道详
3/13
LTC0918
LTC1518
LTC1518
框架柱(余同)
大小及位置
参见结施
活动室2
M0827
-0.030
LTC1218
1:12
5400
1400
M1027
M1027
高差15
-0.015
M-2
±0.000
接待室
洞口
H=2700
活动室1
3%
ZC
接待厅
M-1
LTC1818
LTC1818
LTC1818
-0.030
花池
室外台
阶详
余同
2/13
-0.450
14000
13700
首层平面图 1:100
注：未标注门垛均为100；
除卫生间墙厚为100外，其余墙厚均为200。

图 7-25 CAD图例

参考文献

[1] GB/T 50103—2010 总图制图标准.

[2] GB/T 50104—2010 建筑制图标准.

[3] GB/T 50001—2017 房屋建筑制图统一标准.

[4] GB/T 50105—2010 建筑结构制图标准.

[5] 蔡小玲、孟亮等. 建筑制图. 北京：化学工业出版社，2021.

[6] 蔡小玲. 建筑工程识图与构造实训. 北京：化学工业出版社，2018.

[7] 孙秋容. 建筑识图与绘制. 南京：南京大学出版社，2020.

[8] 李睿璞. 建筑识图. 北京：清华大学出版社，2020.

[9] 游普元. 建筑工程制图与识图. 哈尔滨：哈尔滨工业大学出版社，2017.

[10] 胡云杰. 土木工程制图. 西安：西北工业大学出版社，2017.

[11] 宋安平. 建筑制图. 北京：中国建筑工业出版社，2016.

[12] 乐荷卿. 土木工程制图. 武汉：武汉理工大学出版社，2014.